高职高专"十二五"建筑及工程管理类专业系列规划教材

建设工程项目管理

郑秦云 编 著

Construction
Project

西安交通大学出版社
XI'AN JIAOTONG UNIVERSITY PRESS

内 容 提 要

　　本书包括13章内容，分别是：建设工程项目管理组织，建设工程资源管理，流水施工，网络计划技术，工程项目施工组织设计，施工成本管理，安全和质量管理，施工进度管理，立项、开竣工和工后管理事务，工程项目招投标管理，建设工程合同管理，建设工程资料管理，工程项目其他管理。

　　本书可作为高职高专院校工程管理专业及土木工程相关专业的教材使用，也可作为工程建设领域各类专业技术人员和管理人员的参考书。

前言 **Preface**

多年来,编者本人一直在多所高职院校的任教,主讲工程项目管理等多门课程。从所接触的多部相关教材中发现,目前的教材不同程度地存在着理念错误、重心不妥、知识偏狭和脱离实际等弊端。

为了克服以上弊端,本书在内容方面作了较大的调整和补充。本书除重点讲述安全、质量、成本和进度管理外,把涉及建造师知识和组织管理放在第一章,把被多种教材遗漏的资源管理(包括劳动力、机械设备、原材料和构配件的管理,占管理总量的50%以上的内容)放在第二章,本书考虑教学的某些特别需要,增设了流水施工计划网络和施工组织设计等内容;本书特别把立项、开竣工和工后管理事务单独列为一章;本书还从新的视角介绍了招投标、合同、索赔和金融转换方式等事务的管理;本书较为全面地介绍了工程项目资料管理,并涉及了风险、职业健康安全与环境、信息等多项管理内容。

本书努力在以下几个方面形成特色:

首先,本书知识链条比较完整,可操作性强。本书从不同角度展现了工程项目的生命周期,基本分成立项、准备、施工、竣工验交、工后等五个阶段。在每个阶段的具体环节中,注重知识的准确性和操作的合理性。例如介绍大小临时工程,介绍BOT、BT合同。在资料管理一章中,讲述了索赔、银行保函等知识。本书贴近实际,许多知识点都是从工程实践中总结而来。

其次,本书注重知识点与现行法律体系的协调。例如,本书中不允许出现把建设方称为"业主",也不允许出现"项目法人"等称谓。本书从物权法角度论述了我国合同法的先天不足,介绍了"标底"和工程质量保修书的当今表现形式,强调了施工组织设计应当作为施工单位商业秘密的一部分,纳入知识产权保护范畴。本书特别介绍了用质量异议期取代质量保修期等项规定。

再次,本书适当开拓知识范围。本书兼顾部分学校在工程项目管理课程架构下讲授施工组织设计课程的需求,增加了流水施工、网络计划和施工组织设计等内容,并从深度和广度上进行了拓展。例如,进度管理一章中拓展了形象进度和"赶工",用公式和某种比例来确定赶工的最佳方式;成本管理一章中拓展了预算成本值公式、成本判断操作法,并依据建标[2013]44号文的精神,全面规范了工程成本;合同管理一章中拓展了协议书的填制；并示例实践了 2013 版《建设工程施工合同（示范文本）》的应用；等等。

本书可作为高职高专院校工程管理专业及土木工程相关专业的教材使用，也可作为工程建设领域各类专业技术人员和管理人员的参考书。

本书在编写过程中得到了不少老师和好友的指点，并且大量引用了许多国内同行及学者的观点和著作，在此一并表示衷心感谢！由于编者水平有限，书中难免有错漏不当之处，敬请各位读者和同行批评指正！

编者　郑秦云

2014 年 12 月

目录 Contents

绪 论

本章给出了一般意义上的项目概念及其特征,进一步阐明工程项目的概念及其分类,并讨论了工程项目的概括性特征和客观性特征,叙明了项目管理、工程项目管理的概念及特征,又分别以建设方和施工方为主线讨论了有关双方在开工前的各项实质性工作,特别介绍了报建、勘察设计、临建设施物料提供及有关方面的现场踏勘等内容。最后,本章给出项目的周期划分,讨论了项目的生命周期、基本分类,并绘制了项目生命周期图。

知识链接

当今的社会是一个项目化的社会,几乎所有的社会化活动,都可以纳入项目之中。例如,解决人们吃副食的问题,可简单称其为"菜篮子工程"或者叫"菜篮子项目"。绿化周边环境,被称为"美化工程"或"美化项目"。

一、项目和建设工程项目

1. 项目

项目是指在一定的约束条件下,为创造或完成某一种独特的产品或服务有组织地进行的一次性活动。有时项目又可称为工程。

2. 项目特征

(1)项目是一种为实现特定目标所开展的有组织的活动,具有系列性;

(2)项目内容必须特定、有限;

(3)项目过程必须是临时的、单件的或一次性的;

(4)项目必须在一定的约束条件下进行,这些约束条件是资金、时间、空间、资源等。

3. 建设工程项目

建设工程项目是指按照一定的计划或指令在特定的时间和空间内开展建设活动的具体项目。建设工程分类如下:

(1)总体上分为四类:房建工程、其他土木工程、线路管道设备安装工程和装饰装修工程。

(2)具体分为十类(原为 14 类,现依据 2010 年住建部编发的《一级建造师考试大纲》的规定实施合并):建筑、公路、铁路、民航机场、港口与航道、水利水电、机电、矿业、市政公用、通信与广播电视工程。其中,一级建造师的专业取向为全部十项工程,二级建造师的专业取向是建筑、公路、水利水电、机电、矿业、市政公用等六项工程。现具体分类与原具体分类存在如下联系:

建筑工程＝房建工程＋装饰装修工程

矿业工程＝矿山工程＋冶炼工程

机电工程＝电力工程＋石化工程＋机电安装工程＋有色金属冶炼工程

(3)就工程状况的变化分为四类:新建、改建、扩建和迁建工程。

4.建设工程项目的概括性特点

（1）一个目标。通过开展工程项目的建筑活动形成可以用以特定目的（民用、工农业生产用、其他用途）的合格或优良的固定资产。

（2）三大约束。建筑项目的具体活动严格受项目投资、工程质量和进度的强制约束。

（3）五个阶段。与项目建筑活动相关的阶段划分为：立项、准备（包括报建、勘察、设计、物料采购、招投标、委托监理等多项工作）、施工、竣工验交和工后等五个阶段。

（4）几种包容。项目工程 ⊇ 单项工程 ⊇ 单位（子单位）工程 ⊇ 分部（子分部）工程 ⊇ 分项工程 ⊇ 检验批。其中：

单项工程——项目中具有相同或相近使用功能的建筑标的物的集合，一般是经济上独立核算，管理上集中组织的工程形式。它是竣工验交的基本单元。一般非单项工程的竣工验交也应按单项工程来组织。

单位（子单位）工程——可以作为具有完整设计、独立施工地点的建筑标的物，它是施工的基本单元，是单项工程的组成部分。它一般不能独立地发挥效益和形成使用功能。

对于较大的单位工程，为了便于管理、施工和使用，往往将其划分成较小的子单位工程。

分部（子分部）工程——按专业性质和施工部位划分的建筑标的物上的施工部分，它是单位工程的组成部分。例如一个房建单位工程往往可以划分为地基基础、主体结构、装饰装修、屋面、水暖电卫安装等分部工程。

分项工程——按施工主要工种工艺和不同的材料及规格划分的工程部分，它是分部工程的组成部分。

对于较大的分部工程，有时也可将几个较大的分项工程组成子分部工程。

检验批——按同一生产条件和规定方向汇总建筑安装施工，可用一定数量的样本确定其整体质量和用途的结构部件群。它往往是分项工程的组成部分。检验批的预制加工是保证和加快工程进度的有力措施。检验批已成为现代建筑业的特色内容之一，现多由专业工厂预制。

5.建设工程项目的客观性特点

（1）建设工程项目的投资大。少则几百万，多则数亿元。如三峡工程，投资达900多亿人民币；著名的英吉利海峡隧道，总投资高达120亿美元。

（2）地域固定。建设工程项目一经形成固定资产，则一般不能移动。

（3）生产周期长，过程开放，风险大。如一个工程往往需要数月乃至数年才能完成。

（4）参建人员多。建设工程项目的参建人员往往各自利用专门的知识、设备和技术协同开展工作。

（5）专业性强，施工质量具有强制性。建设工程项目的设计、施工等环节都需要进行严密的监管，工后还要实行质量保修。

（6）外部协作要求高。建设工程项目的场地拆迁、道路使用等项工作的完成，需要社会有关方面的广泛协作。

二、工程项目管理

1.定义

工程项目管理是指在以项目经理为首的项目机构成员共同努力下，依照科学方法对有限的资源进行优化整合，对工程项目进展过程进行协调控制，努力使其处于最佳运行状态，最终实现特定目标的管理体系。

2.工程项目管理的特点

(1)创新性。不同的项目既有共性,更有特性。对于共性,必须依照法定或约定的规则去办理。对于特性,应当在法定或约定规则的基础上,采用含有创新性的方法去解决。如阴雨连绵的日子里,在新建高速公路的工地上施工,可在路基中央挖一道槽汇集雨水,在槽两边冒雨操作,待雨停后抽去槽中积水继续作业。这种做法对于保证施工进度,不失为一个富有创新性的办法。

(2)复杂性。项目的组成部分里或项目的发展过程中,经常会有一些不确定性、交叉性的因素需要用综合性的方法去处理。这种不确定性、交叉性的因素及综合性方法的技术性能、成本、进度等严格的约束条件,构成了项目管理的复杂性。

(3)普遍性。社会经济生活的某些部分,按项目程序进行运作,可实现高效、节能,以利获得最大利润。这种方法可普遍适用于各行各业。

(4)专业性。项目经理部需要精兵良将,一专多能多用,特别具有某方面的业务专长,又可以兼职做项目部的其他工作,并能与同事们团结协作。而项目经理,在已获取建造师资格的前提下,更应熟知专业方面的现代科学知识,具有一定的领导能力并有较充分的实践经验。

三、施工前的管理工作

1.建设方

(1)立项阶段管理事项。

①立项是指建设行政主管机关批准项目建议书或项目可行性研究报告,确定建设单位的活动。其中的建设单位可以是投资主体,也可以是投资主体委托的代建公司。

所谓代建公司,又称工程项目管理专业公司,指投资主体将实施工程项目的全部工作,包括可行性研究、场地准备、项目规划、勘察设计、物料采购、设备安装、施工、监理及验收等都委托给该公司,由该公司招标或组织有关专业公司来完成整个建设项目。该公司一般并不参与具体建设事务的操作。

②立项阶段建设方的具体工作。具体包括:编制项目建议书和投资意向书,给出项目费用估算和选址初步意见;实施可行性研究活动和组织项目评估活动,并编制相应的报告书;由投资机构或其他具体单位自行担任或委托确定建设单位,向政府有权部门提交前述文件资料以获取立项批复。

关于这方面的详细内容请参阅本书第九章的内容。立项被批准,由建设方启动项目准备阶段的工作。立项被否决,且已无更改希望,立项运作即行终止。

(2)准备阶段事项。

①项目报建。项目报建是指工程项目的立项被批准后,建设方或其代理机构向项目所在地建设行政主管部门报告具体建设事务的活动。建设方届时须交验两种文件资料,第一种是特别资料,简称"一书两证"——经过批准的选址意见书、工程项目规划许可证和建设用地规划许可证;第二种是常规资料——立项批准文件、实施工程项目的计划任务书和有关银行出具的资信证明等文件。

凡在我国境内投资兴建的工程建设项目,包括外国独资、中外合资、中外合作的项目,都必须实施报建。经有关方面对报建资料审验合格并办理其他规定的手续,建设方才可以开展工程项目的实施活动。

②项目勘设。由建设方通过招标或委托,与选定的勘察单位或设计单位签订相关合同,开启项目的勘察设计工作。其中勘察工作报告为设计和施工工作奠定了对建设场地地质基础的准确把握。项目的设计工作可分为两种:

第一种,三阶段设计,适用于大型、超大型或特大型工程项目。其任务为:第一阶段,给出初步设计或扩大的初步设计方案,并给出工程项目概算,以供开展优选施工单位的招投标工作。第二阶段,给出技术设计方案,并对原有的概算和图纸进行修正。第三阶段,按与建设单位签订的《供图协议》分批供应施工图,并给出施工图预算。具体见表0-1。

表 0-1 三阶段设计的具体内容

初步设计	技术设计	施工图设计
(1)总体设计。 (2)方案设计。主要包括:建筑设计、工艺设计、进行方案比选等工作。 (3)编制初步设计文件。主要包括:完善选定的方案;分专业设计并汇总;编制说明与概算,参加初步设计审查会议。	(1)提出技术设计计划。可包括:工艺流程试验研究;特殊设备的研制;大型建(构)筑物关键部位的试验、研究。 (2)编制技术设计文件。 (3)参加初步审查,并对概算作出必要的修正。	(1)建筑设计。 (2)结构设计。 (3)设备设计。 (4)专业设计的协调。 (5)编制施工图设计文件,给出施工图预算。

第二种,两阶段设计,适用于中小型项目和部分大型项目。其任务为:第一阶段,给出初步设计和概算,以供开展招投标工作,选择合格的施工单位。第二阶段,给出施工图设计和施工图预算,并签订分期供图协议,作为施工依据和落实甲供物料及非甲供物料的依据。

一般说来,由建设方或其代理方负责采供的物料,简称甲供料。甲供料可能是全供,也可能是选供。如是选供,甲供料往往是施工项目所需物料中最重要的部分。如在新建铁路的施工中,甲供料一般是钢轨、灰枕、桥梁梁体等。甲供料之外的物料采供并不一定是由施工方或称乙方来完成的,所以称为非甲供料。例如可由建设方与供料方鉴定供料合同。

③确定施工承包人。建设方以招标人的身份开展或委托开展招投标工作,以公开、公平、公正为原则,以优中选优的方式确定施工承包人,并与之签订建设工程施工合同。

④委托监理单位。建设方确定或招标确定监理单位,就监控管理设计、施工等项工作或选择其中一项工作实施监管并签订委托监理合同,实施授权。

⑤落实物料采购供应。建设方在与工程承包人签订施工合同时,大都与对方明确约定了物料设备的采购供应方式。如系施工方全部负责物料采供,则称为包工包料。

物料采供的具体实施,责任人可以到生产厂家或供应商处选样约定,也可以实施现场招标以签订相应的买卖合同。

⑥建设方的其他准备工作。

第一,整理施工场地,做到"三通一平"——即保证施工现场路通、水通、电通和场地平整。加上施工现场电信、燃气、排水和排污的畅通,又称为"七通一平"。

第二,办理施工证照。除前述的"一书两证"外,还有施工图设计文件审查合格书、质量监督注册登记表、银行建设资金证明、建筑节能备案登记表、散装水泥基金和节能墙体材料两项基金交费手续、固定资产投资许可证等文件,总计 12~15 份。

第三,完善开工手续。现场开工应经建设方提出申请,由建设驻地建筑监察大队派人员进行现场踏勘,并填制表 0-2(部分)。

表 0-2 现场踏勘情况记录表

现场踏勘情况记录	现场踏勘时间	年 月 日	现场踏勘人		
	申报工程位置是否与现场踏勘位置相符			是□	否□
	现场地上物清理情况	原有建筑物已经拆除		是□	否□
	现场安全防护措施	现场周边已设围栏		是□	否□
		施工区域上方已无障碍		是□	否□
		向施工单位提供了各类管线资料和防护措施		是□	否□
		已要求施工单位对毗邻建筑物采取防护措施		是□	否□
	给排水	供水和排水		符合□	不符合□

在现场踏勘情况全部合格的条件下,有关机关向建设方发放施工许可证。建设方收到施工许可证后,应于 10 日内开工。如不能按时开工,须及时向发证机关申请延期开工。最多可申请两次,每次延期不超过三个月。

2.施工方

(1)开工前的操作准备。

①组建施工项目经理部(简称项目部),根据项目规模的大小,配备项目部工作人员。

②制定、完善施工组织设计,从中提炼出具体的施工计划。特别要把单位工程施工组织设计分解到分部工程,甚至分解到具体的分项工程。

③实施施工场地的临时建设。具体包括:现场道路铺设,施工机械停放、修理场所的布置,临时设施、临时水电管线等分属于大、小临时工程和过渡工程的及时修建。

大临工程是指应当办理规划批准手续,并经施工许可和施工图设计,其建造和拆除应当实行严格报告制度的临时工程。该工程往往以生产型的过渡设施为主,其建设期可根据实际需要在项目进展的任何时期发生。例如服务于某项目的临时变电站可在该项目的筹建期修建,于正式变电站发挥作用后拆除;为解决某种运输任务的临时铁路岔线,其建造和拆除应在有关工程项目的中后期发生。

小临工程是指依照合同约定或惯例,为使有关工程得以正常开展,应当建造的临时设施。该项设施的建造和拆除不必履行严格的规划批准手续,但应当遵守约定,接受监督,实行报告制度;施工场地内开展建设,多以服务型的生活设施为主。例如在施工现场临时搭建简易的楼棚房舍,是以解决现场施工人员和建设方或监理方人员的办公、生活和物料存放为目的的。

过渡工程是特指在工程项目进展的某个环节上能够发挥一定的替代补充作用的设施。例如在某新车站的水塔尚未修好之前,用水罐车拉水以解决该车站生产和生活用水问题。过渡工程大都分属于大、小临时工程,但也有其独立存在的部分。

④管理进入施工场地的所有资源。建筑施工资源主要包括施工人员、建筑物料和建筑机

械设备三类。

首先，施工方应当对进入施工场地的劳务人员和本方其他人员进行安全培训，并灌输质量意识和技术交底，要求所有人员都要持证并经考核上岗，并将制度公之于众，作好执行制度和处理各种违规事项的准备。

其次，施工方应对要进场的所有物料设备实行严格的检验，对确认不合格的坚决不允许进场；对于自身没有能力实施检验或其他存疑的物料设备，施工方应当邀请建设方或监理方人员共同检查，并在不能达成共识时，协议送交有关机构检验，费用一般由建设方承担。

⑤填写开工申请表。开工申请表的形式如表 0-3 所示。

表 0-3 开工申请表

建设单位		计划、设计、规划、批准文号			
监理单位					
设计单位					
施工单位					
工程名称					
建筑面积		工程结构		层数	
总 投 资		每年投资			
承包形式		每平方米造价			
计划工期	开工		日历工天		
	竣工		工程地址		
建设单位 （章） 年 月 日		施工单位 （章） 年　月　日			
审查机关意见					
批准机关意见					

在表 0-3 中，审查机关意见，由质量监督部门审查；批准机关的意见：新开重点工程和一万平方米以上工程，开工报告应经建设主管部门批准、盖章；一般工程，应当报当地建设行政主管部门批准、盖章。

以上开工报告，由建设方负责提交审批，并由发证机关颁发施工许可证。

（2）施工方在施工阶段的工作事项。

施工阶段是指施工方利用三大资源实施操作，建设方或监理方（并非所有的工程项目都有监理方参与）跟踪监督的过程。其中施工方的工作可以概括为：

①按照具体的施工组织设计或施工规划组织施工，组织中间验收和隐蔽验收。对于前述

两种验收,其共同点是需要检验的环节都发生在即将被后一道工序覆盖的工序中。但二者并不可以互相包含和替代。中间验收针对的是分部工程或子分部工程,隐蔽验收针对的是分项工程或检验批。如对已安装且即将隐蔽的穿线管的验收应属隐蔽验收,并非中间验收。

②施工方和建设方(或监理方)在施工中的互相促进,二者在"安全第一、预防为主"的政策下,共同追求提高质量、降低造价和加快进度的目标。

③做好有关的合同管理工作。施工方通过合同与本项目其他相关主体发生联系,应当严密掌控合同变更和索赔事项,注意收集和保存证据,在法律和合同的基础上,学会用恰当的方法有效地维护本方合法权益。

④在施工中,提倡思想解放,鼓励创新,注意把每一点工艺技术方面的创新思维升华成理论,充实本方的知识产权宝库。同时还要记录本方的其他经验教训,正确反映本方成长历程。

施工方在竣工验交和工后各阶段的具体活动内容请参阅本书有关章节的专门论述。

四、项目的生命周期

1.定义
项目的生命周期是指项目从筹划立项到相关实施活动基本终止的全过程。

2.阶段划分
项目的发生和存续大体分为三个阶段,阶段之间并无明确清楚的界限。

(1)项目启动阶段——又称立项阶段,即形成项目建议书、可行性研究报告、项目评估报告、立项批准文件等文件资料并报经政府有关部门批准项目成立的阶段。

(2)项目实施阶段——具体制订和实施项目计划,进行过程跟踪和协调控制的阶段。

(3)收尾阶段——检验和移交项目成果,进行项目实施评价和后期服务,总结经验教训的阶段。

3.项目生命周期曲线图
项目生命周期曲线类似于弹道曲线,具体见图0-1。

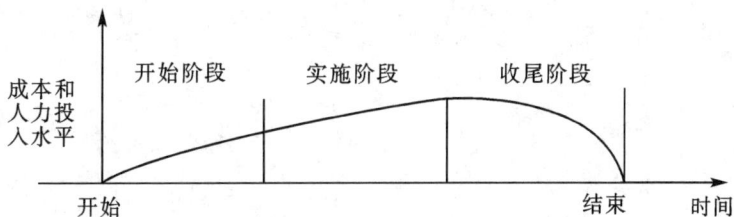

图0-1 项目生命周期曲线图

4.建设项目分类
(1)基本分类。基本分类见图10-2。

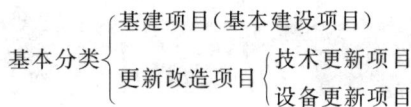

图0-2 基本分类

（2）其他分类。

①按领域分：工业、农业、国防、交通、科技、商业、能源、化工等项目。

②按主体分：公共项目、私人项目、准公共项目（由政府投资兴建，交私人经营和使用，但需要交纳使用费的项目；或者经批准由私方或外方投资建设，允许他们经营一段时间后由政府或企业等主体收回，甚至在建成后由政府直接出资赎回的项目）等。

③按项目行为分：管理项目、研发项目等。

④按项目结果分：服务项目、产品项目、知识产权项目等。

综合练习题

1.什么是项目，项目的特征是什么？

2.什么是建设工程项目，现代建设工程如何分类？

3.建设项目的概括性特点是什么，其客观性特点又是什么？

4.什么是单项工程、单位（子单位）工程、分部（子分部）工程、分项工程和检验批？

5.什么是工程项目管理，其特点是什么？

6.什么是立项和代建公司，项目存续的阶段是如何划分的？

7.立项阶段建设方的工作有哪些，准备阶段建设方的工作有哪些？

8.什么是三阶段设计，什么是两阶段设计，它们的任务各是什么？

9.什么是甲供料和非甲供料，什么是现场踏勘，其目的是什么？

11.什么是大临工程、小临工程和过渡工程？

12.施工方在准备阶段有哪些主要工作？

13.什么是项目的生命周期，建设项目的基本分类是怎样的？

第一章
建设工程项目管理组织

教学目标

知识目标

通过本章学习,让学生熟悉项目管理机构的基本作用和设置原则,了解项目经理部的基本分类和工作机制,项目部的团队建设和项目经理的主导作用。

能力目标

根据具体工程项目的特征,选择适宜的项目部组织形式。通过制度建设,完善项目部的经营与管理,使项目部的结构具有扁平形状,人员一专多能、多用,推崇安全第一、质量为中心的机制。

案例引入

某工程为一涉外大型会议大厦,总工期两年,总造价约一亿元人民币。主要施工内容为:土建部分为钢筋混凝土框架结构,安装部分为屋顶钢构(含彩钢瓦)、照明系统、电子屏显系统、安监防控系统及其他专项工程。总包商承包土建工程,其他部分由专业承包商完成。该大厦设计和施工均采用中国标准。设计单位只负责主体结构和土建部分的设计,各专业承包商负责二次设计及相关施工的服务全过程。其中电子屏显等项工程是分包工程。项目在实施二次分包时,受条件限制由总包商提供图纸在国内完成,未能进行现场踏勘,以至施工安装时许多问题相继暴露出来。例如,在屏显工程的设计中,竟未考虑电子显示屏背面的防雨问题,没有准备相应的防雨材料。受工期制约,只得空运大批铝塑板和其他材料,使工期和后续施工受到很大影响,经济上也蒙受了较大的损失。亡羊补牢,未为晚也。总包商将其他分包工程一并纳入总包管理,指派专人进行协调、联络和督促,及时通报信息,把二次深化设计和分包施工的风险降到了最低,并通过后续的施工管理,降低了造价,加快了施工进度,获得了相当不错的"收官"效益,为祖国的援外事业赢得了声誉。

第一节 工程项目管理组织概述

本节首先介绍了工程项目管理的特点和分类,强调了各工程参与方的管理目的和任务,其次本节论述了工程参与各方及其他合作方在工程项目中的地位,并详细介绍了影响生产的八大要素及有关要素的组合原则。

本节介绍了项目结构形式,重点讨论了直线型结构和矩阵型结构。

一、工程施工项目管理

1.定义

工程施工项目管理是指建设项目相关企业及其项目经理部在一定约束条件下为最优化地实现工程项目目标,按照建设工程内在规律和合同要求围绕项目所开展的计划、组织、协调等一系列的管理活动。

2.工程施工项目管理的特点

(1)这种管理是基于长远考虑的一次性管理。基于建设项目成果的长久性和项目管理的临时性特征,项目实施主体对建设项目每个环节都应严格把关,努力减少和消除事后的返整补修活动,尽量不留遗憾。

(2)这种管理是一种全过程综合性管理。在项目进展的不同阶段,特别在实施阶段,如勘察、设计、施工、采购等项工作一般最好由专业化企业独立完成,以有效减少或消除各种额外消耗。

(3)这种管理是一种强约束管理。项目目标特定,完成项目的时间一般不可逾越,质量标准和概预算额度非常明确,因此该项管理比其他管理要求更高。

(4)这种管理实行项目经理负责制。项目经理部的其他成员都要各司其职,向项目经理负责。

3.工程施工项目实施管理的分类

工程施工项目实施管理的分类具体见表1-1。

表 1-1　工程施工项目实施管理的分类

管理形式	管理方	管理目的和任务	管理地位	作　用
建设管理	建设方	追求最佳投资效益	项目总责任方	启动决断
勘设管理	勘设方	提供优质勘设方案和概预算	勘设主体	塑形指导
施工管理	施工方	确保质量、工料、工期、实施和验交	施工主体	承包实施
监理管理	监理方	严密管控勘设施工和排解争议	协调主体	受托履职
咨询管理	中介方	提供规范的造价计算	协助主体	协助参谋

二、工程项目管理组织

1.工程项目管理组织机构

工程项目管理组织机构泛指工程项目的参加者、合作者按照要素组合规则组建的实施项目管理、追求实现项目目标的一次性机构。

(1)项目参加者——在项目实施过程中,实际从事项目运作的组织或个体。它包括总包或分包项目部,具体劳务组织或劳务人员,建设方、监理方及勘设方的项目机构。

(2)施工项目合作者——在项目实施中对项目参与者负有领导、辅助、监管、控制等项职能的组织或个体。一般包括:建设单位(又称甲方)、监理单位、项目部归属的企业或公司、当地政府机构、驻地单位和居民。

①建设方,又称甲方或其委托的发包方。甲方具有如下职能:

决策职能——决定项目的具体实施及其规模。

计划职能——设定项目的总体目标和目标体系,确定目标动态控制方法与协调程序,选定检查检测的方法和标准。

组织职能——用招标或委托方式选择项目的设计单位、监理单位和实施承包单位,建立甲方项目管理机构。

协调职能——协调与项目有关的各单位之间的关系以及本方与各单位同相关政府部门之间的关系,确保施工正常进行。

控制职能——委托监理或派遣甲方代表,控制项目的质量、进度、成本,防止机械、安全和质量事故的发生。

②施工监理,项目管理者之一,独立于甲、乙双方之外的第三方,只向工程负责。它实行项目的投资、工期、质量控制,实施履约监督,帮助甲方实施正确的投资决策。

③中标的施工企业或公司(包括专业承包者),其职责是:建立施工管理组织,选聘项目经理,组建项目经理部,制定项目管理制度;编制项目管理计划;实施施工目标控制,在确保安全的前提下,按照合同约定进行进度、质量、成本等项管理;管理工程项目有关信息;严守项目管理规则、商业机密和其他知识产权;按照合同约定向建设方交付合格乃至优良的建筑标的物。

④有关的政府机构,包括有关各级住建部门和质量监督检查部门,履行对建筑事务的社会管理职能。其职能具体包括:管理相关建设用地,规划实施环保事务;管理防火、防灾事项;审核遵守技术规范和标准的状况;实施建设程序管理;进行安全卫生管理。

⑤项目实施单位的上级和行业协会。它们履行协助管理职能,具体包括:推行先进的生产方式、生产设备和市场标准,淘汰落后产能;协助参与制裁违规生产,主持公平正义,维护有关单位的合法权益。

⑥驻地的机构、单位和居民个体。当地的自然条件和当地机构、单位及居民的合作态度对施工有一定程度的影响。

2. 要素组合

要素组合是指按照最优化实施工程项目的需要,设定部门、机构及其岗位建制,安排各类人员的联系方式及相互关系,安排机械设备和工程材料的排列顺序、空间位置和聚集状态。

这些要素可归纳为:

(1)自然要素——"人"(工程技术人员、劳务人员、管理服务人员)、"机"(各类机械设备)、"料"(原材料、燃料)、"法"(工艺、方法和技术)、"环"(泛指地理、人口和气象等环境条件)。

(2)社会要素——"信"(信息、信用)、"管"(管理的机制、体制)、"金"(资金状况、融资渠道和资本经营)。

3. 工程项目管理组织的要素组合原则

(1)目标性原则。按项目目标确定人员、职位、部门和职能的原则。

(2)系统化原则。在统一指挥下,所有人员各尽所能,分工协作,目标分解到人的原则。

(3)管理跨度和管理层次适中原则。其中,管理跨度是指平均一个领导者所指挥的下级工队或人员的数量,简称管跨。管理层数是指领导者与最基层班组间或人员之间间隔的层数,简称管层。

管理跨度越大,领导者担负的责任越重;管理层数越多,沟通指挥越困难。所以,规模适度,结构简单,层次较少的扁平状组织机构才能实现高效低成本。

（4）责权利平衡原则。责任大，权力重，收益才能高。要防止收益与工作成果不挂钩、苦乐不均、分配不透明的事情发生。

（5）精简高效原则。机构要尽量简化，努力使队伍精干，人员一专多能多用，在确保重点职能发挥的前提下鼓励兼职，以保证工作高效开展。

（6）稳定性与灵活性相结合原则。在项目运作中，要保持机构及其任务的相对稳定，并在此基础上，提高适应性，即变中求稳，稳中求快。

三、施工项目组织的基本形式

施工项目组织的形式多种多样，常见的有：直线型结构、职能型结构、直线参谋型结构、矩阵型结构、直线职能参谋型结构。根据我国各地的建筑实践活动，常用的施工项目组织形式只有直线型结构、矩阵型结构两种。

1. 直线型结构

（1）关系。组织内各层级呈直线关系，各组织单元只接受一个直接上级的领导。

（2）利弊。

①优点：权责分明，各种人才在场，解决问题迅速，工作高效；指挥统一，权力集中，决策及时，减少接合部，易于协调；可减免行政干预，工作效率高。

②缺点：下一级平行单元间缺少联系协调，影响有关单元人员的工作积极性和主动性，容易形成上级不拨下级不转的局面。

（3）结构图。直线型组织结构图如图 1-1 所示。这种类型在我国被广泛采用。

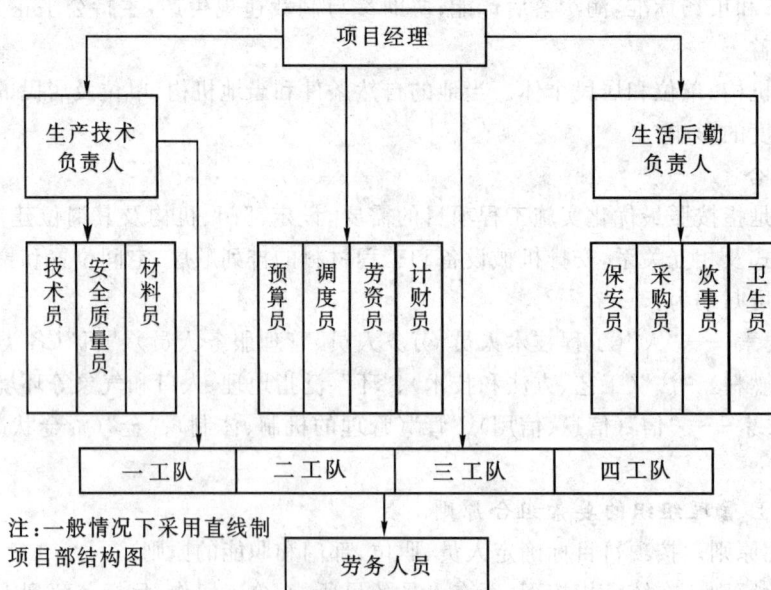

注：一般情况下采用直线制项目部结构图

（a）直线制项目部结构图

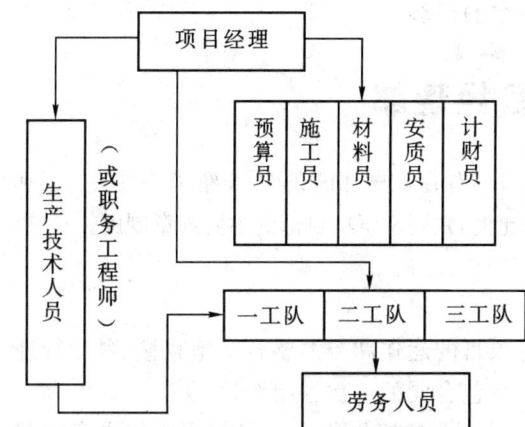

注：对二、三级项目部可采用
"一长一师五大员"体制

（b）"一长一师五大员"体制结构图

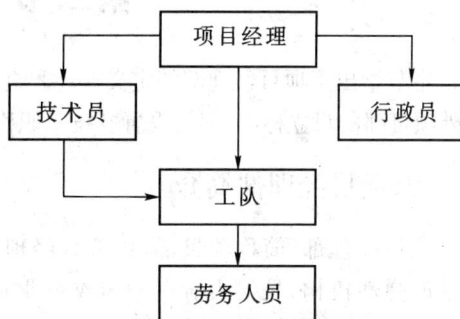

注：对简易项目部可采用简易体制

(c)简易项目部结构图

图 1-1　直线型组织结构图

2.矩阵型结构

（1）结构图。

矩阵型组织结构图如图 1-2 所示。

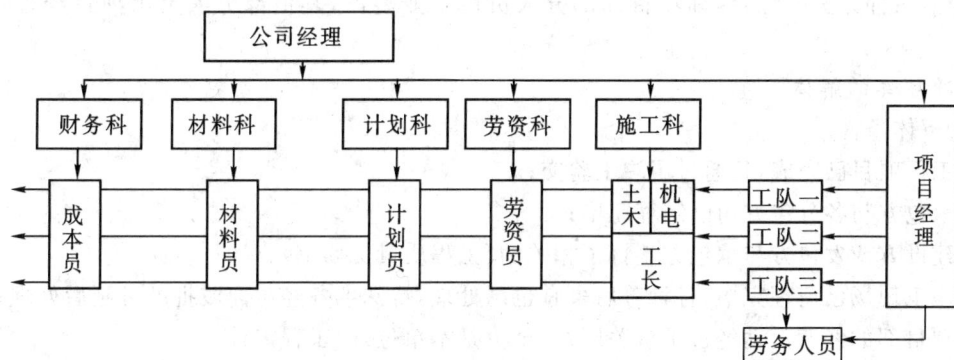

图 1-2　矩阵型组织结构图

（2）特点。

①项目部成员由企业职能部门派遣，从事与原职能工作相同或相近的工作。

②项目部成员既受项目部领导，又受原派遣部门领导，形成双重领导。

③项目部解体后，项目部成员以回原派遣部门为主要形式。

（3）利弊。

①优点：加强了各组织单元间的横向联系，使设备和专业人员得到充分运用，资源得以优化，加大了专业人员的责权利。

②缺点：双重领导，难以统一指挥，出了问题，推诿现象严重，难以查清责任。项目成员难以专注工作。

这种结构类型过去在我国采用较少,目前有增多的趋势。

第二节　项目经理部

本节给出了项目经理部的定义、范围、组建约定、基本程序和解体的条件,介绍了一、二、三级和等外项目部的设立标准、部门设置及技术职称人员的比例,并列举了项目部的主要规章制度。

一、项目经理部简介

项目经理部,简称项目部,以项目经理为首,对项目的运作和资源整合实施直接、科学管理的临时弹性机构,是代表所在公司或企业履行相关承包合同的一次性组织。

凡参与工程项目运作事务的单位如建设方和承包方,甚至供货方一般都应成立自身的项目部。项目部在通常情况下专指施工方的项目经理部。

1. 项目经理部的组建

(1)项目经理一般由企业经理在取得建造师资格、竞争上岗的员工中选择适宜的人选担任。对于一些规模小于某种标准的项目,也可由技术部门推荐人员,经企业经理批准就任项目经理。

(2)项目部其他成员由承包项目的公司或企业的决策层及执行层的某些部门如人力资源、企业管理等部门推荐,并经项目经理同意的人员组成;或由项目经理点名并经企业经理批准的人员组成办事机构,用以开展项目管理活动,追求实现项目目标。

(3)前两种方法的综合,即项目部部分人员由企业委派,其他部分人员由项目经理指定组成。

2. 项目部的解体

(1)解体条件。

①工程项目已完成,且通过了竣工验交;

②承包方与各分包方均已结算完毕;

③建设方或发包方与承包方签订了相关的《工程质量保修书》;

④施工现场已清理完毕,各种善后事宜也已处理,特殊事务经协商或批准可延后处理;

⑤项目部的经营活动经过了有关层级(至少是本单位)的工程审计。

(2)解体与善后程序。

①项目部在企业企管、财务、物流等部门的配合下,办理竣工验交后的清理结算,并做到物料入库、钱账交付;

②项目部在竣工验交15天内写出解体申请报告;

③对项目部的人员实施处理,属于劳动合同存续类的,原则上各回各单位;属于劳动合同终结类的,履行解聘手续;

④接受审计部门的审计;

⑤成立善后小组,处理尾遗事项。

二、项目部的级别和设置

1. 施工项目经理部的分级

根据工程项目的规模、复杂程度和专业特点设置大、中、小型项目部,或称一、二、三级项目部。为完成此外的零星工程,也可成立简易项目部。

施工项目部的分级条件(以房建工程为例),见表1-2。

表1-2　施工项目部的分级条件

级　别	群体工程面积(x万m^2)	单体工程面积(y万m^2)	其他工程投资(z万元)
一级	$x \geqslant 15$	$y \geqslant 10$	$z \geqslant 8000$
二级	$10 \leqslant x < 15$	$5 \leqslant y < 10$	$3000 \leqslant z < 8000$
三级	$2 \leqslant x < 10$	$1 \leqslant y < 5$	$500 \leqslant z < 3000$
简易	$x < 2$	$y < 1$	$z < 500$

简易项目部,即承揽规模小于某种标准的简易工程的小型项目部,例如修建一所普通民居、砌筑一处中小型饲养场等。

2.项目部的部门设置

一、二级项目部可以设置职能部室,三级以下项目部一般只设置职能人员或一人多职。

(1)工程技术部,主管生产调度、技术管理、施工组织、计划、统计、文明施工等方面。

(2)监督管理部,主管质量检查、安全监督、消防、保卫、环保、计量、测试等方面。

(3)物资设备部,主管物料询价、采购、运输、仓库堆场管理,机具租赁、维修保养、配套使用、小改小革等方面。

(4)经营核算部,主管预(概)算、决算、合同事务、索赔、成本管理、资金管理、劳务及分配管理等方面。

3.正规施工项目部的人员配备

正规施工项目部的人员配备(以房建工程为例),见表1-3。

表1-3　正规施工项目部的人员配备

级　别	名　额	高　职(%)	中　职(%)	初　职(%)	其　他(%)
一级	30~45	8	40	42	10
二级	20~30	5	35	50	10
三级	15~20	3	30	57	10

简易项目部往往根据实际需要配备人员,以保证项目部能够正常运作为宗旨。

4.项目部管理制度

(1)责任制度。

①项目经理责任制——概括性规定项目经理的职责、职权,应当保持的联系和工作基本程序;一些指标性的内容,例如必须保证实现的利润率等往往通过与企业签订内部承包协议书来表述和最终兑现。

②管理人员岗位责任制——明确规定管理人员的职责、职权和操守事项。

(2)规章制度。主要包括:施工计划的执行和修改办法、施工现场管理办法,安全、质量成本、进度管理办法,劳务、财务、物流、机械设备管理办法。

(3)其他制度。主要包括:例会、调度、施工日志、统计事务及信息发布等常规工作办法,分包管理、组织协调、分配奖罚(或称激励与约束)等项制度。

第三节 建造师和项目经理

本节简要介绍了国内外注册建造师制度的建立,具体讨论了我国注册建造师的级别设置、资格考试、继续注册时的再教育和任职范围。

本节重点讨论了企业任命项目经理的四个基本条件。

一、注册建造师制度简介

注册建造师是一种国际通行的建筑行业任职资格制度,起源于英国,至今已有160多年的历史。该项制度的核心作用是设定了一项担任项目经理的任职资格制度。

1. 项目经理

项目经理是工程项目承包企业任命的工程项目负责人,负责企业对整个项目实施的计划、控制和管理。

2. 施工企业项目经理资格

我国在2002年时有建筑施工企业10万多家,从业人员达3500多万人,占世界建筑业全员的25%,但对外承包额仅占当时相关国际市场的1.3%,其中一个原因是我国缺乏世界公认的注册建造师队伍。

我国自改革开放以来至2003年一直实行四级项目经理制度,各级项目经理原则上由省级以下建设部门主持考试产生。据统计,当时获得项目经理证书的人员达40多万,取得一级项目经理证书人员有8万多人,但其中不乏弄虚作假者。

我国国务院在2003年发文决定"取消建筑企业项目经理资格核准,由建造师替代,并设立过渡期"。过渡期截止2008年2月。

3. 注册建造师资格考试

注册建造师资格已被纳入国家正规技术职务考试计划。

在国家人力资源和社会保障部正式公布的技术职务考试手册上,载有注册建造师的名称。非经有关者本人通过该项考试,不得授予建造师资格。这一举措将有效地屏蔽过去项目经理任职过程中滥竽充数等种种弊端。

4. 注册建造师的级别和任职

(1)一级注册建造师,由国家人社部(人力资源和社会保障部)和住建部(住房和城乡建设部)命题考试。获得资格者,经注册可担任国家范围内或国家外派范围内具体十项建设工程的项目经理。

(2)二级注册建造师,由国家人社部和住建部划定考试范围,由相应省级政府人力资源和社会保障厅与住建厅设命题考试。获得资格者,可担任具体六项建设工程的项目经理。

企业也可任命本企业认可的内部建造师担任简易项目部、三级项目部的项目经理或担任其他项目经理的助理。

5. 注册建造师的注册

(1)注册建造师在注册期满前三个月内必须接受再教育以更新知识,否则可拒绝其继续注册的申请。

(2)注册建造师资格取得后,须经有关政府部门注册方可执业。每次注册有效期为三年,三年不执业或不在职、或任内发生较大以上责任事故的,则吊销建造师资格。

二、项目经理的任用

项目经理的具体任用,由公司或企业决定。国家除资格外,一般不加干涉。企业的任用标准,主要有以下四个方面:

(1)特别要求。首先应考取注册建造师证书或取得企业建造师资格,并竞争上岗。

(2)领导能力。一般应能以身作则,团结同志,既具有一定的民主作风,又能临事果断决策,从容应对。

(3)专业能力。专业能力包括必备的知识结构:具有专业管理、经济、常用的法律法规知识和项目管理知识;是房建、土木或其他建设工程的专家,能鉴别项目工艺设计、设备选型及安装调试,熟悉土木工程建设技术;有较丰富的项目管理经验和业绩,有过独立完成项目或与项目相关工作的记录。

(4)其他要求。品格公正诚信,认真负责,能带头实干;政治历史无瑕疵;身体健康,心胸豁达,精力充沛。

第四节　工程项目监理机构

本节具体介绍了工程监理及其机构的派驻,必须委托工程监理的工程范围及工程监理行使职权、取得授权等项前提;论述了工程监理"三控两管一协调"的工作内容,工程项目监理进驻和开展工作之前所做的准备工作;比较了国外监理的准裁判权和国内监理的优先证明权、索赔处理权和经营监管权。

一、工程监理的范围和前提

1.工程监理的定义

工程监理是指监理单位受建设方或发包方的委托,依据相关建设法律法规、委托监理合同和相关建设合同、建设政策文件等对具体建设工程项目实施监督管理的人员及组织的统称。

2.工程项目监理机构的派驻

监理单位受建设方或发包方委托并与之签订《建设工程委托监理合同》后,应迅速着手组织工程项目监理机构,并进驻建设方指定的地点,开展相关的监理活动。

(1)人员组成。总监理工程师一名,根据业务量的大小、技术复杂程度和其他相关因素设定总监助理1~2名,负责某单项工程或单位工程的监理工程师、负责工程项目某类专项业务的监理工程师若干名,实施跟踪监理业务的监理员即旁站监理若干名。

(2)进驻阶段和地点。进驻阶段和地点见表1-4。

表1-4　工程监理的进驻阶段和地点

阶段或环节	立 项 阶 段	设 计 环 节	施 工 阶 段	工 后 阶 段
地　　点	甲方指定地点	设 计 单 位	施 工 现 场	标的物所在地
任　　务	完善立项操作	实施设计把关	跟踪监管施工	处理尾遗事项

注:①只要不与有关法律、法规相违背,建设方(即甲方)或发包方可于建设项目存续的任何阶段和环节委托

监理单位,可一次委托到底,也可数次委托。

②委托监理的业务,多数(2/3 以上)发生在施工阶段。

③设计环节发生在准备阶段,属于该阶段的环节还有:报建、勘察、招投标、采购等。

(3)工程项目监理机构的地位。工程项目监理机构相当于工程承包单位派驻施工现场实施项目运作的项目经理部。从机构的角度来看,工程项目监理机构和项目经理部有以下三个相似的特点:

①总监理工程师相当于项目经理;

②负责某单项工程或单位工程的监理工程师又称"片监",负责工程项目某类专项业务的监理工程师又称"块监"或"积木监",他们均相当于项目部的部门负责人;

②实施跟踪监理业务的监理员即旁站监理相当于项目部的部门成员。

3. 工程监理的范围

住房与城乡建设部规定下列建设工程必须实行监理:

(1)国家重点建设工程;

(2)大中型公用事业工程;

(3)成片开发建设的住宅小区工程;

(4)利用外国政府或者国际组织贷款、援助资金的工程;

(5)国家规定必须实行监理的其他工程(项目总投资额在 3000 万元以上的关系到社会公共利益、公共安全的交通运输、水利建设、城市基础设施、生态环境保护、信息产业、能源等基础设施项目,以及学校、影剧院、体育场馆类的社会公益工程项目等)。

4. 工程监理的工作前提

(1)合同授权。工程项目监理机构对特定工程项目的具体运转操作实施监督管理应当得到建设方或发包方的委托和授权,这种委托授权是通过签订具体的书面《建设工程委托监理合同》来实现的。有关合同中明确约定了监理方实施监管的工程项目及其阶段性内容,合同双方当事人的职权、职责及违约处理事项等。

合同授权是工程项目监理机构得以监管具体工程项目的直接前提。

(2)法定授权。工程监理是我国从国外引进的最有效的实用制度之一。我国的有关机关根据我国的国情和实际需要,用《建筑法》等法律、法规选择性地对工程监理的职权和职责进行了规定。

法定授权是监理单位得以存在、发展和正常开展业务活动及工程项目监理机构得以对具体工程项目行使监管权的基本前提。

(3)业务使命感。从裁判的角度来看,工程监理应当对项目进展过程的真实性和相关操作的规范性给出及时的评价。这就要求工程监理具有以下能力:

①必须具有良好的建筑知识功底。如果达不到专家层级的话,至少应当是建筑业界的行家,特别对于总监理工程师和监理工程师更是如此。

②应当具有良好的职业操守。观察力敏锐,公正廉明,爱岗敬业。

业务使命感是工程项目监理机构各位成员实施工程监理工作的素质前提。

二、工程监理的工作内容和程序

1. 工程监理的工作内容

工程监理的工作内容可以概括为"三控两管一协调",即三控制、两管理、一协调。

（1）"三控制"是指在保证"安全第一"的前提下，追求提高质量、加快进度和降低造价的控制活动。

①提高质量，即质量控制，这一活动应当贯穿于工程项目建设的全过程。主要包括：在设计环节，进行设计方案的磋商和评查审核，控制设计变更；在招投标环节，协助审查承包人的资质，监督招投标过程的合法性和公正性；在采购物料、准备施工的环节及施工过程中，审查施工组织设计、把关资源进场、参与各种中间和隐蔽验收，坚持不懈地跟踪施工进度，及时纠正各种偏差；积极组织审图交桩、竣工验交等项活动。

其中，中间和隐蔽验收是指施工中为防止有可能被下一道工序所覆盖而导致最终难以进行质量检验的分部、分项工程，在未覆盖前所开展的质量检验活动。对分部工程的提前质量检验称为中间验收，对分项工程、检验批和其他零星工程的提前质量检验称为隐蔽验收。

确切地说，审图交桩是会审图纸、交付施工基点基线和部分技术交底——设计交底等项工作的并称。

设计交底是指设计单位给出施工图或结构图后，向建设、监理和施工单位介绍对工程项目的设计思路，对关键部位、关键工艺以及施工安全提出具体要求；另一方面，对施工等单位提出的问题进行解答。

会审图纸是指建设、施工、监理和物料设备供应等单位在收到施工图设计文件后，进行了认真的研究讨论，派遣有关人员参加由建设单位（或监理单位）组织的和设计单位参加的审图会议。相关人员可对图中明显错误的地方和不合理的设计要求纠正，对存疑的部位要求给予澄清。设计单位对存疑的问题一般会当场给予解答，而对于纠错要求一般经过核实后会以补充设计文件的形式进行处理。

交桩是指施工用轴线控制点、水平控制点和绝对高程一般由政府有关部门勘测，由测绘部门根据规划、设计部门要求利用国家测绘网给出。开工前，设计单位具体把这些控制点和数据交给或经监理单位转交给施工单位，使其据以进行施工放线、开展建筑活动。

②加快进度，即进度控制或工期控制，指施工方根据建设方的工期要求确定本方合理的工期目标，在施工过程中按计划完成各时段施工任务，以保证在总工期内或适当提前实现施工总目标。

③降低造价，即节约成本或投资的控制。在立项阶段，工程监理要协助建设方合理估算总额；在准备阶段设计环节，严格审查和把控设计方案、设计标准、物料选用，核算有关的概算、修订概算和施工图预算；在招投标阶段，协助确定标底、合同价款、工期和其他关键数据；在施工阶段，严把成本控制关，核实和保护已完工程，认真管理设计变更、进度款和预付款的发放；在其他有关的时间段，公正对待和处理索赔及其他纠纷。

（2）"两管理"是指合同管理和信息管理。

①合同管理。在建设项目的进展中，建设方同勘察、设计、施工、监理及物料供应各方之间都需要依法签订书面建设工程合同，以明确有关当事人相互之间的权利义务关系，以协调正常的经济秩序。在执行合同时，应严格、全面按照明确约定的质量要求、违约处罚等条款办事。这也是进行质量、成本、进度控制的主要手段。

由于监理方同建设方之外的有关各方有密切业务联系的工作需要，所以在利用建设方作为建设工程合同当事人一方的地位开展工作时，实施相关的合同管理就成为工程项目监理机构义不容辞的责任，而相关的委托监理合同为监理方实施前述合同管理提供了法律授权。

②信息管理。工程项目监理机构的各类成员都需要在实际工作中收集、整理、处理、存储、传递和使用相关的工程项目进展信息,此类活动就称为信息管理。

(3)"一协调"是指组织协调,即工程项目监理机构的成员在开展工作过程中,对相关单位的协作关系进行协调,使相互之间减少矛盾,加强合作,以共同完成项目目标。组织协调包括工程项目监理机构内人与人、机构与机构之间的协调,工程项目监理机构与其他相关建设组织之间的协调。

2.工程监理的工作程序

工程监理单位在不同的阶段和环节通过编制监理大纲参加相关的招投标活动,以取得接受委托同建设方签订相关的委托监理合同的资格。

监理大纲是指工程监理单位在工程监理招投标活动中为承揽到具体的工程监理业务而编写的监理工作技术性方案。该大纲应当依据有关技术标准和规范性文件,提出针对具体工程项目的监理目标、工作方法、程序、完成时限及相关工作的重点和难点等。

有关工程监理单位中标后,应迅速进驻工作点并开展工作。因工作内容的不同,工作程序也有一定的差异。在这里以施工阶段为例,对工程监理的工作程序进行说明。

(1)建立工程项目监理机构,进驻施工现场。办公室、实验室和住房由施工方按照协议在已建成的临建房舍中予以划拨,就餐一般是在项目部食堂或劳务组织食堂进行。

(2)制定监理规划,编制项目监理工作实施细则。

①监理规划的制定。监理规划属于工程项目监理机构开展监理工作的指导性文件。

第一,监理规划在总监理工程师的主持下,由前述"片监""块监"进驻前拟定,并经监理单位技术负责人批准,在召开第一次工地会议前报送建设方。

第二,监理规划的内容。主要包括:工程项目概况;开展有关监理工作的范围、具体事项、目标和依据;工程项目监理机构的人员配备、岗位职责;开展相关监理工作的程序、方法、制度和设施。

第三,监理规划的修改。原则上按原班人马、原报批程序进行。

②监理实施细则的编写。监理实施细则是指导工程项目监理机构具体工作人员开展相关监理工作的操作性文件。

第一,监理实施细则须于工程项目正式开工前编制完毕,经总监理工程师批准后方能执行。

第二,监理实施细则的主要内容。主要包括:监理工程师所负责的"片"和"块"的工程特点;相关监理工作的流程、方法、控制要点和目标值。

第三,每隔两周左右,有关工程师应就工程进展实际情况对相关监理实施细则进行必要的补充、修改和完善,并向总监理工程师报告。

(3)组织召开由建设方、勘察设计方、施工方等有关方面参加的项目工程交底会和监理工作交底会,并配合建设方召开参与项目各方的工作协调会。

在有关会议上,监理方都要明确重申有关各方在项目工程进展中的权利、义务,介绍本项目的特点和有关情况,介绍工程项目监理机构的机构组成、工作制度、工作内容和相关事宜,提出对有关各方的报表填制要求、信息交流要求、安全预警和奖惩办法。

(4)其他。推动施工现场的质量把关、安全检查、工程进度核对和提示、鼓励降低造价,用监理月报和其他报表反映工程进展情况。

三、工程监理的其他作用

1.在一些欧美的发达国家工程监理的其他作用

工程监理在欧美发达国家被视为独立于建设方和工程项目当事人之外的第三方,具有相应的准裁判权。该第三方对于建设方同其他建设主体的矛盾和纠纷可由工程监理直接处理,即使对有关处理不服而提起仲裁或诉讼,一般也往往会被宣告维持原处理。

2.在我国工程监理的其他作用

(1)工程监理的优先证明权。在我国不承认工程监理的准裁判权,实际执行的是工程监理的优先证明权。具体表现在以下两方面:

第一,凡发生工程事务纠纷,由非监理方处理,应当首先获取工程监理的证明作为证据。

第二,工程监理的证明与其他证明同时存在时,如果不能证明前者有错误或有逻辑矛盾,那就首先应当肯定工程监理证明的证据力。

(2)工程监理的索赔处理权。对于非建设方的索赔,例如施工方的工期索赔和费用索赔,只要工程监理认为索赔有理,且索赔事务又是按照法定的规则提出来的,就可以决定给予赔偿,建设方不得公开对此持有异议。否则,监理方可以为索赔方出具证明,行使优先证明权,使索赔方通过别的渠道解决问题,则建设方除了赔偿之外,还会受到处罚和其他损失。

(3)工程监理的代理监管权。在工程项目的运作中,凡属非对外经营事务,工程监理方大都有权直接处理,这种处理基本上是通过以下三种方法来实现的。

第一,跟踪监控。由监理工程师或监理员对有关方的操作密切监视,如发现不当或违规行为,有权令其改正或停止,这也称为矫直权。

第二,试验核查。工程监理对于监管对象的工程、材料、结构和其他工作结果,通过试验或委托试验,核查质量、性能和其他指标,这也称为试验权。

第三,指令指挥。工程监理在某些情况下需要强力维护建设项目其他阶段、环节的工作秩序,下指令是他们一种主要的手段之一,这也称为指令权。

综合练习题

1.什么是工程项目施工管理,其特点是什么,工程项目施工管理如何分类?

2.工程项目的参加者有哪些,工程项目的合作者有哪些,他们在项目进展中分别有什么作用?

3.什么是要素组合,并解释这些要素,以及要素组合的原则是什么?

4.直线型组织和矩阵型组织的优缺点各有哪些?

5.什么是项目经理部,项目部如何组建,如何解体?

6.项目部的分级条件是什么,项目部如何进行部门设置和人员配备?

7.项目经理部的管理制度主要有哪些?

8.注册建造师的级别和任职有什么关系,项目经理的任用条件有哪些?

9.什么是工程监理,工程项目经理机构如何派驻,工程监理的工作前提是什么?

10.工程监理的工作内容有哪些,中西方监理制度的异同有哪些?

第二章
建设工程资源管理

教学目标

知识目标

通过本章学习,使学生熟知人力资源管理及行为科学的特点,认识激励与约束方法的应用效果;了解材料管理与机械管理的意义,掌握它们的分类及操作规程,从而学会合理装备和配备资源,使优势资源充分发挥作用。

能力目标

通过本章学习,使学生能够认识在未来工作实践中提高自身组织能力的重要性。

案例导入

在陕西咸阳铁道北的居民中流传着一首打油诗:"大火烧,烧不烂;汽车撞,不动弹;拆了一整拆不下,外人送号生铁蛋",这首诗说的是当地一座六层四单元的旧楼,已被人们称为"铁蛋楼"。该楼始建于1958年,那是一个人们迸发热情、做事特别认真的年代。"铁蛋楼"盖好后,成为当时咸阳屈指可数的楼盘之一。至1967年,三单元一名住户家里燃起的大火整整烧了六个多小时才被扑灭。人们发现,楼的间架结构依然很坚实,经过集中修整,老住户们认为"铁蛋楼"比以前更加挺拔俊秀了。据说2000年的一天,一位司机开着一辆8吨的载重汽车撞到了"铁蛋楼"的山墙上,山墙竟无大碍,而那辆载重汽车却被撞得不成样子。2007年前后,房产商们准备将此楼拆掉盖新楼。几经周折才拆掉了一些边角。这一拆,查出了"铁蛋楼"结实的真实原因。原本楼就修建得不错,加上1967年大火后用$\phi 16$的钢筋加固,2000年又修整了一番,"铁蛋楼"质量越加可靠了。在老住户们的提议下,"铁蛋楼"终于被保留下来。人们归纳说:"铁蛋楼为啥质量高——干活精心,材料好。"

第一节　人力资源管理

本节给出了人力资源的定义,讨论了人员配备和施工班组设置等项组织活动,还讨论了施工现场劳动保护的相关内容和重要性。

本节提出了激励约束机制,探讨了正确运用有关机制及形成激励效应,利用激励和约束的相互渗透性实施管理。

本节论述了为建设高效工作团队而认真遴选团队成员加强专项培训等项内容。

一、人力资源概述

施工人力资源是指参加工程项目施工的生产工人、技术人员和管理干部,简称施工人员。

1. 施工人员的配备

(1)施工现场各种人员之间应存在合理的比例。例如生产人员和非生产人员之间的比例,在不同的施工现场和该现场的不同阶段并不一致。以施工中期而论,铁路建设工地和房屋建筑工地这种比例最低维持在8:1和5:1左右才能使施工场地内各项工作充分开展。

(2)应当对施工现场的各类人员按照科学的劳动定额实行定人、定岗、定职责。项目经理部人员要求专业技能强,除干好本职工作外,部分人员还要兼职,鼓励一专多能、多用。

(3)根据工程进度和科技水平,对施工人员实行动态管理。在施工工作特别紧张的阶段,非生产人员也要干活;在施工工作相对不那么紧张的阶段,可以抽调一部分人员从事其他工作。

2. 施工组织

(1)专业施工班组。它是按施工工艺进行划分的,一般适用于分项工程。它的优点是施工人员容易达成某种默契,有利于提高施工技术,提高操作的熟练程度。缺点是工序和工种有时配合不紧凑,容易造成工时浪费。

(2)混合班组。它是将不同专业生产人员按某种比例组成的班组,适用于分部工程和单位工程。它的优点是便于统一指挥,使施工人员能够协调穿插,达到工种工序紧密连接的目的,有利于提高工效,缩短工期。缺点是班组以临时拼合者居多,增加了管理难度,对提高施工质量有一定的影响。

(3)施工企业以组织管理专业施工班组为主。这样做,易于实施劳务分包。

二、劳动保护

劳动保护是指依照有关的法律规范和其他行政政策对劳动者在劳动中的安全与健康实施有效保护的措施。

1. 劳动保护的重要性

施工企业多为露天作业或在竖井、矿井、隧道等处作业,现场环境复杂,有的地方劳动条件相当恶劣,容易发生事故,造成人员伤亡和财产损失。着力加强劳动保护,有利于减少事故发生频率和降低事故发生等级,从而达到提高单位劳动生产率,增加社会财富的目的。

2. 劳动保护的内容

(1)安全技术。安全技术是指为防止和消除事故、保障职工安全生产的专项技术措施。

(2)工业卫生。工业卫生是指应对生产中的高温、粉尘、噪声和其他有害因素,采取必要措施,改善劳动条件,维持施工现场的清洁、卫生和有序,用以保护职工身体健康的卫生措施。

(3)劳动保护制度。劳动保护制度是指保护劳动者安全健康的一系列制度。

①安全生产制度。具体有:安全生产责任制,安全生产检查监督制度,安全生产教育制度,伤亡事故的调查、报告、分析、处理制度,劳动保护用品和保健食品的发放管理制度,为实现劳逸结合的各种轮班工作制度、加班加点审批制度,女工保护制度。

②生产技术管理制度。具体有:编制安全生产技术措施计划,设备的维护检修制度,安全生产技术操作规程。

三、激励与约束机制

激励机制是指设立或逆反某种条件,使个体或群体为实现一定的目标而实施积极行为的方法体系。

约束机制是指规定或约定一系列纪律、制度或其他限制条件,用以规范相关个体或群体的行为,以保障某种目标实现的制度体系。

1. 激励与约束手段的使用

(1)激励和约束是实施工程项目管理的两个主要手段,两者皆不可偏废,但要以激励为主,约束为辅。

(2)激励与约束手段的使用应建立在考核的基础上。对个体应综合考核其"德、能、勤、绩",对群体(一般指下属各层组织体系)除考察其资质和业绩之外,还应综合考察其对有关工程质量、进度和成本等项的控制能力。

(3)激励要以物质激励为主、精神激励为辅,讲求激励的透明度、适时性、公平性。需注意的是,要防止激励过宽、过滥,使物质奖励不能发挥应有的作用。

(4)约束要注重度的掌握。约束应当以教育培训为前提,以一定的思想教育为基础,并讲求约束的技巧性和合理性。约束的制度体系内容有:企业规章制度、组织纪律(如持证上岗、服从指挥等)、考勤制度、奖惩制度等。

(5)激励手段应当同适当的约束方式相结合形成激励效应,以发挥更大的作用。激励效应,是指通过有组织地实施合法的激励手段,作用于某些个体或群体,所收到的有利于一个或一系列组织目标实现的特定效果。这种效应又可根据历时长短(以一年为界)分为长期效应和短期效应,根据受激励主体不同分为个体效应和群体效应,根据对受激励主体是否有利分为正效应和负效应。

2. 利用激励和约束的互相渗透性

(1)激励和约束的互相渗透性。在相互连接的应当激励和应当约束的两种行为中,强势行为可以渗透到弱势行为中,使弱势行为暂时被屏蔽,成为隐性行为。

(2)工作方法。在工作的群体中,倡导和培养实现某种正当目标的良性氛围,以启动和尊重某些群众的自治管理方法,用来推动管理工作的整体进展。

四、建设高效团队

建设高效团队是实施行为科学的一种追求,其目标是将本方在项目上工作的所有成员有效地组织起来,增强他们的归属感,创建诚信、公开、团结、协作的环境氛围,使他们具有为组织作贡献的强烈愿望和积极行为。

1. 认真选择团队成员

根据有关人员的工作经验、教育背景、年龄、性别和事业心,以及他们的互相配合和互相促进的可能效率,分成适当的工作小组,承担一至多项试验研究任务。

2. 加强对团队成员的专项培训

通过培训,提高团队成员的综合素质、工作技能、管理水平和道德品质。根据项目管理的现实情况,培训宜采用"短、平、快"的方式进行。一般应实施岗前培训或上岗培训。

3. 激励和约束方法的具体运用

(1)制订工作计划,明确任务,配备优势资源;

(2)授予团队成员相应的工作职权,适度的自主权;

(3)民主制定切实可行的绩效考评办法,利用考评结果进行人员管理和促进工作的提高;

（4）落实激励与约束机制。

坚持按成绩给予以物质奖励为主要形式的激励，导致的损失要按主、客观综合因素给予惩戒。

4.加强团队文化建设

团队文化的核心是远景、使命和价值观——简称"VMV"，具体指经营理念、价值观念、社会责任和行为规范。通过文化建设活动，可以提高团队士气，增强凝聚力。

5.培养团队精神和沟通能力

这样做使团队成员以实现团队目标为己任，在追求实现工作成果的同时，提高自身的道德品质和工作技能。

第二节　施工机具管理

本节给出了施工机具维修和保养的管理内容，提出了管理施工机具的总任务、具体要求，进而提出了使用施工机具的总体要求、制度要求和对操作人员的各项具体要求，并给出了机械事故的分类和处理方式，最后给出了维修养护施工机具的总方针、保养目的、对施工机具维修保养的层级设置和方法。

一、相关概念

施工机具是指用于建设工程施工和生产的各种机械设备、交通运输工具及其他辅助设备。例如挖掘机、塔式起重机（俗称塔吊）、装载机（俗称铲车）、推土机、压路机、打桩机、车载式混凝土搅拌机、铺轨架桥机、空气压缩机、盾构、装修机械、测试仪器、实验设备、建筑模板等。

施工机具管理是指按照建筑生产特点和机械运转规律，对施工机械设备进行选择评价、有效使用、维修改造及报废处理等项管理工作的总称。

1.施工机具管理分类

（1）技术性管理是指根据施工机具的运转规律和技术性能所作的选购、验收、安装、调试、使用、保养、检修、改造、报废等方面的管理。

（2）经济性管理是指对施工机具所涉及的收入、支出等项经济因素所作的管理。影响施工机具的经济因素如图2-1所示。

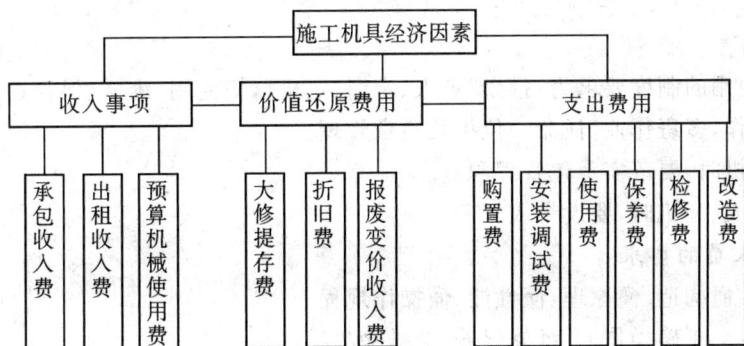

图2-1　施工机具的经济因素

二、管理任务

1. 总任务

通过对施工机具的管理,实现低消耗、低成本,提高完好率、利用率和经济效益。

2. 具体要求

(1)购置:技术上先进,经济上合理,施工上安全适用。对大型通用设备要求具有标志性优点。

(2)制造:简单灵巧、经济适用、拆装存放方便。如适用于专项工艺的小型设备,拨道器、机镐头、模板、连接装置等。

(3)租赁:阶段适用,租价合理,用毕即还,及时结算。如塔式起重机、打桩机等阶段性适用的机械设备。

(4)改造:扬优弃劣,修旧利废,增进效能,配套使用。如铺轨架桥机调头装置、混凝土搅拌机上加装梆梆锤的配件等。

3. 计算经济效益经验公式

(1)机具投资回收期(年)=(机械设备)投资费(元)/带来经济效益(元/年)。一般认为:回收期越短,效果越好。

(2)机具综合效率 Z。

①机具综合效率——分析比较机具的生产性、可靠性、节约性、维修性、耐用性、配套性、安全性、灵活性等因素所作的加权平均法。

②Z=(机具输出/机具输入)×100%。其中机具输出以生产性输出为主,可用生产性收入作为计算依据。设定 $f_1, f_2, \cdots, f_s$ 为权数,评定各种性能的性价比为 $n_1, n_2, \cdots, n_s$,机具输入=机具设置费 m(原值,含购置费、运杂费、安装调试费)+机具维持费(即使用费和其他费用,含操作人员工资、能耗、保养费、修理费、事故损失费、其他费)/年,从而 $Z=(f_1 n_1 + f_2 n_2 + \cdots + f_s n_s)/(m+l)$。

三、施工机具使用要求

1. 总的要求

施工机具使用总的要求为:减少空转磨损,保持性能精度,严格按相关机械规程管理、制造和修理。

2. 制度要求

施工机具使用的制度要求为:推崇"定人、定岗、定机",把使用、维修、保管责任落实到人。

(1)多人操作,多班作业,任命一位机长负责管理。

(2)一人一机时,要落实承包管理职责。

(3)不便定人、定机时,要设专人管理。

3. 对操作人员的要求

(1)"四懂":懂构造、懂原理、懂性能、懂操作规程。

(2)"三会":会正确操作、会维修保养、会排除故障。

(3)遵守制度。

①"三个严守":严守操作规程、严守保养制度、严守岗位责任制。

②注意交接班责任明确;认真填写运转记录和统计报表;杜绝违章作业。

③服从指挥,搞好协作,互相监督,严格执行保养与使用相结合制度。

④保管好机械原有零部件,做到完整齐备、摆放有序、使用顺手。

⑤机长要在机械管理、安全使用上负起责任,并监督报表登记,组织学习交流。

4.建立安全生产与事故处理制度

(1)对机械操作人员必须进行安全培训,经考核合格才能持证上岗。

(2)对设备的使用和维护。

①注意对新设备、大修后的设备在磨合期、修理期内应依照操作规程谨慎使用。

②不开带病车,不开疲劳车,严格执行安全操作规程。

③检修过程要重点检修机械设备中直接与安全行车相关联的设备或部件的灵敏度和可靠性,一旦发现存在问题,不经修复不得继续使用。

④对于自行研制、仿制、拼装的设备以及大修后的机械设备,必须按规定程序检验合格方准使用。

知识链接

在有关机械设备的术语中,经常用与机动车相关的事项作代表来进行表述。如开动机械,叫开车;机械试运转,叫试车;机械状况叫车况;停止机械运转,叫停车等。

(3)机械事故处理制度。

①机械事故指机械设备运转发生异常及人为操作失误导致设备损坏或停机停产的损失。机械事故是一类纯粹计算所造成经济损失的事故,一旦造成人员伤亡,立即转入安全事故处理。

②机械事故分类。一般按机械设备损坏修复费用与受影响产值减少额之和来分类:一般事故,1000元～5000元;大事故,5000元～3万元;重大事故,3万元～10万元;特大事故,10万元以上。

③事故处理规则。发生事故,立即停车;保持现场,逐级上报;主管到场,分析鉴定;严肃处理,通报各处。

5.建立机具档案

(1)保存出厂原始凭证和记录,建立使用人员、地点、时间和历次转换及一保、二保、三保或四保、中修、大修全过程记录;

(2)收集出厂合格证、使用说明、附属装置和工具明细,以及大修厂出具的有关文件资料;

(3)改装记录、事故记录和其他重要的变动记录。

四、机具维修保养

1.总方针

机具维修保养的总方针为:定期保养,计划检修,养修并重,预防为主。

2.保养

(1)目的:减少磨损,杜绝违规操作,保持机械性能精度。

(2)机械磨损三阶段。新购或经大修出厂的机械设备,其磨损状况一般都要经过以下三个

时期:

①磨合磨损期。使设备粗糙表面变得均匀光滑,所用时间很短。

②正常磨损期。使零件配合良好,磨损量较小,维持一定的时间。

③剧烈磨损期。使零件间隙加大,超过规范要求,零件碰撞冲击强度增加,走向恶性磨损。这一期间磨损时间维持越短越好。

(3)机械精度测试方法。

①机械精度指数。机械精度指数的计算公式为:

$$T = \sqrt{\frac{1}{n}\sum (T_p/T_s)^2}$$

式中:T_p 为当次精度实测值;T_s 为当次精度允许值;n 为测定项数。

②机械精度指数越高越好,低于某一精度时必须更换。

③操作人员或专业人员分别进行定期检测,检测机械设备是否漏水、漏油、漏气、漏电,防尘密封状况是否良好等。

(4)保养方法。

①例行保养:清洁、润滑、紧固、调整、防腐及更换零件。

②强制保养(定期)。"一保":普遍清洁、紧固、润滑、部分调整;"二保":内部清洁、润滑、局部解体调整;"三保":机械设备主体解体、调整,检测主要部件磨损情况;"四保"(对部分大型机械设备):修复、更换磨损部件。

3.修理

因磨损、操作不当、违规操作及破坏行为等致使机械设备变形、零件腐蚀损坏及性能减退或丧失,必须通过清洗、研磨、捶打、扭动和更换零部件等修理行为,以恢复机械设备技术性能。

(1)小修、临修、特修:全面清洗,局部解体,修理、更换部件,可结合保养进行。

(2)中修:用以解决总成不平衡磨损,其方法为研磨,局部解体,更换较多的部件。

(3)大修:全部解体,彻底检查、修理和调整,使设备大修后接近出厂时的技术性能水平。大修的费用来自专门设置的大修基金项。

第三节 物资材料管理

本节界定了物资和物资管理的含义,讨论了物资管理的重要性和具体任务,并按具体建材的作用、自然属性和单价介绍了常用的分类方法及一般的物流顺序。

一、物资材料管理概述

物资,即物资资料,是生产资料和消费资料的总称。习惯上物资资料又称为物资材料或物料。

施工物资管理是建设方或施工方以及它们的项目经理部对施工和生产过程中所需各种材料进行计划、采购、供应、保管、使用等一系列管理工作的总称。

1.工程项目实施中物资管理的重要性

(1)物资管理是保证施工生产正常进行的先决条件。施工就是施工人员在一定时空条件下对建筑材料按一定工法技术进行组合,形成各种建筑标的物的过程。

(2)物资管理是降低工程成本,提高企业经济效益的重要环节。施工材料费用,占工程成本的 60%～70%。加强物流各环节(采购、运输、储存、保管、使用)的管理,环环节约,积少成多,即可大大降低工程成本。从开源角度来看,它能提高经济效益。

(3)物资管理可以加速流动资金周转,减少流动资金占用。建筑产品建设周期长,物资储备多,特别是用于购买材料的流动资金占企业流动资金的 50%～60%。所以,加强物资管理,就可以用较少的储备完成较多的施工任务,从节流方面发挥流动资金的经济效能。

(4)物资管理有利于保证工程质量和提高劳动生产率。加强各环节管理,从材料的选择、试验,到保质储运和使用,不因选材不当、储存不善而导致工程质量下降,从而提高了材料的一次使用效率,节约了人力、物力和财力。

2.施工材料管理任务

(1)适时、适地、按质、按量或成套供应。

(2)降低与材料有关的各项费用。通过材料计划、各环节有效管理制约,科学确定合理仓储、场堆量,加速材料周转,减少材料损耗,从而达到节约工程成本的目的。

二、施工材料分类

1.按材料在建筑工程中所起的作用分类

(1)主要材料。它是指直接用于建(构)筑物上能构成工程实体的各项材料。如建筑三大材:钢材、水泥(包括各类混凝土)、木材(由乔木和灌木进行次级生产所形成的建材);一般性建材,如砖瓦、沙石等。

(2)构件。它是指事先对建筑材料进行加工,经安装后能够构成工程实体一部分的各种组合件。如屋架、门窗、柱、梁、板等,它也是检验批的构成内容之一。

(3)周转材料。它也称为周转构件,指在施工中能反复多次使用,而又基本上保持其原有形态,不构成工程实体的构件,如模板、脚手架等。在大多数情况下,人们并不把这种构件视为材料,而归类为简单的辅助设备。

(4)机械配件。它是指修理机械设备需用的各种零配件,如曲轴、活塞等。

(5)其他材料。它是指虽不构成工程实体,但其本身作为施工生产进行和产品形成的动力性资源和辅助性资源的一类材料,如燃料、润滑油等。

(6)低值易耗品。它是指工具、设备、劳动保护用品或其他非生产性用品。固定单位价值达不到法定或规定限额,且使用时实行一次核销的物品,如白蜡杆、抬筐、普通订书机等。

这种分类方法便于进行材料的消耗定额管理,从而促进工程项目的成本控制。

2.按材料的自然属性分类

(1)金属材料。金属材料又包括黑色金属材料和有色金属材料。

①黑色金属材料是指以金属元素铁、镍等为主体化学构成的各种材料,例如各种型钢(圆钢、扁钢、角钢、方钢、钢板、钢管)、螺纹钢、镍管、镍棒等;

②有色金属材料是指以非铁、镍类金属元素为主体化学构成的各种材料,例如以铜、铝、铅、锌等为原料制成的型材或半成品。

(2)非金属材料是指以非金属元素为主体化学构成的材料,例如木材、橡胶、塑料、陶瓷制品等。

这种分类方法便于根据材料的物理、化学性能进行材料的采购、运输和保管。例如黑色金属在湿热的环境中容易锈蚀,则应在干燥的环境条件下堆放储存,并在采取防锈蚀措施的前提下使用。

3.按材料的单位价值及其在工程建设中所占的比例划分(ABC分类法)

(1)A类物资——这种物资虽然品种数量较少,但是资金占用比例相当高。

(2)B类物资——这种物资品种数量和资金占用量都处于中等地位。

(3)C类物资——这种物资品种较少,使用数量却很多,但资金占用比例相对较低。

ABC类物资材料的具体情况见表2-1。

表2-1 ABC类物资的具体情况

材料类型	占全部品种比例(%)	占全部资金比例(%)	储 存 方 式	举 例
A类	10~15	80	基本仓储	金属料、零部件
B类	20~30	15	多数仓储	非金属料、涂料
C类	60~65	5	多在现场码放	砖瓦、沙石、白灰

应用ABC分类法时,应严格控制A、B类物资的采购和库存,而C类物资堆放在施工工地的堆场上即可,随用随取,一般应保证现场施工三个月的用量。

三、材料的采购、储存、收发和使用

1.编制采购计划

(1)拟定所要采购物料的种类、数量,具体的技术规格、性能要求,尽量选用具有通用标准的物料。

(2)根据拟购的物料在施工中实际使用的时间,考虑贷款的成本支出,决定集中采购或者分批采购。

(3)根据目前市场的结构、竞争性和交通条件及商家供货能力,决定采购的批次和每批采购的内容。

(4)协调管理多批次、多商家、不同性质及品种的物料的采购工作,吸引供应商参加投标,以降低物料价格,保证货物的数量、质量和供货时间。

2.询价

(1)询价。询价是依据采购计划,从预先选定的供货商或生产厂家中比选质优价廉的物料的活动。

(2)询价方式。

①通过互联网、图书馆资料、相关地方商业行会的商品目录以及其他同类来源获得拟购物料的价格信息。

②举行订货招标会,选定生产厂家或供货商,并与之签订相关的物料买卖合同。

③广泛浏览商业广告,遴选符合本方预期的广告发布方并与之谈判签约。

(3)注意事项。

①从正规媒体渠道查询供货信息。

②推行网上报价、传真报价、电话询价等方式,让路途较远的供货商也能参加询价活动。

③不得定牌采购。依照工程项目的目标,对于物料采购要定配置、定质量、定服务,而不是定品牌。

④不应单纯以价格取舍供货人。要进行综合评审,比较价格、技术性指标和售后服务,然后综合确定供货人。

3.订货

(1)订货方式。

①定期订货。它是指定期向供货人订货的一种方法。

每期订货量=(供货间隔天数+保险储备天数)×平均日消耗量-实际库存量-在途货运量

②定量订货。它是指使库存量保持一定水准的订货方法,实际是一种不定期的订货方式。

(2)订购时点的确定。

①相关概念。

经济库存量是指订购费用和仓储费用之和最低时的库存量,即储存总费用最省的订购批量。其计算公式为:

$$经济订购批量=\sqrt{2×每次订购费用×处理年需要量/单位材料的年保管费用}$$
$$单位材料年保管费用=材料单价×单位材料年保管费率$$

保险库存量是指在经济库存量之外,还要按一定比例(称为安全系数或保险系数)增加一定量的库存。其计算公式为:

$$安全库存量=经济库存量×安全系数$$
$$最高库存量=经济库存量+安全库存量=经济库存量×(1+安全系数)$$

超过最高库存量的库存物资被称为积压物资。

订购时点是指库存物资消耗到某种规定指标的库存量时,应当及时补充订货,增加仓储的规定指标的时点。

②订购时点的分类。

订购时点可以分为定量订购时点和定期订购时点,它们的计算公式如下:

$$定量订购时点=安全库存量+经济库存量备料期×日均消耗量$$
$$定期订购时点=平均备料期×日均消耗量+安全库存量+变动因素储备$$

其中,平均备料期是指历次从定量订购时点增补备料到经济库存量所用时间段的平均长度。

4.仓储

(1)储备额是指工程施工现场必须保持合理的仓储(以现场堆放和临时库存两种并存的形式实施),以保证进货的间断性和施工的连续性之间的和谐统一。

(2)仓储分类。

①经常性储备。设常规情况下合理的库存量为 X,则

$$安全库存量<X<最高库存量$$

②保险性(安全性)储备,即安全性库存,在正常情况下不准动用,固定占用一笔流动资金。

③季节性储备是指为克服季节性条件的限制,在盛产或容易收集的季节为其他季节作一定数量的某种物资的储备。

(3)仓储原则。因时制宜,因地制宜,保质保量,经济配套。

5.仓库和堆场管理

(1)基本要求:管好材料,服务一线,利用闲置,处理废旧。

(2)仓库和堆场管理基本内容。

①对大堆在用建材实行施工现场堆场存放制,随用随取,一般应保有三个月的使用量。

②按有关买卖合同约定的物料设备的品种、数量、质量要求进行验收。

③按材料和设备的性能特点合理存放,妥善保管,定期翻仓换位,防止材料设备因锈蚀霉变而影响质量和功能。

④设卡立账,完善手续,组织材料设备的发放供应。

⑤组织闲置或废旧材料设备的回收、处理和修旧利废。

⑥定期清仓清堆,核对收发存记录,做到账、卡、物三项相符,并根据现场使用动态,适当调整库存和堆场状况。

6.现场物料机具管理

(1)施工前的物料机具准备。

①编制物料机具采购预算,安排物料机具使用计划及构件加工计划。

②安排材料堆场、临时仓库和机具停放位置。

③组织材料机具分批进场、存放或停放到位。

④选定场地,准备对部分材料和构件进行加工。

(2)工程施工中物料机具供应和使用监督。

①严格按计划限额凭料单发料,凭派遣单使用机具。

②坚持在物料和机具的使用中进行中间分析检查。

③组织多余物料机具回收退场,鼓励修旧利废。

④经常清理现场,发现问题及时处理,保持现场良好的使用运转秩序。

(3)竣工清理盘点。

①清理现场。回收、整理余料,清退、转移机具,做到工完场清。

②在对物料和机具的使用分析基础上,按单位工程核算材料消耗量及机具利用效率。

综合练习题

1.什么是施工人力资源,施工人员如何配备,施工班组如何组织?

2.简述劳动保护的含义及劳动保护的重要性。

3.施工中如何使用激励和约束手段?

4.如何建设高效工作团队?

5.施工机具管理如何分类,施工机具管理的任务有哪些,对施工机具的使用要求有哪些?

6.什么是机械事故,机械事故的分类标准和处理原则是怎样的?

7.施工机具保养和修理的方法是怎样的?

8.施工材料按作用如何分类,按自然属性如何分类,什么是施工材料的 ABC 分类法?

9.施工物资如何订货和仓储,如何实施施工物资的仓堆管理?

10.如何实施施工现场物料机具管理?

第三章
流水施工

教学目标

知识目标

通过学习让学生认识到：流水施工作业是组织生产最合理的方法。要掌握组织流水施工的要点和条件，掌握流水施工工艺参数、空间参数、时间参数的确定方法，了解组织工程施工的方式和各种方式的特点，以及流水施工的分类。特别要掌握绘制流水施工图的方法。

能力目标

让学生熟练掌握流水施工的各种组织方式，能够编制等节奏、异节奏和无节奏流水施工进度计划，能够使用科学方法对有关进度计划进行完善和调整，能够在电子计算机上通过计算完成不同工种之间的搭接施工安排。特别要求学生能够既快又好完成相关的各项流水施工安排图的绘制。

案例引入

某新建铁路要在秦岭山区修建一条 19 km 的长大双线隧道，经过招投标，最终确定由 A、B 两个单位分别承担上行隧道和下行隧道的施工任务。两个单位的工程技术人员经过充分研究，A 公司决定采用八分法在上行隧道施工，而 B 公司决定用六分法在下行隧道施工。

所谓八分法是指将一个隧道洞体分成 8 个部分分别掘进。具体说来，八分法是指在测定上行隧道两端的具体位置后，在洞体上部的山梁上向下打出 7 个竖井，每个竖井内每六小时组织两个工作班背对背向前掘进。这样，就需要组织 64 个工作班加上 6 个机动班（接近 10％的机动率）才能保证每天的掘进工作正常进行。

而六分法是指在相关的山脊上打出 5 个竖井，需要组织 48 个工作班加上 5 个机动班（超过 10％的机动率）来保证每天的掘进工作。

两个单位都采用流水施工法组织生产。一年后，采用八分法施工的 A 公司领先掘进了 3 km。两年后，B 公司领先掘进了 1.5 km。B 公司在两年零八个月的时间内终于贯通了下行隧道。而 A 公司用了三年零一个半月的时间才贯通了上行隧道。

为什么六分法会战胜八分法呢？在山区条件下施工，机械搬运、掘进石料的挖掘和处理、搭接施工和人员生活安排等都会影响施工进度，而生产环节越多后期越难处理。所以适度安排是成功的基本条件。流水施工法是加快施工进度的优良办法，但也有一个节和度的掌握问题。掌握得好，施工进度就可以加快，否则就会拖延施工进度。

第一节　流水施工概述

本节介绍依次施工、平行施工和流水施工的利弊,给出了流水施工初步穿插搭接办法,接着讨论了组织流水施工的分类和具体表达方式。

一、施工组织方式

在施工现场组织施工,是一项具有相当技术含量的工作。建筑行业所追求的施工目标是:第一,人与机械设备充分结合,人员不窝工,机械无闲置;第二,充分利用工作面,处处操作无空闲;第三,充分利用工作时段,尽量减少夜间施工和不良条件下的施工,消除返工;第四,充分利用物资材料,提高一次成型率,杜绝废工和工料浪费;第五,在注重社会效益的同时,充分保障利润指标的实现和增长。

在建筑安装施工中,通常有依次施工、平行施工和流水施工等三种施工组织方式。

1.依次施工

(1)定义。依次施工,又称顺序施工,是指各施工段或施工过程按照一定的顺序依次开工、相继完成的施工组织方式。

【例 3-1】采用依次施工修建三幢同型房基。表 3-1 所列为修一幢房基的参数,请绘制工期安排甘特图。

表 3-1　房基参数

工　序	挖　　土	砌垫层	做基础	回　填
工　天	4	2	6	2
劳　力	10	10	15	10

解:图 3-1 给出了依次施工的甘特图。该图分为上下两层,上层为按施工段组织的混合式图,下层为按施工过程组织的单纯式图。

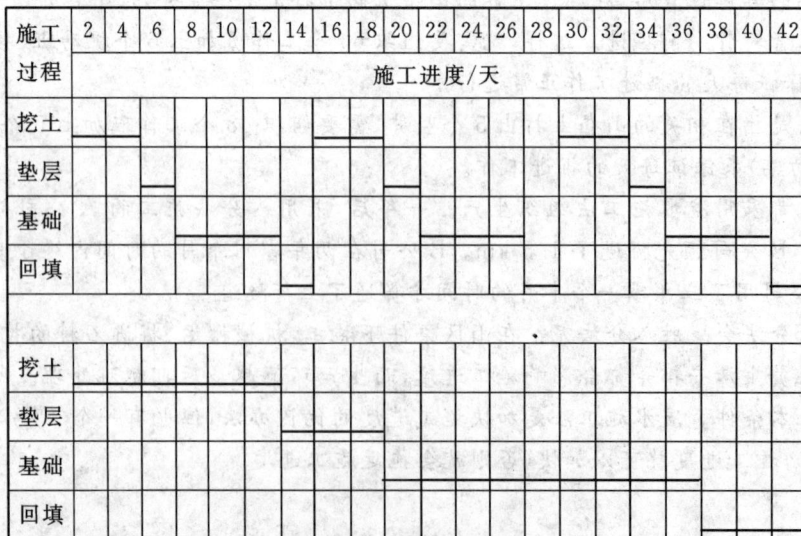

图 3-1　依次施工甘特图

工期 $T=(4+2+6+2)\times3=42$（天）

用工量 $Y=(4\times10+2\times10+6\times15+2\times10)\times3=510$（人次）。

（2）评价。该方法的优点是投入资源能够充分运用，使得现场管理相对简单。缺点是工作面利用不充分，工期被拖长，使得施工组织安排不合理；施工班组不能连续施工，会有窝工现象发生。

（3）适用。依次施工一般适用于工程规模较小，工作面也相对较小的工程。

2. 平行施工

（1）定义。平行施工是指对于同类的施工环节和过程，组织若干大体相同的施工班组在不同的空间位置同时开工、同时完工的施工组织形式。

【例 3-2】 用平行施工法对例【3-1】施解。

解： 用平行施工法的计算，见图 3-2。

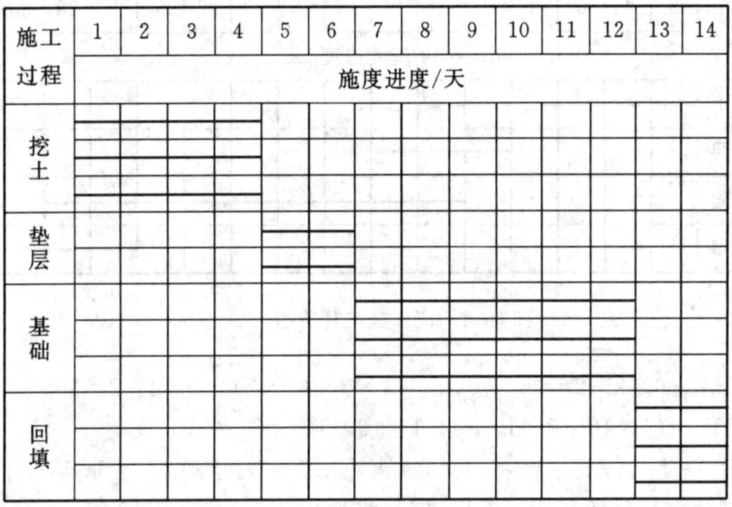

施工过程	1	2	3	4	5	6	7	8	9	10	11	12	13	14
	施度进度/天													
挖土														
垫层														
基础														
回填														

图 3-2 平行施工甘特图

工期 $T=4+2+6+4=14$（天）

用工量 $Y=(4\times10+2\times10+6\times15+2\times10)\times3=510$（人次）

（2）评价。该方法的优点是充分利用了工作面，工期最短。缺点是平行施工需要充分的工作面和工、机具储备；由于施工班组、施工人数、机具用量、耗材量成倍增长，施工管理难度增大，安排不当，易出现窝工现象；工作资源使用极不均衡。

（3）适用。平行施工适用于工期紧、规模大的工程。

3. 流水施工

（1）定义。流水施工是指各施工段时间间隔相等，专业施工班组相继开工、次第竣工，保持施工过程连续、均衡的施工组织方式。

【例 3-3】 用流水施工法对【例 3-1】施解。

解： 流水施工的组织方式也不是唯一的。组织方式不同，所需要的工期也会不同。例如，本题在保证挖土和基础施工连续的前提下，实施垫层和回填施工的合理穿插，工期为 26 天，见图 3-3。

施工过程	2	4	6	8	10	12	14	16	18	20	22	24	26
	施度进度/天												
挖土													
垫层													
基础													
回填													

图 3-3 流水施工甘特图(一)

各施工过程全部连续施工,适当进行平行搭接,工期为 30 天,见图 3-4。

施工过程	2	4	6	8	10	12	14	16	18	20	22	24	26	28	30
	施度进度/天														
挖土															
垫层															
基础															
回填															

图 3-4 流水施工甘特图(二)

工期 $T_1 = 4 \times 3 + 6 \times 2 + 2 = 26$(天),$T_2 = 4 \times 3 + (6-2) + 6 \times 2 + 2 = 30$(天)

用工量 $Y_1 = Y_2 = (4 \times 10 + 2 \times 10 + 6 \times 15 + 2 \times 10) \times 3 = 510$(人次)

图 3-3 和图 3-4 只是其中两种形式,流水施工还有其他形式,在此不再列举。

(2)评价。其优点是科学利用工作面,实行搭接施工,缩短了工期;实行专业化生产,保证了工程质量;施工班组适度连续作业,相邻班组合理搭接,工人均衡作业,有利于降低管理成本。

4. 结论

(1)流水施工是一种科学、合理的施工组织方式。

(2)前述三种施工组织方式可以形成不同的施工工期,但用工量不会发生改变。

二、流水施工的组织

1. 流水施工的准备

(1)划分分部工程和分项工程,以便在组织流水施工时,强化专业班组的施工配合和协调。

(2)划分施工段。按工作日数相等的工程量,将工作面划分成若干"批量"区段,为开展流水施工创造条件。

(3)组织施工班组,确定有关施工段的持续时间,实现施工段之间施工操作的平稳衔接。

(4)次要施工过程可择机断续操作,或与相邻施工过程合并操作,以保证主要施工过程连续、均衡进行。

(5)不同施工过程尽可能平行搭接。

平行搭接是指前一施工班组完成一个施工区段的操作后,为后一班组续行施工提供了工作面的连续作业形式。续行施工与原施工工作内容相关联,就可称为平行;否则就是不平行。

搭接原指一段钢筋长度不够,将两根钢筋重叠一段进行加长的过程;后指两班组先后在相关施工面上工作时段稍有重叠的状况。

2. 组织流水施工的条件

(1)施工对象有一定规模,可以划分流水段(组织流水施工的不同时段),基本上 600m² 分一段。

(2)施工班组独立作业。

(3)主要施工过程应保持连续、均衡施工。

(4)不同施工过程工作面平行搭接。

3. 流水施工分类

(1)按流水施工的对象及范围分类,流水施工可分为细部流水、幢内流水、专业流水、工程项目流水、综合流水等。

①细部流水,又称分项工程流水,指单一班组在一个分项工程内连续完成的施工任务,如瓦工砌墙。

②幢内流水,对建(构)筑物施工一般按基础、主体、屋面、两装、设备安装的顺序组织流水施工的方式。

③专业流水,又称分部工程流水,指一个分部工程内各细部流水的组合,如挖土、砌垫层、做基础、回填四个过程之间的流水组合。

④工程项目流水,又称单位工程流水,指一个单位工程内、若干分部工程之间的流水组合,如土建工程中的做基础、砌筑、现浇混凝土等项流水组合。

⑤综合流水,又称群体工程流水或大流水,指若干个单位工程之间的流水组合。

(2)按施工过程分解的深度分类,可将流水施工分为彻底分解流水和局部分解流水等。

①彻底分解流水——单一工种可以完成的施工任务。如现浇钢筋混凝土圈梁可分解为支模板、绑钢筋、现浇混凝土,由木工、钢筋工和混凝土工等三个班组分别完成。其特点可概括为"纯"。

②局部分解流水——由多工种组成的混合班组进行的不彻底施工过程流水分解和单一班组完成的施工过程彻底流水分解共同组成。其特点可概括为"杂"。

(3)按流水施工的节奏特征分类,可分为有节奏流水(等节奏流水、异节奏流水)和无节奏流水。

①有节奏流水是指各施工段流水节拍都相等的施工组织方式。

流水节拍是指在某一施工过程中实施操作的施工班组在一个施工段上完成定量施工任务所需的时间。

等节奏流水是指同一施工过程中流水节拍都相等的流水施工。

异节奏流水是指同一施工过程中或不同施工过程中流水节拍不一定都相等的流水施工。

②无节奏流水是指不同施工过程之间、同一施工过程不同施工段之间流水节拍不完全相等,且各流水节拍之间的变化基本无规律的施工组织方式。

4. 流水施工的表达方式

流水施工可以用横道图表(又称甘特图或水平图)、垂直图表(又称斜线图,非水平即为垂直的认识可使问题简化)和网络图表三种形式来表达。其中,垂直图表的示例如图 3-5 所示。

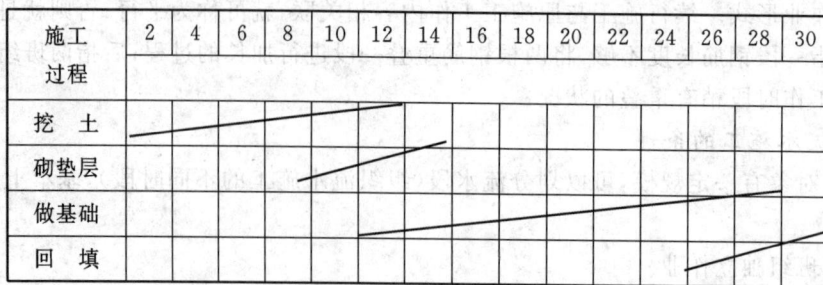

施工过程	2	4	6	8	10	12	14	16	18	20	22	24	26	28	30
挖 土															
砌垫层															
做基础															
回 填															

图 3-5 垂直图示例

第二节 流水施工主要参数

本节介绍了施工过程数 N,给出了工艺参数的成立条件及决定流水施工范围大小的因素,如单项或单位工程等的施工计划、施工方案、劳动组织和工作量。

本节还讨论了施工工作面、施工段数 M 和施工层数 C 等空间参数。

本节给出流水节拍 t_i、流水节拍 $k_{i,i+1}$ 及工期 T 等时间参数的计算公式,特别介绍了潘特考夫斯基法及其应用,附带介绍了平行搭接时间、间歇时间等概念。

组织流水施工所涉及的问题主要有:施工过程的分解;工程对象的划分;专业施工班组的组建、施工搭接和连续作业。从解决以上问题的实践中归纳出三类参数,即工艺参数、空间参数和时间参数,下面对这三个参数分别进行讲解。

一、工艺参数——与施工方法相关的标志值

1.施工过程数

施工过程数是指组织拟建工程流水施工时,参与流水施工的施工班组数,一般用 N 来表示。需注意的是,一个施工班组只能对应一种工作,只发生一个施工过程。

如房建基础施工,发生挖土、砌垫层、做基础、回填等四个施工过程,则 $N=4$。

2.工艺参数成立的条件

N 为现场操作的主要施工过程数,次要过程均不得另行计数。例如配置砂浆和商品混凝土、预制构配件、运送材料设备等均不计入 N。

(1)单一班组施工,$N=$不同的操作项;

(2)非单一班组施工,$N=$班组数;

(3)各类班组平行施工,齐头并进,$N=1$。

3.决定流水施工范围大小的因素

决定流水施工范围大小的因素可以是单项工程、单位工程、分部工程和分项工程。

(1)施工计划的性质和作用。

①对长期计划(规模大、结构复杂、工期长的项目),施工的阶段一般划分较粗,因此每一施工过程还可以进行更细的划分。

②对中短期计划(中小型工程、单位工程,工期较短的项目),一般施工过程划分得比较细

致具体,大都划分到分项工程。对此,应形成月度作业计划或施工工序。

(2)工程结构特征及施工方案。

①桩基础,应当先深后浅进行施工。

②条形基础(简称条基,指长、宽比≥10 的基础),分为墙下条基和柱下独立基础。横向配置受力钢筋,纵向配置次要钢筋,柱下独立基础有时做成无筋基础(不配置钢筋)。

③钢筋混凝土基础一般指柱下独立基础,岩石地基上的独立基础,用以起加固作用。

④厂房独立基础。钢构厂房多用螺栓连接加固,非钢构厂房多用独立基础进行加固。

⑤柱基础下挖土与设备基础下挖土的工序相同,可以合并为一项。

(3)劳动组织及劳动量大小。

①所需劳动量较少,可将相邻施工工序合并为一项。

②单一工种班组施工,工序一般不能合并,混合班组施工,工序可以合并。

二、空间参数——与施工位置相关的标志值

1. 工作面

(1)工作面是指建筑工人开展施工操作所可能占用的操作空间。

(2)工作面的作用。工作面用于布置劳动力和机械设备。

表 3-2 主要房建工作面参考数据表

工作项目	每人工作面	说　明	砖　墙	尺　寸
砌砖墙	8.5m/人	一砖墙起	半砖墙	115mm
毛石墙	3.3m/人	40cm 起	一砖墙	240mm
现浇钢筋混凝土墙	5m³/人	机拌捣	一砖半墙	365mm
现浇钢筋混凝土柱	2.45m³/人	机拌捣	12 墙	半砖墙
现浇钢筋混凝土梁	3.2m³/人	机拌捣	18 墙	3/4 砖墙
现浇钢筋混凝土楼板	5.3m³/人	机拌捣	24 墙	一砖墙
预制钢筋混凝土柱	3.6m³/人	机拌捣	37 墙	一砖半墙
预制钢筋混凝土梁	3.6m³/人	机拌捣	49 墙	两砖墙
混凝土地坪及屋面	40m²/人	机拌捣	62 墙	两砖半墙
外墙抹灰	16m²/人		砖墙加厚	工作面缩小
内墙抹灰	18.5m²/人		砖墙减薄	工作面增大
防水砂浆屋面	16m²/人			

2. 施工段

(1)施工段是指组织流水施工时,将拟建工程在平面上划分为若干个工程量大致相等的施工区段。施工段数以 M 表示,其计算公式如下:

$$M = mc$$

其中,m——同层施工段数;

c——建(构)筑物层数。

（2）施工段的划分。

①幢号流水。一幢建（构）筑物为一个施工段。

②幢内流水。对建（构）筑物一般按基础、主体、装修等的顺序组织流水施工。

（3）划分施工段的原则。

①各施工段工程量尽量相等；

②工作面的大小以在保证安全的前提下能够满足劳动力和机械设备充分发挥生产效能为准；

③工作面不宜太大，以免造成浪费、影响施工效率；

④施工界面尽可能为建筑结构的自然界面，如墙体的工作缝；

⑤组织楼层流水施工时，施工段数 $M \geqslant$ 施工过程数 N。无层间关系时，则 M、N 不在此限。

（4）划分施工段的规定方法。

①建（构）筑物应以结构分界或标志分界；

②楼房还可选择按建筑单元分界；

③道路、管、沟以长度为界；

④居民小区多幢同类建筑，还可选择以其中一幢为界。

3. 施工层

施工层是指施工操作层。

楼层按层划分操作空间，单层建（构）筑物按高度划分操作空间。

三、时间参数

1. 流水节拍

流水节拍是指有关施工班组在一个施工段上完成施工任务所需的时间，一般用 t_i 表示。

（1）流水节拍的确定。

流水节拍的计算公式如下：

$$t_i = P_i / R_i b = Q_i / S_i R_i b \quad \text{或} \quad t_i = P_i / R_i b = \frac{Q_i H_i}{R_i b}$$

式中，t_i——某施工过程第 i 个施工段的流水节拍（天）；

P_i——某施工过程的专业班组在第 i 个施工段上完成施工任务所需劳动量（工日）或机械台班量（台日）；

R_i——某施工过程的专业班组在第 i 个施工段上施工班组人数（人）或机械台数；

b——每天工作班制数；

Q_i——某施工过程的专业班组在第 i 个施工段上需要完成的工程量；

S_i——某施工过程的产量定额；

H_i——某施工过程的时间定额。

【例 3 - 4】 某乡村小学盖楼，基础需挖土 240 m³。实行日班制施工，时间定额为 43.52 工日/100m³，30 人结伴施工，计算挖土的流水节拍，并求所需用工数。

解：工程量 $Q_i = 240\text{m}^3$，时间定额 $H_i = 43.52$ 工日/100 m³ $= 0.4352$ 工日/m³，班组人数 $R_i = 30$ 人，日班制 $b = 1$。

则流水节拍 $t_i = Q_i H_i / R_i b = 240 \times 0.4352 / 30 \times 1 \approx 3.5$（天）。

（2）三时估算法，又称经验估算法。流水节拍的计算公式为：

$$t_i = \frac{1}{6}(a_i + b_i + c_i)$$

式中：a_i——某施工过程对第 i 个施工段的最长工作时间，或称最悲观工作时间；

b_i——某施工过程对第 i 个施工段的最可能工作时间；

c_i——某施工过程对第 i 个施工段的最短工作时间，或称最乐观工作时间。

该方法适用于新工艺、新技术、新材料、新结构的四新工程；无定额可遵循和计算的工程；其他使用常规办法难以遵循和计算的工程。

（3）计算流水节拍注意事项。

①任何一个施工过程对施工班组的人数都有一个度的要求；

②流水节拍与班组人数成类反比关系，即 t_i 越小，b_i 越大；

③流水节拍与机械台数成类反比关系，即 t_i 越小，b_i 越大；

④材料的供应和堆放直接影响流水节拍 t_i；

⑤流水节拍 t_i 应满足安全、技术、质量等项的特殊要求；

⑥流水节拍 t_i 一般要取整数，必要时可精确到 0.5 天；

⑦一般先确定主要的、工程量大的流水节拍，再确定其他的流水节拍。

2. 流水步距

（1）定义。流水步距是指相邻两施工班组在同一施工段上开始施工的时间间隔，以 $K_{i,i+1}$ 表示。

（2）流水步距的作用。流水步距 $K_{i,i+1}$ 越大，工期越长；$K_{i,i+1}$ 越小，工期越短。

（3）确定流水步距的基本要求。

①满足主要施工班组施工需要，且不发生停、窝工现象；

②能够保证每个施工段上的正常作业；

③应使相邻施工班组最大限度地合理搭接；

④在施工之前的安排中，应满足技术间歇时间和组织间歇时间的要求；

⑤应满足安全生产、成品保护和保证质量的需要。

（4）计算方法。潘特考夫斯基法，是用以确定流水步距的基本方法之一。该方法又称累加数列错位相减法，其基本步骤可以概括为"累加、错位、取大差"。

【例 3-5】某工程组织流水施工有关参数如表 3-3 所示，表中 A、B、C、D 是施工过程数，一、二、三、四是施工段数，阿拉伯数字表示流水节拍的天数，计算各施工过程间的流水步距。

表 3-3 某工程组织流水施工的有关参数

N	一	二	三	四
A	3	4	3	4
B	2	2	2	2
C	4	3	2	3
D	5	2	2	5

解:第一,列出数表;　　　　　　　　第二,自左至右,实施累加;

A:3　4　3　4　　　　　　　　　　A:3　7　10　14

B:2　2　2　2　　　　　　　　　　B:2　4　6　8

C:4　3　2　3　　　　　　　　　　C:4　7　9　12

D:5　2　2　5　　　　　　　　　　D:5　7　9　14

第三,错位相减;

KAB　　　　　　　　　KBC　　　　　　　　KCD

$$3\quad 7\quad 10\quad 14$$
$$-)\quad 0\quad 2\quad 4\quad 6\quad 8$$
$$\overline{\quad 3\quad 5\quad 6\quad 8\quad -8}$$

$$2\quad 4\quad 6\quad 8$$
$$-)0\quad 4\quad 7\quad 9\quad 12$$
$$\overline{2\quad 0\quad -1\quad -1\quad -12}$$

$$4\quad 7\quad 9\quad 12$$
$$-)0\quad 5\quad 7\quad 9\quad 14$$
$$\overline{4\quad 2\quad 2\quad 3\quad -14}$$

第四,求大差,即确定流水步距 $K_{i,i+1}$。

$K_{AB}=\max\{3,5,6,8,-8\}=8$(天)

$K_{BC}=\max\{2,0,-1,-1,-12\}=2$(天)

$K_{CD}=\max\{4,2,2,3,-14\}=4$(天)

3. 平行搭接时间

平行搭接时间,仅指两个班组在同一施工段上分头操作共同经历的时间段,用 $D_{i,i+1}$ 表示。

4. 间歇时间

间歇时间,是指在施工环节转换中,因技术的特别需要或组织的安排而发生的临时停工时间。其中技术间歇时间用 $E_{i,i+1}$ 表示;组织间歇时间用 $G_{i,i+1}$ 表示。前者如混凝土,已刷油漆的待固化期;后者如有人连续工作12小时以上,会安排该人在正常休息时间之外,多休几个小时。

5. 工期

工期是指在流水施工中,一个施工班组在同一施工段上所经历不同施工过程的时间总和。

(1)流水施工工期公式。其公式如下

$$T = \sum K_{i,i+1} + T_N + \sum Z_{i,i+1} + \sum G_{i,i+1} - D_{i,i+1}$$

式中:$\sum K_{i,i+1}$——流水步距和;

T_N——末次工时;

$\sum E_{i,i+1}$——技术间歇时间和;

$\sum G_{i,i+1}$——组织间歇时间和;

$D_{i,i+1}$——平行搭接时间。

以上公式属于在建筑施工中对于同一层次的操作进行计算所适用的公式,特别适用于用潘特考夫斯基法进行的计算。

例如在【例3-5】中,我们将题目的要求改为"并给出施工进度计划",则需要进行如下的计算:

在前述算式第二步所形成的累加数表

A:3　7　10　14

B:2　4　6　8

C:4　7　9　12

D:5　7　9　14

从中可直接得到 T_N（末次工时）＝14（天），从而根据工期公式可以得到（尚未考虑间歇时间和平行搭接时间）

$$T=(K_{AB}+K_{BC}+K_{CD})+T_N=8+2+4+14=28（天）$$

列表给出施工进度计划，见图 3-6。

施工过程	2	4	6	8	10	12	14	16	18	20	22	24	26	28
	施工进度/天													
A														
B	K_{AB}													
C						K_{BC}								
D							K_{CD}							

图 3-6　施工进度计划

（2）流水施工工期公式的应用。

①同过程等节拍，即当同一施工过程各施工段上流水节拍均相等时，求相邻过程间的流水步距。

当 $t_i \leqslant t_{i+1}$ 时，$K_{i,i+1}=t_i$。

当 $t_i > t_{i+1}$ 时，$K_{i,i+1}=Mt_i-(M-1)t_{i+1}$。

式中，t_i、t_{i+1} 分别为过程 i、过程 $i+1$ 的流水节拍，M 为施工段数。

②举例计算。

【例 3-6】某分部工程划分为 A、B、C 三个施工过程，每个过程可均分为三个施工段，有关流水节拍分别为 $t_A=1$（天）、$t_B=3$（天），$t_C=2$（天），且过程 A 完成后需要一天准备，过程 B 完成后组织安排休息两天，试计算流水工期并绘图表示。

解：$M=3$，$t_A=1$（天），$t_B=3$（天），$t_C=2$（天）。

因 $t_A<t_B$，故 $K_{AB}=t_A=1$（天）。

因 $t_B>t_C$，故 $K_{BC}=Mt_B-(M-1)t_C=3\times3-2(3-1)=5$（天）。

从而，$T=5+1+3\times2+2+1=15$（天）。

相关的施工进度计划图如图 3-7 所示。其中，"～～"代表流水步距 K，"＝＝＝"代表间歇 Z、G，"——"代表计划进度。

施工过程	1	2	3	4	5	6	7	8	9	10	11	12	13	14	15
	施工进度/天														
A															
B	K_{AB}	Z_1													
C			K_{BC}					G_1							

图 3-7　某分部工程施工进度计划

第三节 流水施工基本方式

本节给出流水施工的外延形式如下：

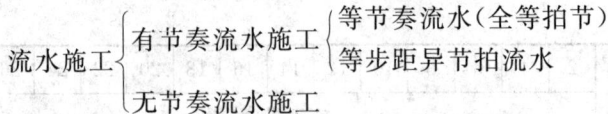

$$流水施工 \begin{cases} 有节奏流水施工 \begin{cases} 等节奏流水（全等拍节） \\ 等步距异节拍流水 \end{cases} \\ 无节奏流水施工 \end{cases}$$

一、有节奏流水施工

1.等节奏流水

等节奏流水是指各施工段流水节拍全相等的施工方式。如果各施工过程流水节拍均为常数，又称全等节拍流水或固定节拍流水。

（1）特征。

①各施工段上流水节拍全相等，即 $t_1 = t_2 = \cdots = t_n = a$（常数）；

②流水步距彼此相等，即 $K = K_{12} = K_{23} = \cdots = K_{(n-1),n} = t = a$（常数）；

③不同施工过程间无搭接时间和间歇时间，各施工班组连续作业，即流水步距等于流水节拍；

④施工过程数 N 与施工班组数 M 相等。

（2）组织等节奏流水施工的步骤。

①划分施工过程，合并劳动量小的过程，使各流水节拍相等；

②确定主要过程的施工班组人数，并计算流水节拍；

③确定流水步距，并依据 $T = (M+N-1)K$ 的公式计算工期；

④确定其他过程施工班组人数及组成；

⑤绘制相关的流水施工图。

【例 3 - 7】某分部工程划分为 A、B、C、D 四个施工过程，每个过程均分为三个施工段，流水节拍均为 4 天，试组织等节奏流水施工。

解： 由题知：$N=4$，$M=3$，$t=4$（天）。

第一，确定流水步距，即 $K=t=4$（天）。

第二，计算工期，即 $T=(M+N-1)K=(3+4-1)\times4=24$（天）。

第三，绘制流水进度计划图，见图 3 - 8。其中，"——"代表施工进度，"~~~~"代表流水步距。

施工过程	2	4	6	8	10	12	14	16	18	20	22	24
	施工进度/天											
A												
B	~K											
C			~K									
D					~K							

图 3 - 8 流水进度计划图

(3)等节拍不等步距流水。等节拍不等步距流水是指施工中流水节拍相等,但因存在间歇和平行搭接,使各过程流水步距不等的施工方式。其工期计算公式为:

$$T = \sum K_{i,i+1} + T_N + \sum Z_{i,i+1} + \sum G_{i,i+1} - D_{i,i+1}$$

【例 3-8】某分部工程划分为三个施工过程 A、B、C,每个过程均分为三个施工段,一个班组对应一个施工段,流水节拍均为 4 天,A 过程后安排技术间歇 1 天,B、C 过程中平行搭接 2天,请安排施工进度计划。

解:由题知:施工过程 $N=3$,施工班组数 $M=3$,流水节拍 $t=$ 流水步距 $K=4$,技术间歇$Z=1$,平行搭接 $D=2$,得

$$T=(M+N-1)K+Z-D=(3+3-1)\times 4+1-2=19(天)$$

根据计算结果绘制流水进度计划图,见图 3-9。其中,"——"代表施工进度,"~~~~"代表流水步距,"===="代表技术间歇,"■■■■"代表平行搭接。

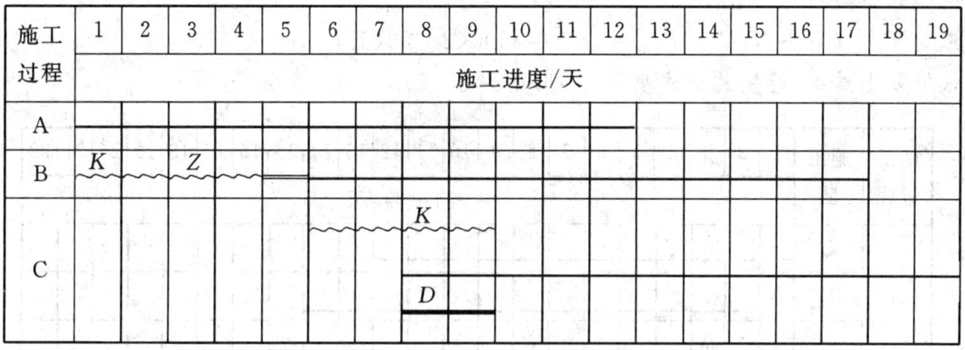

施工过程	1	2	3	4	5	6	7	8	9	10	11	12	13	14	15	16	17	18	19
							施工进度/天												
A																			
B	K		Z																
C							K												
							D												

图 3-9 流水进度计划图

2.异节奏流水施工

异节奏流水施工是指同一施工过程各施工段流水节拍相等,不同施工过程流水节拍不一定相等的施工方式。它可分为成倍节拍流水和不等节拍流水两种形式。

(1)成倍节拍流水。

成倍节拍流水是指同一施工过程在各个施工段上的流水节拍相等,不同施工过程之间的流水节拍不一定相等,但各个施工过程的流水节拍之间存在一个最大公约数,按最大公约数的倍数组建施工班组,以形成类似于等节奏流水的施工方式。

①特点。

第一,同一过程,各施工段流水节拍相等;不同过程,各流水节拍间存在一个最大公约数 L。

第二,各流水步距彼此相等,即 $K_i=a$,$a \in Z$(整数)。

第三,不同工作面施工班组数 N_1 大于施工过程数 N_2,其中,$N_1 = \sum b_i$。

②组织成倍节拍流水施工的步骤。

第一步,划分施工过程。

第二步,划分同一施工过程上的施工段,确定最小流水节拍 L。

第三步,确定不同施工过程的施工段;当无层级关系时,$M=aL$,$a \in Z$;当有层级关系时,$M= aL+(\sum Z_1 + Z_2)/L$;其中,$\sum Z_1$——各层技术与组织间歇时间;Z_2——楼层间技术与组

织间歇时间。

第四步,确定成倍节拍的流水步距 K,使 $K_i = L = t_{min}$,其中,t_{min} 为 L 的最小流水节拍。

第五步,确定施工班组数,$b_i = t_i / t_{min}$。

第六步,计算成倍节拍流水施工工期;无层级关系时,$T = (M + N_1 - 1)t_{min} + \sum Z_{i,i+1} + \sum G_{i,i+1} - \sum D_{i,i+1}$;有层级关系时,$T = (MR + N_1 - 1)t_{min} + \sum Z_{i,i+1} + \sum G_{i,i+1} - \sum D_{i,i+1}$;其中,$R$——施工层数。

第七步,绘制施工进度计划图。

【例 3-9】某工程由 A、B、C 三个施工过程组成,分六段施工,流水节拍分别为:$t_A = 6$ 天,$t_B = 4$ 天,$t_C = 2$ 天,试计算流水施工工期并绘制施工进度计划。

解:$N = 3, M = 6, t_A = 6$ 天,$t_B = 4$ 天,$t_C = 2$ 天,则流水步距 $K = t_{min} = (6, 4, 2) = 2$;从而,$b_A = t_A / t_{min} = 6/2 = 3$,$b_B = t_B / t_{min} = 4/2 = 2$,$b_C = t_C / t_{min} = 2/2 = 1$。

则施工队数 $N_1 = \sum b_i = 3 + 2 + 1 = 6$。

工期 $T = (M + N_1 - 1)t_{min} = (6 + 6 - 1) \times 2 = 22$(天)。

根据以上结果,绘制施工进度计划图,见图 3-10。

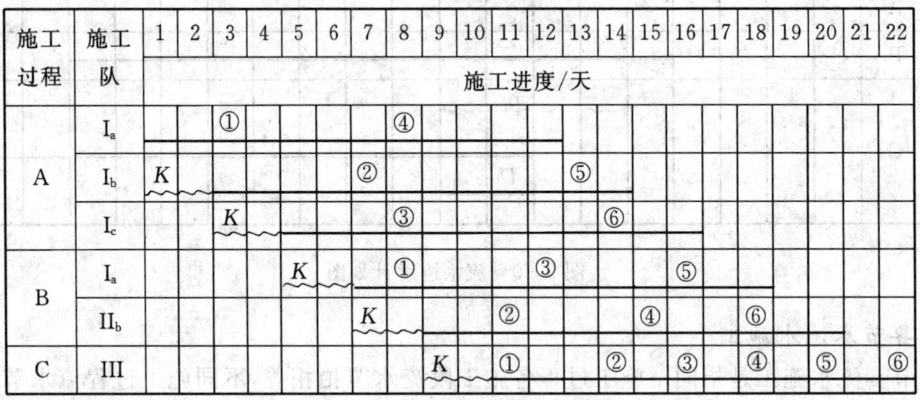

施工过程	施工队	1	2	3	4	5	6	7	8	9	10	11	12	13	14	15	16	17	18	19	20	21	22
									施工进度/天														
A	I_a			①					④														
	I_b	K					②						⑤										
	I_c				K			③					⑥										
B	I_a					K			①			③					⑤						
	II_b						K					②		④			⑥						
C	III										K	①		②		③		④		⑤		⑥	

图 3-10 施工进度计划图

(2)不等节拍流水。

①定义。

不等节拍流水是指同一过程各施工段流水节拍相等,不同过程间流水节拍无规律的施工方式。

②特点。

第一,同一过程各施工段流水节拍相等,不同过程间流水节拍和流水步距均无规律,但流水步距和流水节拍间存在某种函数关系。

第二,每个过程设一个施工班组连续作业。

第三,允许部分工作面空闲。

第四,不同班组不得在同一施工段交叉作业,且有关的工艺顺序不得错位。

③组织不等节拍流水施工的步骤。

第一步,划分施工过程。

第二步,同一过程各施工段流水节拍相等。

第三步,确定各施工班组的人数和各过程流水节拍。

第四步,确定各过程流水步距 K_i。

第五步,计算流水施工的计划工期 T。

第六步,绘制施工进度计划图。

【例 3-10】 某现浇钢筋混凝土楼板工作由支模、绑扎和浇混凝土三项组成,并分为四个施工段,持续时间分别为:支模 3 天,绑扎 2 天,浇混凝土 2 天,试求流水施工工期并绘图表示施工进度计划。

解: 本题属于不等节拍流水施工,$M=4$,t_1(支模)$=3$ 天,t_2(绑扎)$=2$ 天,t_3(浇混凝土)$=2$ 天;

由 $t_1 > t_2$,故 $K_{12} = mt_1 - (m-1)t_2 = 4 \times 3 - (4-1) \times 2 = 6$(天)。

由 $t_2 = t_3$,故 $K_{23} = 2$(天)。

所以,流水工期 $T = \sum K_{i,i+1} + T_N + \sum Z_{i,i+1} + \sum G_{i,i+1} - D_{i,i+1} = (6+2) + 2 \times 4 = 16$(天)。

根据以上结果,绘制施工进度计划图,见图 3-11。其中,"——"代表施工进度,"～～～"代表流水步距。

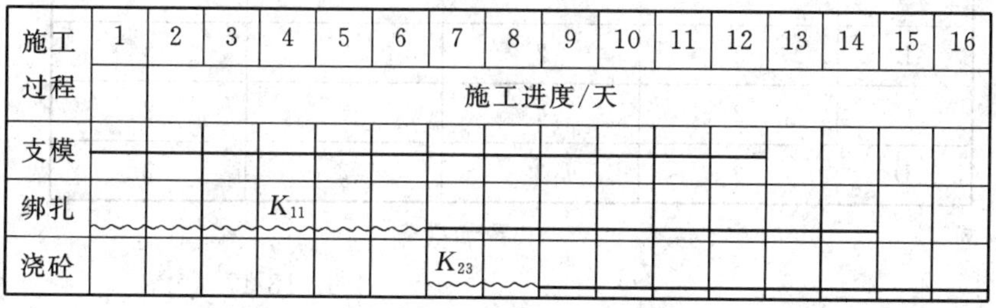

施工	1	2	3	4	5	6	7	8	9	10	11	12	13	14	15	16
过程							施工进度/天									
支模																
绑扎				K_{11}												
浇砼							K_{23}									

图 3-11 施工进度计划图

接下来用潘特考夫斯基法对【例 3-10】进行验证。

原数列　3 3 3 3　　　累加　3 6 9 12

　　　　2 2 2 2　　　　　　　2 4 6 8

　　　　2 2 2 2　　　　　　　2 4 6 8

错位减　3 6 9 12　　　　　　　2 4 6 8

　　－)0 2 4 6 8　　　　　－)0 2 4 6 8

　　────────　　　　────────

　　　　3 4 5 6 －8　　　　　　2 2 2 2 －8

求大差　$K_{12} = \max(3, 4, 5, 6, -8)$　　$K_{23} = \max(2, 2, 2, 2, -8)$

　　　　　$= 6$(天)　　　　　　　　　$= 2$(天)

则工期 $T = 6 + 2 + 4 \times 2 = 16$(天)。

二、无节奏流水施工

无节奏流水是指各施工过程各施工段上流水节拍不完全相等,且各流水节拍间无任何规律的一种流水施工方式。

1.基本特点

(1)各施工段上流水节拍不尽相等;

(2)各施工过程间流水步距不尽相等;

(3)各施工班组可连续作业,但有的施工段可能空闲;

(4)施工班组数 N_1 等于施工过程数 N。

2.计算步骤

(1)用潘特考夫斯基法确定流水步距和流水施工工期;

(2)绘制施工进度计划图。

【例 3-11】某工程由 A、B、C、D 四个施工过程组成,每个施工过程划分为四个施工段,各施工段上流水节拍见表 3-4,过程 A、B 间平行搭接 1 天,过程 B 后技术间歇两天,过程 C 后作业准备 1 天,试求流水施工工期并绘图表示施工进度计划。

表 3-4　各施工阶段的流水节拍

施工过程	流水节拍(天)			
	a	b	c	d
A	4	5	4	4
B	3	2	2	3
C	2	4	3	2
D	3	3	2	2

解:原数列　　　　　　　　　　　　累加数列

$$
\begin{array}{cccc}
4\ 5\ 4\ 4 & & & 4\ 9\ 13\ 17 \\
3\ 2\ 2\ 3 & & & 3\ 5\ 7\ 10 \\
2\ 4\ 3\ 2 & & & 2\ 6\ 9\ 11 \\
3\ 3\ 2\ 2 & & & 3\ 6\ 8\ 10
\end{array}
$$

错位相减　4 9 13 17　　　　　　3 5 7 10　　　　　　　2 6 9 11

　　　　—)0 3 5 7 10　　　　—)0 2 6 9 11　　　—)0 3 6 8 10

　　　　4 6 8 10 —10　　　　3 3 1 1 —11　　　　2 3 3 3 —10

则 $K_{AB} = \max(4,6,8,10,-10)$　　$K_{Bc} = \max(3,3,1,1,-11)$　　$K_{CD} = \max(2,3,3,3,-10)$

　　　　$=10$(天)　　　　　　　$=3$(天)　　　　　　$=3$(天)

而平行搭接 $D_{AB} = 1$ 天,技术间歇 $Z_{BC} = 2$ 天;组织间歇 $G_{CD} = 1$ 天,故

$$
T = \sum K_{i,i+1} + T_N + \sum Z_{i,i+1} + \sum G_{i,i+1} - D_{i,i+1}
$$

$$
= (10+3+3) + (3+3+2+2) + 2 + 1 - 1
$$

$$
= 28(天)
$$

根据以上结果绘制施工进度计划图,见图 3-12。其中,"——"代表施工进度,"〰〰"代表漏水步距,"＝＝"代表技术问题,"——"代表平行搭接。

施工过程	2	4	6	8	10	12	14	16	18	20	22	24	26	28
					施工进度/天									
A														
B		K_{AB}				D								
C					K_{BC}		E_{BC}							
D								K_{CD}	G_{CD}					

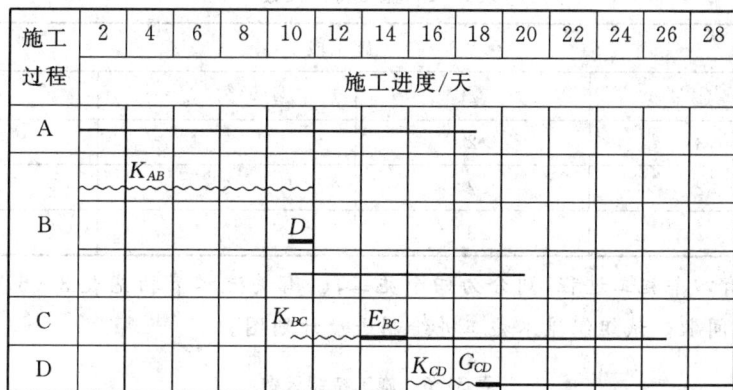

图 3-12 施工进度计划图

综合练习题

1.建筑行业施工目标是什么？

2.请评价依次施工、平行施工和流水施工的优缺点。

3.组织流水施工的条件和分类各有哪些内容？

4.什么是工作过程,它成立的条件是什么？什么是工作面,它的作用是什么？什么是施工段,划分施工段的原则是什么？

5.什么是流水节拍,它如何确定？什么是流水步距,确定它的基本要求是什么？什么是工期,其计算公式的含义是怎样的？

6.如何组织全等节拍、成倍节拍、无节奏流水施工？

7.砌墙班有15人,工程量为50m³,定额为1.2工天/m³,一班制,试求流水节拍。

8.施工过程A、B、C,每个均划分为四个施工段,若$t_A=3$天,$t_B=4$天,$t_C=2$天,求流水施工工期并绘制施工进度计划图。

9.某基础工程划分为四个施工过程,每个施工过程分三个施工段,其流水节拍均为2天,设挖基槽后间歇1天,垫层后养护2天,砌基础后再养护1天,最后回填土,试计算流水工期并绘图。

10.某工程项目划分为六个施工段,在由Ⅰ、Ⅱ、Ⅲ三个分项工程组成,各分项工程在各施工段上持续时间依次为6天、2天、4天,试编制成倍节拍流水施工方案。

11.某工程划分为五个施工过程,分五段组织流水施工,流水节拍均为2天,在第三个施工过程结束时,有3天技术组织间歇时间,求施工工期并绘制进度计划图。

12.某工程划分为五个施工过程,每个施工过程四个施工段,相应流水节拍见表3-5,试组织流水施工并绘制施工计划图。

表 3-5 施工持续天数

施工	施工段			
过程	①	②	③	④
A	3	2	3	2
B	2	2	3	3
C	2	3	3	2

13.某工程有四个施工过程,划分为四个施工段,有关流水节拍见表 3-6,施工过程甲完成后有 2 天技术间歇。试组织流水施工并绘制进度计划图。

表 3-6 施工持续天数

施工	施工段			
过程	①	②	③	④
甲	4	2	3	2
乙	3	3	4	3
丙	3	3	3	3
丁	3	2	2	3

14.某小区建造 4 幢同型住宅,每幢作为一个施工段,挖基础 4 天,主体施工 16 天,每一施工过程在各施工段的持续时间见表 3-7,室内外装修各 8 天,试组织成倍节拍流水施工并绘制进度图。

表 3-7 施工持续天数

施工	施工段			
过程	①	②	③	④
Ⅰ	2	2	2	2
Ⅱ	4	4	4	4
Ⅲ	3	3	3	3
Ⅳ	2	2	2	2

15.某工程划分为四个施工过程,分四个施工段,每一施工过程在各施工段的持续时间见表 3-8,甲乙间技术间歇 2 天,丙丁间搭接施工 1 天,试组织流水施工并绘制施工进度图。

表 3-8 施工持续天数

施工	施工段			
过程	①	②	③	④
甲	3	1	4	2
乙	4	2	2	3
丙	2	3	4	3
丁	3	4	3	2

16. 某施工项含有四个分项工程,划分为六个施工段,每一分项工程在各施工段上的持续时间见表3-9,各分项工程完成后,组织间歇2天,技术间歇1天,试编制流水施工方案。

表3-9 施工持续天数

施工过程	施工段					
	①	②	③	④	⑤	⑥
A	3	2	3	3	2	3
B	2	3	4	4	3	2
C	4	2	3	3	4	2
D	3	3	2	2	2	4

第四章

网络计划技术

教学目标

知识目标

通过本章学习,要求掌握网络计划基本原理,掌握单代号网络图和双代号网络图的基本知识、编制计划、绘制网络图,能够利用节点作为基础计算时间和其他参数,实施施工统筹安排。

能力目标

通过学习了解现代施工技术特点,重点掌握网络计划的编制,学会确定网络计划的关键线路,能够实施网络计划的工期优化、资源优化和费用优化,学会绘制时标网络计划和搭接网络计划,并能进行相关的各种计算。

案例引入

网络计划法史略

网络计划管理技术,又称网络计划法,是20世纪中叶在美国发展起来的一项新型计划技术。当初最有代表性的是关键线路法(CPM)和计划技术评审法(PERT),二者都用网状图形来反映和表达计划的安排。

1955年,美国杜邦化学公司提出来一种设想,对每项活动(工作及其顺序)规定起止时间,并绘制网络状图形。1956年,该公司又设计了电子计算机程序并编制了新的进度控制计划,使建设新厂的工程计划提前两个月完工,还使按这一程序安排的施工和维修等项计划在一年中节约资金达100多万美元。

PERT的出现较CPM稍迟,它是于1958年由美国海军特种计划局在研制“北极星”导弹时创造出来,当时有3000多个单位参加研制活动,协调工作十分复杂。但依靠PERT的技术和程序,使研制进度提前了两年,并且节约了大量资金。1962年美国国防部规定,以后承包军事工程的单位都应采用网络技术来安排计划。

网络计划法的成功应用,轰动了世界。1956年,我国著名数学家华罗庚将网络计划法引入中国,当时称为“统筹法”,并于20世纪60年代后在我国就其中部分内容着手推广。

网络计划法目前在世界各地,特别在我国已应用到了各行各业中,给人们的生产、生活带来了极大的方便。

第一节 网络计划基础知识

本节定义了网络计划技术,讨论了网络编程及相关工作,并给出了工程网络概念、工作原理和表达方法。

本节还列举了网络图的分类,其按表示方法有单代号和双代号网络图;按编制对象分,有总体、部分和局部计划网络图;按表达方式分,有时标和非时标网络图;按工作项间的衔接分,有普通和搭接网络图。

一、网络计划和网络工作

流水计划法简单、直观、易掌握,但不能很好表现各施工活动间的逻辑关系,不便于采用计算机等现代手段编制施工进度计划,而网络计划管理办法却可以很好地解决上述关系问题。

1. 工程网络计划技术

工程网络计划技术是用网络图表达工作项间逻辑关系,并寻求最优计划方案的计划管理办法。

2. 网络编程

(1)定义。网络编程是以网络图表达各工作项间的逻辑关系和运转程序,其内容有:分解一项工程为相关联的若干项工作;分析工作项之间的逻辑关系;按某种顺序绘制网络图。

(2)相关工作。

①计算与网络有关的时间参数,确定计划中的关键工作、关键线路及工期。

②经检查、调整,确定实施最优、可行的网络计划方案。

③对网络计划实施全程有效地监管。

3. 工程网络

(1)定义。工程网络是分解工程进展过程,按规定的网路符号表达工作项间的关系,从左至右绘制的网络图形。

(2)工作原理。其工作原理为:用网络图表达一项工作计划的展开顺序及有关因素相互间的关系;通过计算找出计划中的关键工作、关键线路;通过调整网络计划寻求最优方案,特别在执行中要实施有效监管。

(3)网络计划表达方法。用箭头和节点组成网络图,以表示工作流程的有向、有序。

二、网络计划分类

1. 按表示方法分类

(1)双代号网络计划。它是指在箭杆上表示各项具体工作,节点作为工作项间的连接手段。每一箭杆连接两个节点,节点按顺序编号排列的网络计划。

(2)单代号网络计划。它是指每一节点表示一项工作,每一箭线表示工作项间联系的网络计划。

2. 按编制对象的范围分类

(1)总体网络计划;

(2)单位工程网络计划;

(3)局部工程网络计划。

3. 按网络计划的表达方法分类

(1)无时标网络计划。它是把工作持续时间写在箭线下方,而箭线长短与所示工作时间无关。

(2)时标网络计划。它是带有时间坐标的网络图。时间量为横坐标,箭线长与工作持续时间成正比,各项工作持续时间以有关箭线在横坐标轴上的投影长度来计量。

4.按工作项间的衔接特点划分

(1)普通网络图。工作项间首尾衔接,具体工作项紧前工作全部完成,紧后工作才能开始。

(2)搭接网络图。它是指按规定的搭接时距绘制的网络图,既反映工作项间的逻辑关系,又反映工作项间的搭接关系,有末始、始末、始始、末末等类别。

第二节　双代号网络图

本节详细介绍了工作、节点、线路和关键线路的概念及确定关键线路的简易方法,并探讨了双代号网络图构成因素和逻辑关系,给出绘图规则。本节进一步给出了各项时间参数(最早开始、最早完成、最迟开始、最迟完成、工作总时差、自由时差)的计算和标注。

一、双代号网络图的构成因素

1.工作

(1)工作。每一箭线代表一个工作项,箭向表示工作行进的方向,箭尾表示工作开始,箭头表示工作结束。

(2)工作种类。工作种类按时间和资源消耗的数量可分为:

①实体工作,简称实工作,表示既消耗时间,又消耗资源的工作,例如砌墙、现浇混凝土等项工作;

②续时工作,指届期只消耗时间,不消耗资源的工作,例如等待混凝土凝结硬化,油漆、涂料干燥一类的工作;

③虚工作,指既不消耗时间,又不消耗资源的工作,仅仅为表达某些工作项之间的逻辑联系而设置的联系方式。

(3)工作的表示方式。

①实工作,其表示方式见图 4-1。

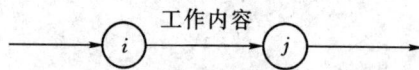

图 4-1　实工作

②虚工作,其表示方式见图 4-2。

图 4-2　虚工作

③紧前(后)工作,其表示方式见图4-3。

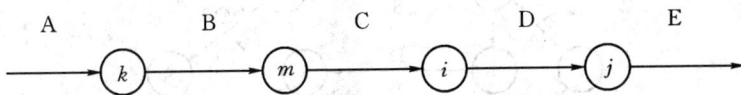

图4-3 紧前(后)工作

在图4-3中,B是A的紧后工作,A是B的紧前工作。其他的以此类推。

2.节点(事件)

(1)作用。节点表示前一工作项的结束和后一工作项的开始,网络的起点和末点分别只有开始和结束的含义。节点用⑦、⑦表示。

(2)分类。

①只有箭尾的节点——起点——有紧后节点,无紧前节点。表示为⑦→。

②只有箭头的节点——末点——有紧前节点,无紧后节点。表示为⑦→。

③中间点——除起点和末点外的其余节点——有紧后节点,也有紧前节点,箭线有入有出。表示为→⑦→。

(3)节点与工作的对应。

①进入某节点的工作,称为该节点的紧前工作,简称紧前,常与数量词合称某节点的几个紧前。

同理,离开某节点的工作,称为该节点的紧后工作,简称紧后,常与数量词合称为某节点的几个紧后。紧前与紧后的表示如图4-4所示。

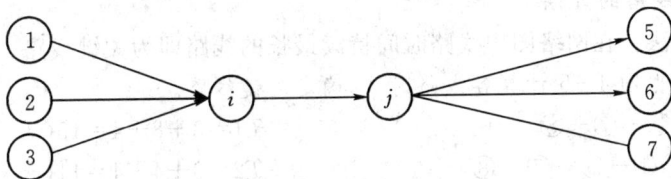

图4-4 紧前节点和紧后节点

由起点至本节点的所有的工作统称先行工作,由本节点至末点的所有工作统称后续工作。

(4)节点编号。节点编号原则如下:

①从起点开始,到末点终止,按顺序编号;

②箭尾代号 $i<$ 箭头代号 j ;

③节点代号不许重复;

④代号 i 、$j \in z^+$, i 、j 可以连续,也可以不连续。

3.线路

(1)线路。它是指网络图由起点开始,至末点终止,通过一系列节点与箭线的连接所形成的通路。

(2)线路时间。它是指某条线路上所有箭线所示的持续时间之和。如图4-5所示, T_{ABC} $=3+8+4=15$ (天)。

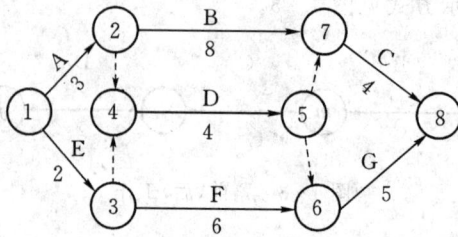

图 4-5

（3）关键线路。

①关键线路。它是指在网络图中线路时间最长的线路。其特点如下：

第一，网络工期由关键线路的线路时间确定；

第二，关键线路上的工作为关键工作；

第三，关键工作无机动时间；

第四，网络图的关键线路至少有一条，其工天之和可作为同一网络的代表工期；

第五，关键线路和非关键线路在一定条件下可以互相转化。

②非关键线路。它是指关键线路之外的线路。其特点是：

第一，非关键线路的线路时间不得作为网络代表时间而用于计算网络工期；

第二，网络上除了关键线路都是非关键线路；

第三，网络上的关键工作无机动时间，而非关键工作有机动时间可用于调整资源消耗；

第四，经过调整、延长非关键线路上的持续时间，非关键线路可以转化为关键线路。

4.确定关键线路的方法

（1）长度比较法。在网络图中线路时间持续最长的线路即为关键线路。

【例 4-1】 根据图 4-5 计算各线路时间，确定关键线路。

解： 线路①—②—⑦—⑧ $T1=3+8+4=15$（天）

线路①—②—④—⑤—⑦—⑧ $T2=3+4+4=11$（天）

线路①—②—④—⑤—⑥—⑧ $T3=3+4+5=12$（天）

线路①—③—④—⑤—⑦—⑧ $T4=2+4+4=10$（天）

线路①—③—④—⑤—⑥—⑧ $T5=2+4+5=11$（天）

线路①—③—⑥—⑧ $T6=2+6+5=13$（天）

其中，线路①—②—⑦—⑧的线路时间持续最长，为关键线路。

（2）计算时差法。找出总时差最小的工作。

总时差是指在不影响总工期的前提下，本工作可以利用的机动时间。一般用 TF 来表示。

二、双代号网络图的绘制

1.逻辑关系的表达

（1）逻辑关系。

逻辑关系泛指各类事物之间符合某种规律的条件联系。不同门类的事物，会有共性的逻辑内容，但也会有更多的个性的逻辑内容。就建筑事物而言，逻辑关系主要指建筑事物内部的顺序关系、结构层次关系和包含、递进等动态关系。

①工艺逻辑——符合实际操作需求的方法和顺序。如现浇混凝土工艺,其基本操作顺序是:绑钢筋→支模板→现浇混凝土。

②组织逻辑——组织安排的操作顺序。如使用砂浆的操作,组织安排的操作顺序是:抹顶棚→抹墙面→抹地面。

(2)逻辑关系的网络表达。

①B是A的紧后,也是C的紧前,见图4-6。

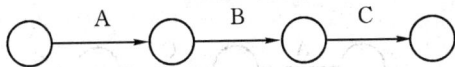

图 4-6

②A、B具有共同的起点。见图4-7。

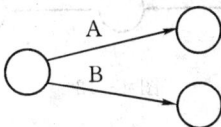

图 4-7

③A、B具有共同的末点。见图4-8。

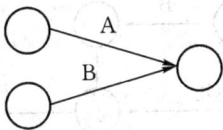

图 4-8

④A是B、C的共同紧前。见图4-9。

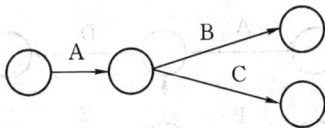

图 4-9

⑤C是A、B的共同紧后。见图表4-10。

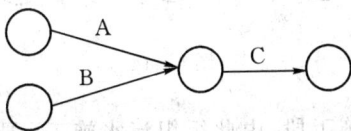

图 4-10

⑥A、B都是C、D的紧前,或称A、B都完成,C、D才开始启动。见图4-11。

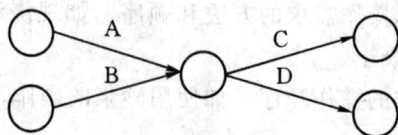

图 4－11

⑦A 是 C 的紧前且 A、B 都是 D 的紧前。见图 4－12。

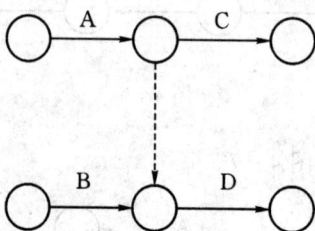

图 4－12

⑧A、B 是 D 的紧前，B、C 是 E 的紧前。见图 4－13。

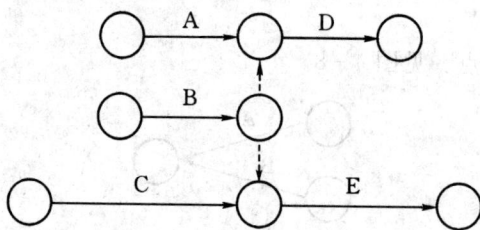

图 4－13

⑨A、B、C 是 D 的紧前，B、C 是 E 的紧前，C 是 F 的紧前。见图 4－14。

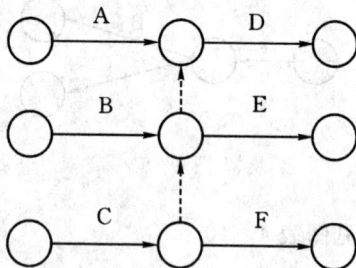

图 4－14

⑩某工程每项工作分三个施工段，由此组织流水施工。要求使 M_i 的紧前为 M_{i-1}，N_i 的紧前为 M_i 和 $N_{i-1}(i \geqslant 2)$。见图 4－15。

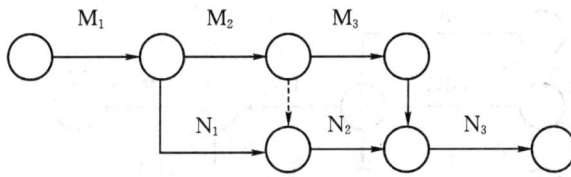

图 4 – 15

⑪A、D 有共同起点,B 是 A 的紧后,C 是 B、D 的紧后。见图 4 – 16。

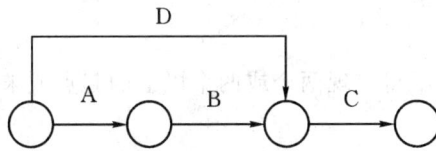

图 4 – 16

⑫A 是 B、C、D 的紧前,E 是 B、C、D 的紧后。见图 4 – 17。

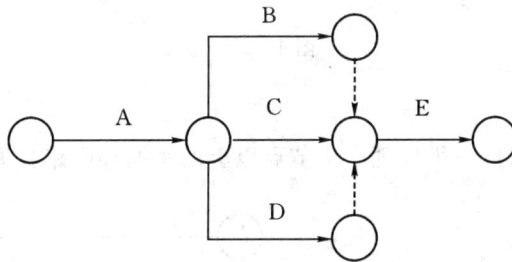

图 4 – 17

⑬A 的紧后是 B、C、D,C、D 的紧后是 F,B、C、D 的紧后是 E。见图 4 – 18。

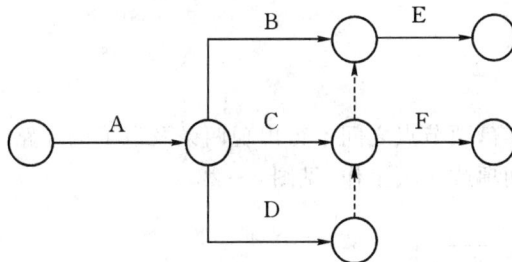

图 4 – 18

⑭A、B 的紧后是 D,A、B、C 的紧后是 E,D、E 的紧后是 F。见图 4 – 19。

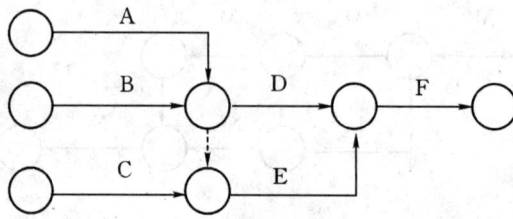

图 4-19

2.双代号网络图绘图规则

(1)起点、末点要唯一。

就一个网络图整体而言,不得出现两个或两个以上的起点或末点。见图 4-20。

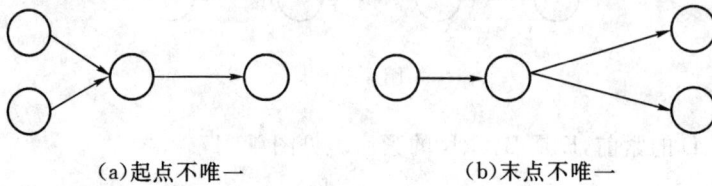

（a）起点不唯一　　　　　　　　（b）末点不唯一

图 4-20

(2)局部循环要取缔。

就一个网络图局部而言,不得出现三个节点以上的小循环回路。见图 4-21。

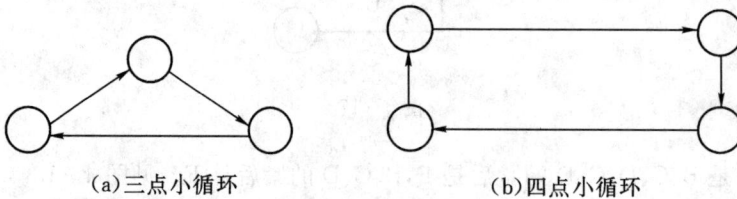

（a）三点小循环　　　　　　　　（b）四点小循环

图 4-21

(3)两点不得连二线。

就任何一个网络图而言,两节点之间不得出现两条及以上的通路。其含义是:两个节点对应一项工作,而不可对应两项或多项工作,见图 4-22。

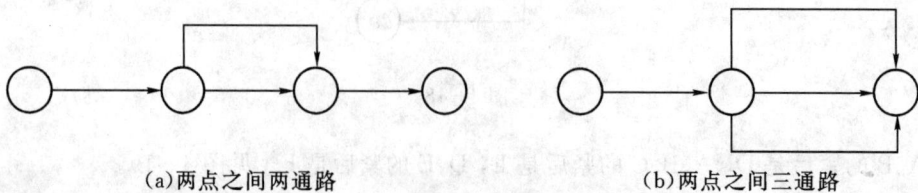

（a）两点之间两通路　　　　　　（b）两点之间三通路

图 4-22

(4)箭线出入自节点。

网络图上的箭线只能从节点处发生或归结于节点,而不可在非节点处发生或归结。见图4-23。

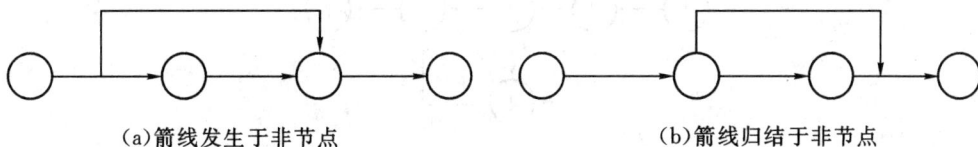

(a)箭线发生于非节点　　　　　　　(b)箭线归结于非节点

图 4-23

(5)力避双向、无向箭线。

在网络图中,不允许箭线两端均有箭向或均无箭向的情形发生。见图4-24。

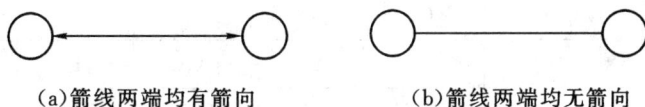

(a)箭线两端均有箭向　　　　　　(b)箭线两端均无箭向

图 4-24

(6)交叉箭线无叉点。

在网络图中表现两条箭线相交,无论是正交还是斜交,均不允许出现交叉点。见图4-25、图4-26。

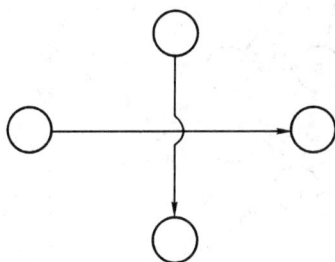
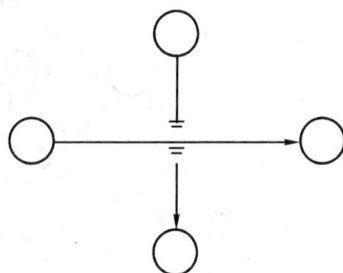

图 4-25　暗桥法　　　　　　　　图 4-26　断桥法

(7)其他。

箭线走向左到右;关键线路粗重显;尽量减少虚箭线;网络整理末道关。

其中,网络整理是其他工作项中的中心工作,求出并标示关键线路和减少虚箭线都属于网络整理的内容。此外,还包括折线取直、合并工作项等内容。通过网络整理,有时会发生关键线路与非关键线路相互转换的问题,需要慎重对待。

【例4-2】请根据表4-1所列各工作项的逻辑联系,绘制双代号网络图。

表 4-1

工作名称	A	B	C	D	E	F
紧前项	—	A	A	B	B、C	D、E
紧后项	B、C	D、E	E	F	F	—

解：这是一道不含数量关系的形式绘图题。根据分析可知，A 是起点线，F 是末点线，其双代号网络图见图 4-27。

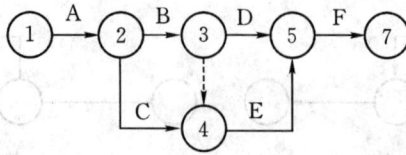

图 4-27

【例 4-3】请根据表 4-2 所列各工作项的逻辑联系，绘制双代号网络图。

表 4-2

工作名称	A	B	C	D	E	F	G	H
紧前项	—	—	B	A、C	A、C	B	D、E、F	E、F
紧后项	D、E	C、F	D、E	G	H、G	H、G	—	—

解：这也是一道不含数量关系的形式绘图题。根据分析可知，A、B 是起点线，G、H 是末点线，其带编号节点的双代号网络图见图 4-28。

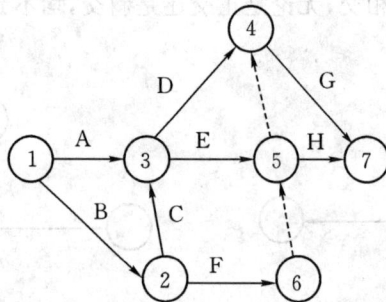

图 4-28

整理网络图，去掉不必要的节点和虚工作，见图 4-29。

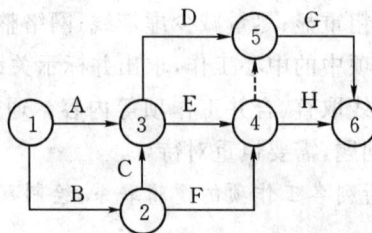

图 4-29

三、双代号网络图的时间参数的计算

双代号网络图的时间参数的相关计算方法通常有图上计算法、表上计算法、矩阵法和电算法等。本书以图上计算法为基础给出计算方法,并将计算结果标注在有关箭线下方或特有的表式上。

1.各项时间参数符号

(1)工作持续时间 $D_{i,j}$,见图 4-30;

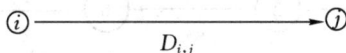

图 4-30

(2)节点最早时间 TE_i;

(3)节点最迟时间 TL_i;

(4)工作最早可能开始时间 $ES_{i,j}$;

(5)工作最早可能完成时间 $EF_{i,j}$;

(6)工作最迟必须开始时间 $LS_{i,j}$;

(7)工作最迟必须完成时间 $LF_{i,j}$;

(8)工作总时差 $TF_{i,j}$;

(9)工作自由时差 $FF_{i,j}$;

(10)计算工期 T_c,通过时间参数计算得到的网络计划工期;

(11)计划工期 T_p;

(12)要求工期 T_r,有关方面(建设方或者上级)要求达到的工期。

2.时间参数的计算

(1)节点 i 最早时间,从左至右节点 i 全部紧前工作完成时间。

涉及的参数:工作最早可能开始时间 $ES_{i,j}$;工作最迟必须开始时间 $LF_{i,j}$;工作总时差 $TF_{i,j}$;工作最早可能完成时间 $EF_{i,j}$;工作最迟必须完成时间 $LS_{i,j}$;工作自由时差 $FF_{i,j}$。

可以将以上各时间参数填列在如下的特定表格中,见图 4-31。

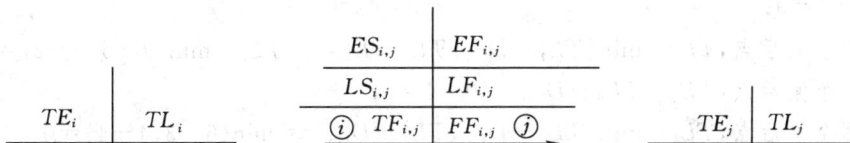

图 4-31

①i 为起点,$TE_i = 0$;

②j 只有一个紧前点 i 时,则 $TE_j = TE_i + D_{i,j}$;

③j 为非起点,不止有一个紧前点,则 $TE_j = \max\{TE_i + D_{i,j}\}$;

④c 为末点时,$T_c = TE_n$。

【例 4-4】 根据图 4-32,计算各节点的最早时间(天)。

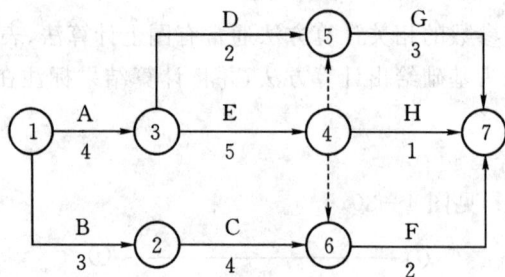

图 4-32

解:①为起点(从左向右计算),$TE_1=0$;

②只有一个紧前点,$TE_2=TE_1+D_{1,2}=0+3=3$;

③只有一个紧前点,$TE_3=TE_1+D_{1,3}=0+4=4$;

④只有一个紧前点,$TE_4=TE_3+D_{3,4}=4+5=9$;

⑤有两个紧前点,$TE_5=\max\{TE_3+D_{3,5},TE_4+D_{4,5}\}=\max\{4+2,9+0\}=9$;

⑥有两个紧前点,$TE_6=\max\{TE_2+D_{2,6},TE_4+D_{4,6}\}=\max\{3+4,9+0\}=9$;

⑦有三个紧前点,$TE_7=\max\{TE_4+D_{4,7},TE_5+D_{5,7},TE_6+D_{6,7}\}=\max\{9+1,9+3,9+2\}=12$;

从而,该网络的计算工期:$T_c=TE_7=12$(天)。

(2)节点最迟时间 TL_i(从右向左计算)。

①$i=n$ 时,⑦为末点,$TL_n=TE_n$;

②⑦只有一个紧后点⑦,$TL_i=TL_j-D_{i,j}$;

③⑦有多个紧后点,$TL_i=\min\{TL_j-D_{i,j}\}$。

【例 4-4】 续解:⑦为末点,$TL_7=TE_7=12$(天);

⑥有一个紧后点,$TL_6=TL_7-D_{6,7}=12-2=10$;

⑤有一个紧后点,$TL_5=TL_7-D_{5,7}=12-3=9$;

④有三个紧后点,$TL_4=\min\{TL_7-D_{4,7},TL_6-D_{4,6},TL_5-D_{4,5}\}=TL_i=\min\{12-1,10-0,9-0\}=9$;

③有两个紧后点,$TL_3=\min\{TL_4-D_{3,4},TL_5-D_{3,5}\}=TL_i=\min\{9-5,9-2\}=4$;

②有一个紧后点,$TL_2=TL_6-D_{2,6}=10-4=6$;

①有两个紧后点,$TL_1=\min\{TL_2-D_{1,2},TL_3-D_{1,3}\}=\min\{6-3,4-4\}=0$。

(3)工作最早可能开始时间 $ES_{i,j}$,工作最早可能完成时间 $EF_{i,j}$,由左向右计算。

①工作最早可能开始时间 $ES_{i,j}=TE_i$;

②工作最早可能完成时间 $EF_{i,j}=TE_i-D_{i,j}$。

【例 4-4】 续解:$ES_{1,2}=TE_1=0$ $EF_{1,2}=TE_1+D_{1,2}=0+3=3$

$ES_{1,3}=TE_1=0$ $EF_{1,3}=TE_1+D_{1,3}=0+4=4$

$ES_{2,6}=TE_2=3$ $EF_{2,6}=TE_2+D_{2,6}=3+4=7$

$ES_{3,4}=TE_3=4$ $EF_{3,4}=TE_3+D_{3,4}=4+5=9$

$ES_{3,5}=TE_3=4$ $EF_{3,5}=TE_3+D_{3,5}=4+2=6$

$ES_{4,5}=TE4=9$ $EF_{4,5}=TE_4+D_{4,5}=9+0=9$

$ES_{4,6}=TE_4=9$ $EF_{4,6}=TE_4+D_{4,6}=9+0=9$

$ES_{4,7}=TE_4=9$ $EF_{4,7}=TE_4+D_{4,7}=9+1=10$

$ES_{5,7}=TE_5=9$ $EF_{5,7}=TE_5+D_{5,7}=9+3=12$

$ES_{6,7}=TE_6=9$ $EF_{6,7}=TE_6+D_{6,7}=9+2=11$

(4)工作最迟必须完成时间 $LF_{i,j}$,工作最迟必须开始时间 $LS_{i,j}$,从左向右计算。

①工作最迟必须完成时间 $LF_{i,j}=TL_j$;

②工作最迟必须开始时间 $LS_{i,j}=LF_{i,j}-D_{i,j}=TL_j-D_{i,j}$。

【例4-4】续解:$LF_{1,2}=TL_2=6$　　　$LS_{1,2}=TL_2-D_{1,2}=6-3=3$

$LF_{1,3}=TL_3=4$ $LS_{1,3}=TL_3-D_{1,3}=4-4=0$

$LF_{2,6}=TL_6=10$ $LS_{2,6}=TL_6-D_{2,6}=10-4=6$

$LF_{3,4}=TL_4=9$ $LS_{3,4}=TL_4-D_{3,4}=9-5=4$

$LF_{3,5}=TL_5=9$ $LS_{1,2}=TL_5-D_{3,5}=9-2=7$

$LF_{4,5}=TL_5=9$ $LS_{4,5}=TL_5-D_{4,5}=9-0=9$

$LF_{4,6}=TL_6=10$ $LS_{4,6}=TL_6-D_{4,6}=10-0=10$

$LF_{4,7}=TL_7=12$ $LS_{4,7}=TL_7-D_{4,7}=12-1=11$

$LF_{5,7}=TL_7=12$ $LS_{5,7}=TL_7-D_{5,7}=12-3=9$

$LF_{6,7}=TL_7=12$ $LS_{6,7}=TL_7-D_{6,7}=12-2=10$

(5)工作总时差 $TF_{i,j}$,工作自由时差 $FF_{i,j}$。

工作总时差为一项工作在不影响总工期的前提下可以利用的机动时间。

自由时差,又称局部机动时差,指一项工作在不影响紧后工作最早开始时间的前提下可以利用的机动时间。

①工作总时差 $TF_{i,j}=TL_j-TE_i-D_{i,j}=LF_{i,j}-FF_{i,j}=LS_{i,j}-ES_{i,j}$。

②自由时差 $EF_{i,j}=TE_j-TE_i-D_{i,j}=TE_j-EF_{i,j}$。

【例4-4】续解:$TF_{1,2}=LS_{1,2}-ES_{1,2}=3-0=3$　　　$FF_{1,2}=TE_2-EF_{1,2}=3-3=0$

$TF_{1,3}=LS_{1,3}-ES_{1,3}=0-0=0$ $FF_{1,3}=TE_3-EF_{1,3}=4-4=0$

$TF_{2,6}=LS_{2,6}-ES_{2,6}=6-3=3$ $FF_{2,6}=TE_6-EF_{2,6}=9-7=2$

$TF_{3,4}=LS_{3,4}-ES_{3,4}=4-4=0$ $FF_{3,4}=TE_4-EF_{3,4}=9-9=0$

$TF_{3,5}=LS_{3,5}-ES_{3,5}=7-4=3$ $FF_{3,5}=TE_5-EF_{3,5}=9-6=3$

$TF_{4,5}=LS_{4,5}-ES_{4,5}=9-9=0$ $FF_{4,5}=TE_5-EF_{4,5}=9-9=0$

$TF_{4,6}=LS_{4,6}-ES_{4,6}=10-9=1$ $FF_{4,6}=TE_6-EF_{4,6}=9-9=0$

$TF_{4,7}=LS_{4,7}-ES_{4,7}=11-9=2$ $FF_{4,7}=TE_7-EF_{4,7}=12-10=2$

$TF_{5,7}=LS_{5,7}-ES_{5,7}=9-9=0$ $FF_{5,7}=TE_7-EF_{5,7}=12-12=0$

$TF_{6,7}=LS_{6,7}-ES_{6,7}=10-9=1$ $FF_{6,7}=TE_7-EF_{6,7}=12-11=1$

(6)完善网络图。

①检查线路,核对节点,适当调整。特别对于数字的改动,要核对设计变更、统计调整等文件资料。对于虚线和节点的设置,注意不同工作项间的改弯取直,有可能减少数量而不影响功能。

②确定关键线路和关键工作,主要方法有两种:

第一种方法:分线累加,比较大小。即首先将网络图分成若干条独立线路,接着将各线路所涉及的工天分别相加。再比较各线路工天和的大小,取工天和最大的线路为关键线路,组成该线路的工作项均为关键工作。

第二种方法:利用总时差公式 $TF_{i,j}=TL_j-TE_i-D_{i,j}$ 进行判断。

若 $TF_{i,j}>0$,说明工作项 i,j 有机动时间,是非关键工作。

若 $TF_{i,j}=0$,说明工作项 i,j 无机动时间,是关键工作。

若 $TF_{i,j}<0$,说明工作项 i,j 持续时间过长,应当予以缩短。

【例 4-4】续解:有关网络图被分成 1267、1357、1347、13457 和 13467 五条线路,见图 4-33。

$T_{1267}=3+4+2=9(天)$　　　　$T_{1357}=4+2+3=9(天)$

$T_{1347}=4+5+1=10(天)$　　　$T_{13457}=4+5+0+3=12(天)$

$T_{13467}=4+5+0+2=11(天)$

因此,①③④⑤⑦各节点组成的线路是关键线路。

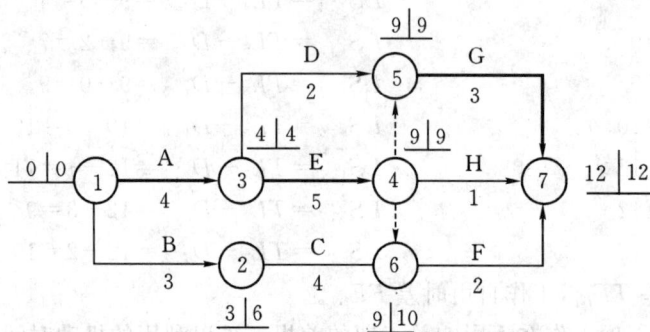

图 4-33

为了清楚记述发生在各虚实箭线上的时间参数,将原在网络图中显示的丰形小表另行列出(见图 4-34),既加强了表与相关线的对应性,也避免了在网络图中挤放小表的作图困难。

	A	B	C	D	E	F	G	H	④⋯⑤	④—⑥
	0　4	0　3	3　7	4　6	4　9	9　11	9　12	9　10	9　9	9　9
	0　4	3	10　7	10　7	9	4　9	10　12	9　12	11　12	9　9	10　10
	0　0	3	2　3	2　3	0	0　1	1　0	0　2	2	0　0	1　0

图 4-34

第三节　单代号网络图

本节在双代号网络图基础上,介绍了单代号网络图的特点和用途,阐释了其逻辑关系和绘图规则,并举例说明单、双代号网络图之间转换规律和联系。

本节重点给出了单代号网络图时间参数的具体计算和表示。

一、单代号网络图的特点及组成

单、双代号网络图都是用于制订和实施网络计划的重要工具。所有绘制的双代号网络图都可以转绘成单代号网络图。两者解决实际问题的方法存在一定的差异,各自都有自身的优势。接下来介绍单代号网络图。

1.单代号网络图的特点

单代号网络图也是由节点和箭线两部分构成。与双代号网络图相比,它具有如下特点:

(1)节点表示工作项,箭线表示工作项间的逻辑关系。

(2)单代号网络图表达工作项间的逻辑关系明确而具体,一般不存在虚工作项,因此,虚节点仅在解决某些特殊的程序问题时才会出现。

(3)现在尚未解决单代号网络图与时间坐标的联系,因此在时标网络系统中尚不能使用有关单代号网络图的相关知识。

(4)单代号网络图有利于使用计算机绘制网络图、计算时间参数、调整和优化网络计划。

2.单代号网络图的组成

(1)节点表示工作项。见图4-35。

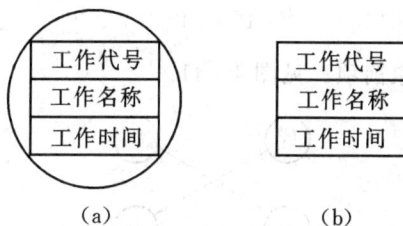

图 4-35

(2)箭线表示工作项间的逻辑联系。此处箭线仅指一种工作顺序的连接,其他有关的内涵一概不涉及。箭头指明工作方向,连接紧后项;箭尾连接紧前项。

二、单代号网络图的绘制

1.常见的逻辑关系表达

(1)Ⓐ是Ⓑ的紧前项,Ⓒ是Ⓑ的紧后项。见图4-36。

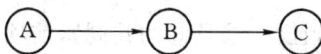

图 4-36

(2)Ⓞ为开始项,Ⓐ、Ⓑ两项同时开始。见图4-37。

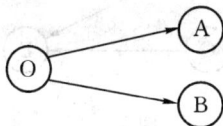

图 4-37

（3）Ⓙ为结束项，Ⓐ、Ⓑ两项同时结束。见图 4 - 38。

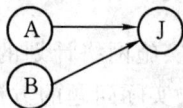

图 4 - 38

（4）Ⓐ是Ⓑ、Ⓒ的共同紧前项。见图 4 - 39。

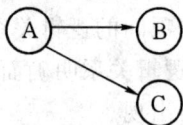

图 4 - 39

（5）Ⓒ是Ⓐ、Ⓑ共同紧后项。见图 4 - 40。

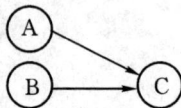

图 4 - 40

（6）Ⓐ、Ⓑ是Ⓒ、Ⓓ的共同紧前项。见图 4 - 41。

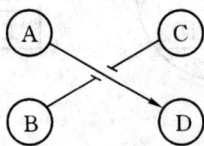

图 4 - 41

（7）Ⓐ是Ⓒ的紧前项，且Ⓐ、Ⓑ是Ⓓ的共同紧前项。见图 4 - 42。

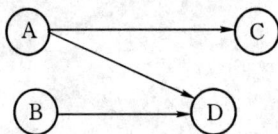

图 4 - 42

（8）Ⓐ、Ⓑ是Ⓓ的共同紧前项，且Ⓑ、Ⓒ是Ⓔ的共同紧前项。见图 4 - 43。

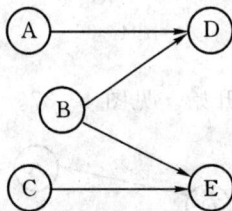

图 4 - 43

(9)ⓒ是Ⓕ的紧前项,Ⓑ是Ⓔ的紧前项;且Ⓐ、Ⓑ、ⓒ是Ⓓ的共同紧前项。见图 4-44。

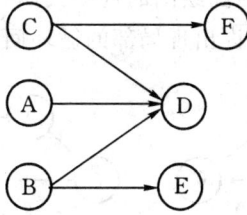

图 4-44

(10)M、N 两项工作,各分为三个工作段,M 为起点,N 为末点,组织流水施工。见图 4-45。

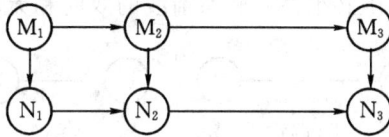

图 4-45

(11)Ⓞ为始点,Ⓐ、ⓒ有共同始点,Ⓓ是Ⓑ、ⓒ的共同紧后。见图 4-46。

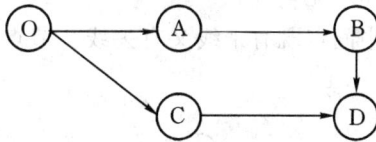

图 4-46

(12)Ⓐ是Ⓑ、ⓒ、Ⓓ的共同紧前项,Ⓔ是Ⓑ、ⓒ、Ⓓ的共同紧后项。见图 4-47。

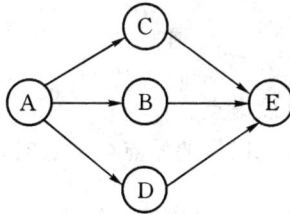

图 4-47

(13)Ⓓ是Ⓐ、Ⓑ的共同紧后项,Ⓔ是Ⓑ、ⓒ的共同紧后项,Ⓕ是Ⓓ、Ⓔ的共同紧后项。见图 4-48。

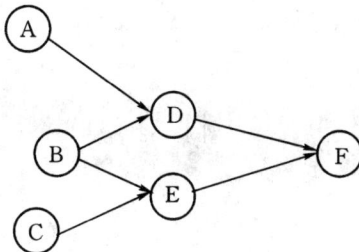

图 4-48

2.单代号网络图绘图基本规则

单代号网络图绘图与双代号网络图绘图的规则大体一致。主要有:

(1)谨防局部小循环。图中不允许出现局部的循环回路。见图 4 - 49。

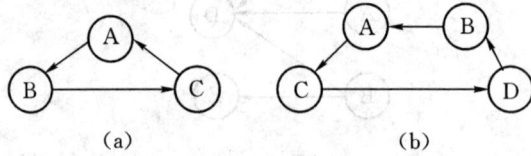

(a)　　　　　(b)

图 4 - 49

(2)杜绝双向、无向线。图中必须消除联系箭线的双向和无向的混乱情况。见图 4 - 50。

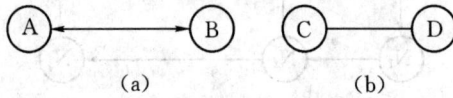

(a)　　　　　(b)

图 4 - 50

(3)点分始末和中间,点序递增无重乱。

始点无来线,末点无去线,中间点既有来线又有去线。节点的工作代号不得重复、不得颠倒自然排序、不得跳跃。见图 4 - 51。

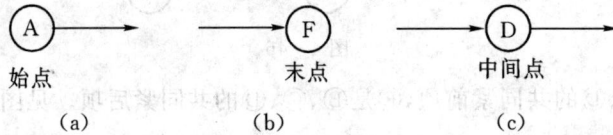

始点　　　　　末点　　　　　中间点

(a)　　　　　(b)　　　　　(c)

图 4 - 51

(4)始末节点须唯一,不唯一时设虚点。

在一个单代号网络图中出现两个以上的始点或末点时,应当设置一个虚点,标明始末,以保持始、末节点的唯一性。见图 4 - 52。

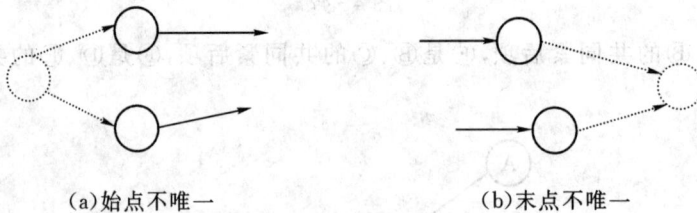

(a)始点不唯一　　　　　(b)末点不唯一

图 4 - 52

【例 4-5】 依据表 4-3 绘制双代号网络图和单代号网络图。

表 4-3

工作名称	A	B	C	D	E	F	G	H
紧前项	—	A	B	B	B	C、D	C、E	F、G
紧后项	B	C、D、E	F、G	F	G	H	H	—

解:(1)绘制双代号网络图,见图 4-53;整理后,见图 4-54。

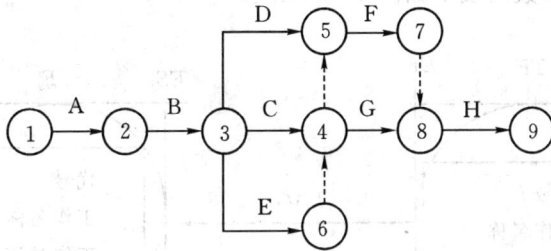

图 4-53

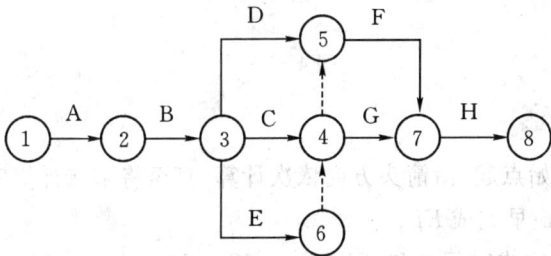

图 4-54

(2)绘制单代号网络图,见图 4-55。

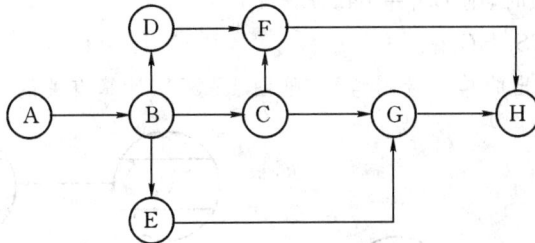

图 4-55

三、单代号网络图时间参数的计算

1. 有关的时间参数的表示

(1)第 i 项工作的持续时间 D_i;

（2）最早可能开始时间 ES_i，简称最早开始；

（3）最早可能完成时间 EF_i，简称最早完成；

（4）最迟必须开始时间 LS_i，简称最迟开始；

（5）最迟必须完成时间 LF_i，简称最迟完成；

（6）工作项间的时间间隔 $LAG_{i,j}$，又称项间时差；

（7）工作总时差 TF_i；

（8）工作自由时差 FF_i。

单代号网络图时间参数的表示如图 4-56 所示。

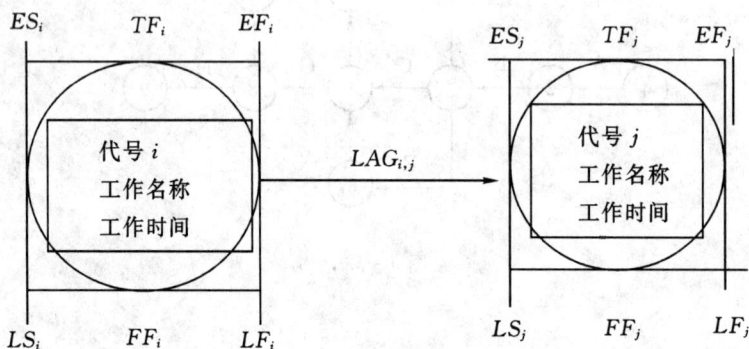

图 4-56

2.时间参数的计算

时间参数的计算，从始点起，沿箭头方向依次计算，直至将末点计算完毕。

（1）最早开始 ES_i 和最早完成 EF_j。

①ES_j＝各紧前最早完成时间之和，即 $EF_j=ES_j+D_j$。

A. $j=1$，即该项无紧前，则 $ES_j=0$；

B. j 项只有一个紧前项 i，则 $ES_j=ES_i+D_i$；

C. j 项有多个紧前项时，则 $ES_j=\max\{ES_i+D_i\}$。

②最早完成 $EF_j=ES_j+D_j$。

【例 4-6】根据所给出的单代号网络图（见图 4-57），计算有关的时间参数。

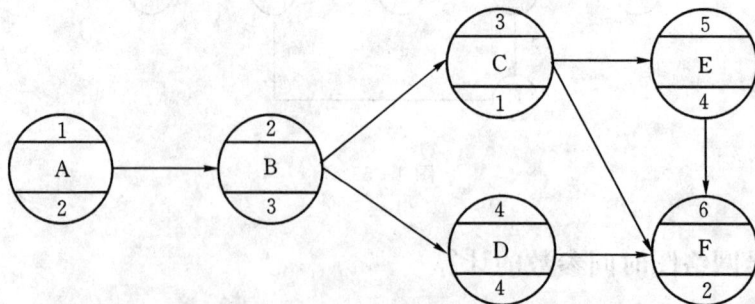

图 4-57

解: $ES_1 = 0$,以下依据"后一个最早开始等于前一个最早完成"计算。

$ES_2 = ES_1 + D_1 = 0 + 2 = 2$ $EF_1 = ES_1 + D_1 = 0 + 2 = 2$

$ES_3 = ES_2 + D_2 = 2 + 3 = 5$ $EF_2 = ES_2 + D_2 = 2 + 3 = 5$

$ES_4 = ES_3 + D_3 = 5 + 1 = 6$ $EF_3 = ES_3 + D_3 = 5 + 1 = 6$

$ES_5 = ES_4 + D_4 = 6 + 4 = 10$ $EF_4 = ES_4 + D_4 = 6 + 4 = 10$

$ES_6 = \max\{ES_i + D_i\}(i = 3,4,5)$ $EF_5 = ES_5 + D_5 = 10 + 4 = 14$

$\qquad = \max\{6 + 4, 5 + 1, 10 + 4\}$ $EF_6 = ES_6 + D_6 = 14 + 2 = 16$

$\qquad = 14$

(2)最迟完成 LF_i 和最迟开始 LS_i。

①对于末点:$LF_n = EF_n$。

对于中间点:

A. 当第 i 项工作只有一个紧后项 j,则 $LF_i = LS_j$;

B. 当第 i 项工作有多个紧后项时,则 $LF_i = \min\{LS_j\}$;

②求最迟开始 LS_i:$LS_i = LF_i - D_j$。

【例 4-6】续解: 按"上一个最迟完成等于下一个最迟开始"解答。

$LF_6 = EF_6 = 16$ $LS_6 = LF_6 - D_6 = 16 - 2 = 14$

$LF_5 = LS_6 = 14$ $LS_5 = LF_5 - D_5 = 14 - 4 = 10$

$LF_4 = LS_6 = 14$ $LS_4 = LF_4 - D_4 = 14 - 4 = 10$

$LF_3 = \min\{LS_5, LS_6\}$ $LS_3 = LF_3 - D_3 = 10 - 1 = 9$

$\qquad = \min\{10, 14\}$

$\qquad = 10$

$LF_2 = \min\{LS_3, LS_4\}$ $LS_2 = LF_2 - D_2 = 9 - 3 = 6$

$\qquad = \min\{9, 10\}$

$\qquad = 9$

$LF_1 = LS_2 = 6$ $LS_1 = LF_1 - D_1 = 6 - 2 = 4$

(3)工作 i, j 间的时间间隔 $LAG_{i,j}$ 表示紧后项 j 的最早开始与第 i 项工作的最早完成间的时间间隔。一般记为:$LAG_{i,j} = ES_j - EF_i$。

【例 4-6】续解: 从左向右计算。

$LAG_{1,2} = ES_2 - EF_1 = 2 - 2 = 0$

$LAG_{2,3} = ES_3 - EF_2 = 5 - 5 = 0$

$LAG_{2,4} = ES_4 - EF_2 = 6 - 5 = 1$

$LAG_{3,5} = ES_5 - EF_3 = 10 - 6 = 4$

$LAG_{3,6} = ES_6 - EF_3 = 14 - 6 = 8$

$LAG_{4,6} = ES_6 - EF_4 = 14 - 10 = 4$

$LAG_{5,6} = ES_6 - EF_5 = 14 - 14 = 0$

(4)工作总时差 TF_i 和自由时差 FF_i。其中,$TF_i = LF_i = LS_i - ES_i$;而 $FF_i = ES_j - EF_i$,或 $FF_i = \min\{LAG_{i,j}\}$。

【例 4-6】续解: 从左向右计算。

$TF_1 = LF_1 - EF_1 = 6 - 2 = 4$ $FF_1 = LAG_{1,2} = 0$

$$TF_2 = LF_2 - EF_2 = 9 - 5 = 4 \qquad FF_2 = LAG_{2,3} = 0$$

$$TF_3 = LF_3 - EF_3 = 10 - 6 = 4 \qquad FF_3 = \min\{LAG_{3,5}, LAG_{3,6}\} = \min\{4, 8\} = 4$$

$$TF_4 = LF_4 - EF_4 = 14 - 10 = 4 \qquad FF_4 = LAG_{4,6} = 4$$

$$TF_5 = LF_5 - EF_5 = 14 - 14 = 0 \qquad FF_5 = LAG_{5,6} = 0$$

$$TF_6 = LF_6 - EF_6 = 16 - 16 = 0 \qquad FF_6 = ES_6 - EF_5 = 14 - 14 = 0$$

(5)网络整理。

由于单代号网络图基本都是客观存在的节点,一般并不涉及虚点虚线,因而大大减少了整理网络的工作量。网络整理的重要活动是确定关键线路和关键工作,将有关时间参数在图中特定的位置标注。

①确定关键线路和关键工作。

总时差 $TF_i = 0$ 或最小的工作为关键工作,由关键工作组成的线路为关键线路,且相邻关键工作间的时间间隔 $LAG_{i,j} = 0$。这是判断关键线路和关键工作的重要方法之一。此外,关键线路和关键工作要用重线或特别方法显示。

【例 4-6】续解:经过比对,Ⓐ、Ⓑ、Ⓔ、Ⓕ为表示关键工作的四个节点,Ⓒ节点虽然不表示关键工作,但其扼守重要点位。故Ⓐ⇒Ⓑ⇒Ⓒ⇒Ⓔ⇒Ⓕ关键线路。

图 4-58 给出了初步完善的有关网络图,请读者将前面计算的结果一一对应填写在相应的位置上。其中 $LAG_{3,6}$ 是 4 而不是 0,从中可以得到什么启示?

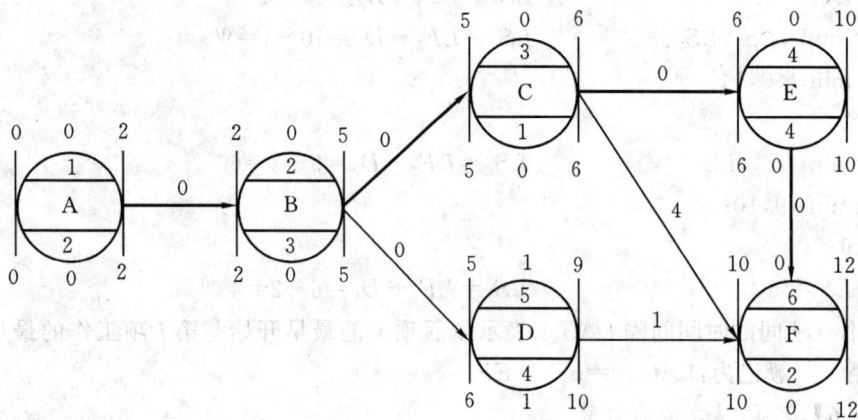

图 4-58

第四节　建设工程网络计划

本节提出按工种、按施工段和按其他方法用双代号网络图排列建筑网络的方法和编程步骤。

本节进一步讲述了时标网络图及其特点,给出了绘制有关网络图的规则和方法。

一、建设工程网络计划概述

建设工程网络计划可根据工程具体情况、有关施工组织设计内容和网络使用要求进行排列和调整。

1.建设网络排列方法

(1)按工种排列。按工种排列是指同一工种的工作项排在同一水平方向上,同一施工段上的工作项排在垂直方向上。按工种排列能反映作业班组连续作业和工作面利用状况。

【例4-7】某项基础施工,一般经过挖土、基坑内操作和回填土三个施工过程,分三个施工段施工比较适宜,请安排具体施工计划。

现将其按工种安排的施工计划用双代号网络图来表达,详见续解中的解一。

(2)按施工段排列。按施工段排列是指将同一施工段上各项工作按逻辑关系排列在同一水平方向上,不同施工段上的操作排列在垂直方向上。它也可以反映作业班组连续作业和工作面利用状况。

【例4-7】续解,按施工段排列,用双代号网络图安排具体施工计划。

解一:按工种排列,给出具体施工计划。见图4-59。

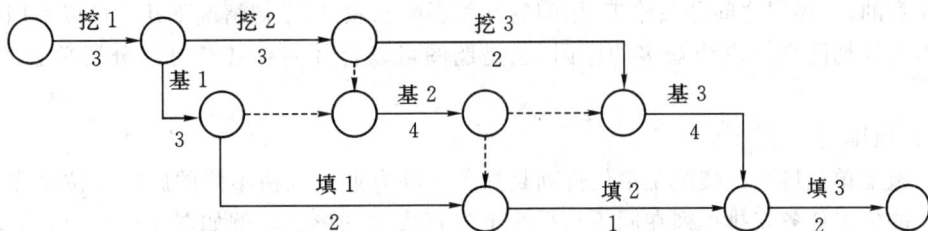

图4-59

解二:按施工段排列,给出具体施工计划。见图4-60。

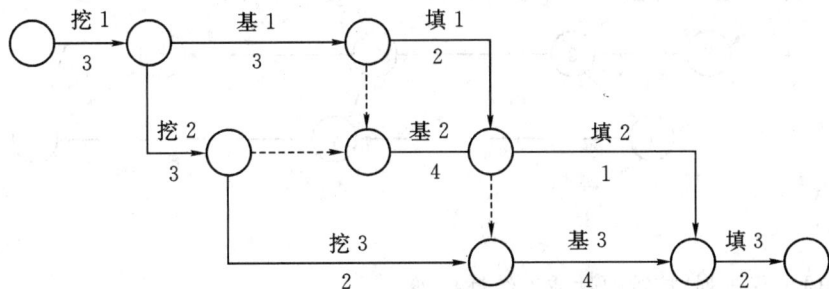

图4-60

需注意的是,以上是在正常情况下所作的施工计划。如果发生意外情况,则需在中间进行调整,但并不影响本计划的制订。在制订计划时有特殊情况存在应当予以考虑,则有关计划会有多种形式,但都可以由本计划经过调整得到。

(3)按楼层排列。在建(构)筑物内对若干项联系密切的施工工作组织流水施工时,同层各项工作按逻辑关系排列在同一水平方向上;为便于管理控制和不同层次间的交流,不同层次间的施工应当有大体相近的工序安排。

【例4-8】某在建三层楼房组织抹灰子分部工程流水施工,分为顶棚、墙面和楼层地面三个施工过程(简称顶、墙、地施工),且施工顺序不允许变换。请用双代号网络图的形式给出具体施工计划。

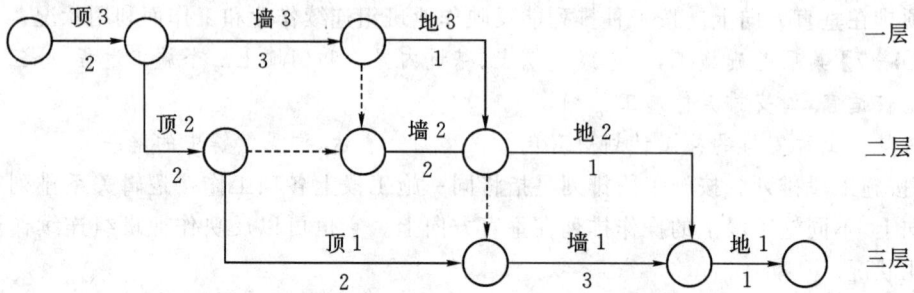

图 4-61

需注意的是,楼层之间分头施工、层间的互相影响和联系,常规情况下几乎可以不用考虑。这也是本题计划网络图虚线众多的原因,也是题图可以合并简化甚至可以分层单独考虑的理由。

(4)其他排列。

①按施工单位排列。按施工单位排列是指若干项专业工程由不同的施工单位来完成,把每个单位的施工任务安排排列在同一水平线上进行表达的形式。例如图4-62中,①表示装饰装修单位,②表示土建单位,③表示运转设备安装单位,④表示水电暖安装单位。

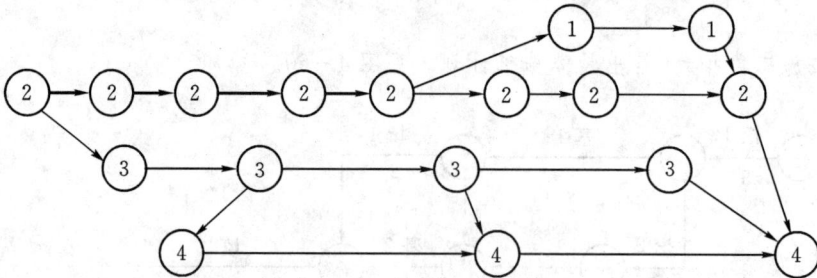

图 4-62

②按分项工程排列,按重要性或连续性排列。

2.施工网络的编制步骤

(1)熟悉建筑标的物的结构特点、施工现场的环境状况,掌握对工程质量及工期方面的要求,了解工程项目所在地的技术、经济状况,并据此选择适用的工艺方法和施工方案。

(2)根据工期要求和流水施工要求,根据对合理使用劳动力和机械设备、控制原材料和燃料的质量和用量等资源目标,以及追求经济效益的目标,确定施工方法和施工顺序。

(3)绘制控制性网络计划,应当保证关键线路和关键工作的精度和可靠性,对此外的工作选择可以粗略一些;对指令性网络计划要少而精,给出较充分的实施措施和技术保证;对于指导性网络计划,要能够给出小批量的建议、措施和指导办法,供网络计划的接受方参考选择。

(4)计算工程量和完成任务所需劳务数量,根据施工班组资源情况确定工作持续时间,并绘制施工网络图,用以揭示各工作项间的逻辑关系。

(5)计算网络计划的时间参数,确定关键线路和关键工作,并用适当方法标示。

(6)优化整合网络计划,在满足有关约束条件的前提下,删减虚工作,合并边缘项,使某些关键工作和非关键工作互相转化,从而使修订过的网络计划更好地服务于施工实践。

二、时标网络计划

1.时标网络计划的概念

时标网络计划,是指把双代号网络计划和时间坐标结合在一起所形成的网络计划,或称时标网络图。

其中,时标指时间坐标,一般对应一条无限延展的数轴的某一局部。

2.时标网络计划的特点

(1)横向工作持续时间与箭线水平投影等长。

(2)非关键工作的机动时间用波浪线表示,而关键工作的图线上不得有波浪线出现。

(3)其他双代号网络图的特点在时标网络图中全部保留。

3.时标网络图的绘制

时标网络图的绘制分为直接绘制法和间接绘制法两种。它们的共同要点是:只在水平方向严格按照时标刻度绘图,而在垂直方向并不考虑某种刻度或比例,只要起到特定的逻辑联系的作用即可。

(1)间接绘制法的步骤。

要点:在时标网络图中用有关双代号网络图的部分时间参数绘图。

①计算有关双代号网络图的最早或最迟参数。

②在时间坐标系中按计算所得最早或最迟参数(取一则可)绘图。

③按工作持续时间绘制工作箭线,使箭线水平投影与工作持续时间等长。如果箭线水平投影长度小于工作持续时间,则用波形线来补缺。

(2)直接绘制法的步骤。

要点:不计算有关时间参数,直接在时间坐标系中绘图。

①将时标网络图的始点定在时标数轴的 0 点。

②从始点起,按有关的工作持续时间逐次绘制箭线。

③各箭线始点应与其所有紧前项中最近末点衔接,无法衔接的,用波浪线"搭桥"连接。

(3)时标网络图中关键线路和时间参数的确定。

①网络图中未出现波浪线的线路是关键线路。

②网络图中波浪线的水平投影长为自由时差。

③工作总时差等于所有紧后工作总时差的最小值加上本工作自由时差。

【例 4-9】根据如下双代号网络图(见图 4-63)绘制时标网络图计划。

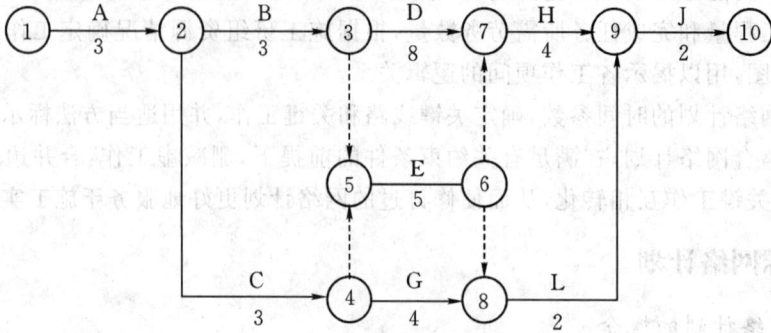

图 4-63

解:用直接绘制法绘制时标网络图,见图 4-64。

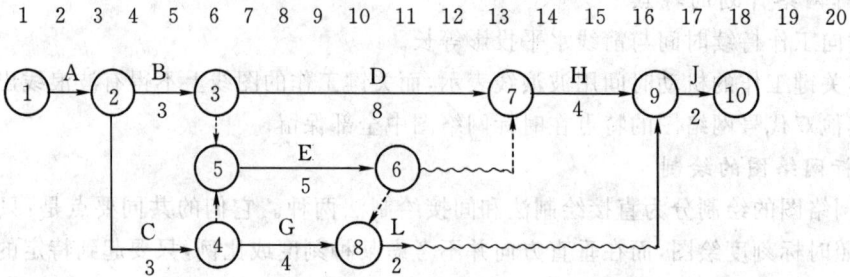

图 4-64

第五节　网络计划的优化

网络计划的优化,是指在一定约束条件下,对网络计划的初期方案进行反复调整,以形成最优方案的过程。包括工期优化、资源优化和费用优化三个方面。

一、工期优化

工期优化,也称时间优化,指通过改进施工方案或压缩关键线路的持续时间,以得到科学、合理工期的过程。

1. 改进施工方案,调整工作关系以缩短工期

改进施工方案,调整工作关系以缩短工期的要领是调整施工组织方式,例如采用平行施工、流水施工等方式缩短计划工期。

【例 4-10】在某房建工程的基础施工时,分四个过程施工。用机械挖土替代人工挖土的对照计划安排如图 4-65 所示。

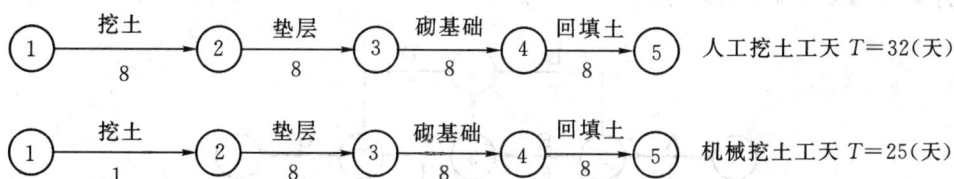

图 4-65

若将该分部工程中每个过程都分成四个施工段,能使用机械的都使用机械,则平均每段工期 2 天。试组织流水施工,求出总工期。

解: 由题可知,$N=4$,$M=4$,$t=2$,$K=t=2$,则 $T=(M+N-1)K=(4+4-1)\times2=14$(天)。

用双代号网络图对有关计划工天安排,如图 4-66 所示。

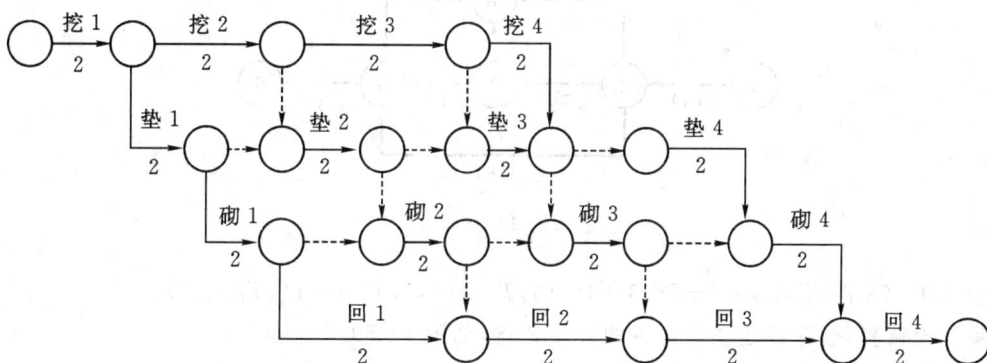

图 4-66

用双代号网络图来表示有关工天的计划安排,以上这种制图方法称为定式制图法。

2. 压缩关键线路法

(1)压缩关键线路法是指对施工中的关键工作采取技术组织措施,从而达到压缩工期目的的方法。

(2)基本步骤。

①选择对质量影响较小的某类技术环节实施压缩。

A. 可能会加大某类资源的耗费,而施工方拥有此类资源可能比较充分;例如劳动力或施工机械数量。

B. 缩短持续时间最小的环节。

②每个关键工作只调整一次。每调整一次,都应找出新的关键线路。

③每次压缩关键工作应从左向右,按点序进行,直到满意为止。例如将多条关键线路只变为一条。

【例 4-11】给出如下双代号网络图(见图 4-67),试用压缩关键线路法调整。

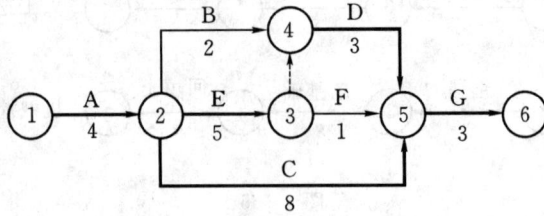

图 4-67

解:设 T_i 为各条线路的总工期工天,由图 4-67 求得:$T_{123456}=4+5+3+3=15$(天),$T_{12356}=13$(天),$T_{1256}=15$(天),$T_{12456}=12$(天)。

第一次调整,选择始点段(或末点段),见图 4-68。

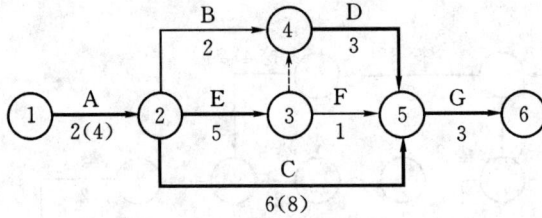

图 4-68

由图 4-68 得:$T_{123456}=2+5+3+3=13$,$T_{12356}=11$,$T_{1256}=11$,$T_{12456}=10$。

第二次调整,选择经过②点向右的关键工作,见图 4-69。

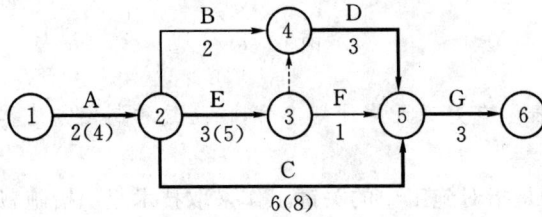

图 4-69

由图 4-69 得:$T_{123456}=2+3+3+3=11$,$T_{12356}=9$,$T_{1256}=11$,$T_{12456}=10$。

第三次调整,选择经过④点右向的关键工作,见图 4-70。

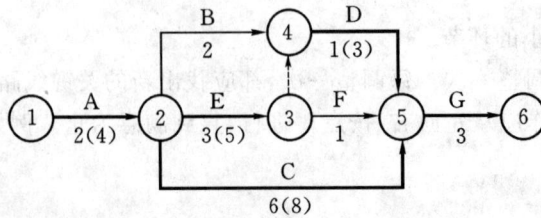

图 4-70

由图 4-70 得：$T_{123456}=2+3+1+3=9, T_{12356}=9, T_{1256}=11, T_{12456}=8$。

以上调整是在满足"调整工作对质量影响不大"的假定下进行的。如果影响较大，例如需要增加机械、劳动力，使成本大增，则有关调整方案不可用。

调整下来的工天一般被有关施工单位自行消化。如果造成较大影响的，依照索赔和其他有关规则另行处理。

二、资源优化

资源优化是建设工程各方为解决建设过程中的资源供求矛盾，实现资源均衡利用而实施的资源计划的使用过程。

1. 资源有限、工期最短的优化步骤

(1)按最早绘制的时标网络图标出每日资源量需求动态曲线及资源限额。

(2)从左至右审查资源超限状况。如总量超限，应对有关工作排队编号，以限额为准按需配给。排队的原则如下：

①优先满足关键工作资源需求，且按需求大小排队；

②已开始且不允许中断的工作，按开始先后顺序排队；

③工作时段内非关键工作按总时差由小到大的顺序排队；总时差相等的工作，按资源量需求大小的顺序排队。

(3)绘制时标网络图及新的每日需求量动态曲线。

(4)按(1)、(2)、(3)反复运作，直到所有时段均不超过资源限量为止。

2. 工期固定、资源均衡的优化步骤

(1)均衡施工的指标，应有利于组织、管理和降低成本或造价。均衡施工的指标有：

①不均衡性系数 K。

$$K = \frac{R_{\max}}{R_m}$$

式中，$R_{\max}$ 为日耗资源最大量；R_m 为日均资源需求量。

K 越大，均衡性越差；K 越小，均衡性越好。

②极差值 ΔR：每天计划资源量和日均资源需要量差值的最大绝对值。

$$\Delta R = \max[\,|R(t) - R_m|\,] \qquad (0 \leqslant t \leqslant T)$$

其中，$R(t)$ 为日计划资源需求量；T 为计划工天。

③均方差 σ^2：日计划资源量与日均资源需要量之差的平方的和的平均值。

$$\sigma^2 = \frac{1}{T} \cdot \sum [R(t) - R_m]^2 = \frac{1}{T} \cdot \sum R(t)^2 - R_m{}^2 \qquad (t = 1, 2, \cdots, T)$$

均方差 σ^2 越小，则施工均衡性越好；均方差 σ^2 越大，则施工均衡性越差。

(2)以均方差 σ^2 作为衡量指标时的优化方法。

利用各项自由时差保持工期不变，改善进度计划，使 T 和 R_m 为常数，使均方差 σ^2 最小，只要使 $\sum R(t)^2$ 最小即可，其中 $t = 1, 2, \cdots, T$。

$$即 \quad R_1^2 + R_2^2 + R_3^2 + \cdots + R_T^2 \Rightarrow \min \sum R^2(t)$$

在时标网络图中，非关键工作 $h—i$ 开始于第 m 天，完成于第 $n-1$ 天。计划资源日耗量（又称资源强度）为 r_{h-i}。利用自由时差右移一天，第 m 天资源需求量将减少 r_{h-m}，第 n 天将增

加 r_{h-n}，则

$$\sigma_n^2-\sigma_m^2=[(R_n+r_{h-i})^2-R_n^2]-[R_m^2-(R_m-r_{h-i})^2]$$
$$=2r_{h-i}[R_n-(R_m-r_{h-i})]$$

令 $R_m-r_{h-i}=R_m'$ 即第 m 天不含工作 $h-i$ 项的资源需求量。

$$\sigma_n^2-\sigma_m^2=2r_{h-i}[R_n-R_m']$$

若 $R_m'\leqslant0$，则 $\sigma_n^2>\sigma_m^2$，即平均资源方差将最小，其均衡性将得到有效改善，至少保持不变。

三、费用优化

费用优化又称为工期—费用优化或工期—成本优化。

1. 费用与工期的关系

(1)总费用包括直接费和间接费。

直接费是施工中构成建筑实体或有助于建筑实体形成的各项财务支出，包括人工费、材料费、机械使用费和措施费。

间接费是依照法律法规和其他规范性文件有关单位为组织生产经营必须交纳的费用，包括规费和企业管理费等。

在一定范围内，直接费用将随着工期的进展而减少，间接费用将随着工期的进展而增加。如图 4-71 所示。

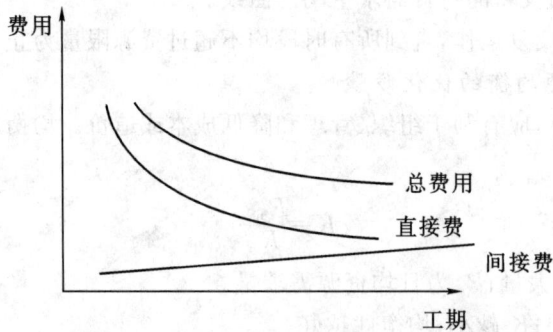

图 4-71

(2)优化费用的目的。找出最低工程费用所对应的工程总工期或寻求在固定工期下的最低工程成本。

2. 费用优化的步骤

(1)绘制常规网络计划；

(2)计算计划工期、直接费、间接费和总费用；

(3)计算各项工作的直接费率、间接费率；

为计算方便，可近似地把直接费用曲线视为直线，把缩短单位时间所增加的直接费用称为直接费用率，用 $C_{i,j}$ 表示，则：

$$\Delta C_{i,j}=\frac{(CC_{i,j}-CN_{i,j})}{(DN_{i,j}-DC_{i,j})}$$

其中，$\Delta C_{i,j}$——i,j 项工作的直接费用率；

$CC_{i,j}$——i,j 项工作最短持续时间的直接费用;

$CN_{i,j}$——i,j 项工作正常持续时间的直接费用;

$DN_{i,j}$—— i,j 项工作正常持续时间;

$DC_{i,j}$——i,j 项工作的最短持续时间。

间接费率＝$1-\Delta C_{i,j}$。

(4)在关键线路上找出直接费用率最小的关键工作,且 $\min\Delta C_{i,j}<1-\Delta C_{i,j}$;

(5)重新计算工期、总费用、总直接费、总间接费;

(6)重复以上过程,直到所有工作的直接费率都超过工程间接费率,则此时的工期为费用最低工期。

(7)标注优化后的有关工作的持续时间和费用。

综合练习题

1.简述网络计划的类型和编制程序。

2.单、双代号网络图的组成要素各有哪些? 什么是虚工作,如何正确使用虚工作?

3.单、双代号网络图的节点如何编号? 什么是节点的紧前(工作)和紧后(工作)?

4.单、双代号网络图的线路各分为哪几种? 什么是关键线路和非关键线路,如何确定?

5.单、双代号网络图的绘图规则和注意事项各有哪些?

6.单、双代号网络图的时间参数种类和计算方法分别是怎样的?

7.时标网络计划有哪些特点? 如何绘制相关网络图? 如何分析时标网络计划的时间参数?

8.什么是网络计划的优化? 工期优化有哪些方法? 资源优化和费用优化各有哪些步骤?

9.分别用单、双代号网络图表达下列关系:

(1)B 的紧前为 C,A、B 的紧前为 D;

(2)D 的紧后为 A、B,E 的紧后为 B、C;

(3)C、D、E 完成后进行工作 M,D、E 完成后进行工作 N;

(4)M、N 完成后进行工作 P,N、K 完成后开始工作 Q。

10.根据表 4－4,绘制单、双代号网络图,并进行节点编号。

表 4－4

工作	A	B	C	D	E	F	G	H	J	K
紧前	无	A	A	A	B	C,D	D	B	E,H,G	G

11.根据表 4－5,绘制单、双代号网络图。

表 4－5

工作	紧前	紧后	持续天数
A	无	B,M	2
B	A	C	3

工作	紧前	紧后	持续天数
C	B、N	D	4
D	C	无	3
E	N	无	2
M	A	N	4
N	M	C、E	2

12.根据表4-6,绘制单、双代号网络图,并进行节点编号。

表 4 - 6

施工过程	紧前施工过程	紧后施工过程
M	无	P、Q
N	无	R、S
P	M	T、K
Q	M	R、S
R	N、Q	T、K
S	N、Q	K
T	P、R	无
K	P、R、S	无

13.根据表4-7,绘制单、双代号网络图,并进行节点编号。

表 4 - 7

工作	A	B	C	D	E	G	H	I	J	K
紧 前	无	A	B	B	C	D	G	G	E、G	H、I
紧 后	B、C	D	E	G	J	H、I、J	K	K	无	无

14.根据表4-8,绘制单、双代号网络图,并进行节点编号。

表 4 - 8

施工过程	A	B	C	D	E	F	G	H
紧 前	无	A	B	B	C	D、E	C	F、G
紧 后	B	C、D	E、G	F	F	H	H	无

15.根据表4-9,绘制单、双代号网络图,并进行节点编号。

表 4 - 9

施工过程	紧前施工过程	紧后施工过程
A	无	B、C、D

施工过程	紧前施工过程	紧后施工过程
B	A	E
C	A	E、F
D	A	F
E	B、C	G、H
F	C、D	G、H
G	E、F	I
H	E、F	I
I	G、H	无

16. 如图 4-72 所示,计算节点和工作时间参数,并在图上标出关键线路。

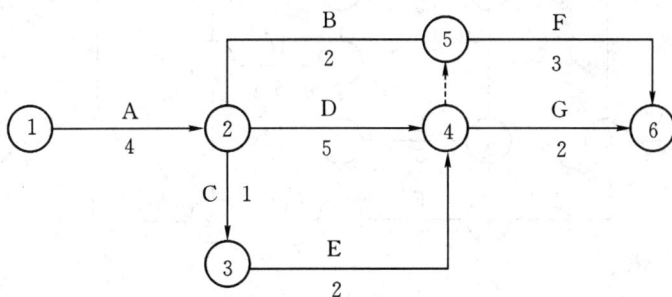

图 4-72

17. 某现浇钢筋混凝土工程,由支模板、绑钢筋和浇混凝土三个分项工程组成,划分为三个施工段。各分项工程在各施工段上的持续时间依次为:支模板 3 天,绑钢筋 2 天,浇混凝土 4 天,请计算工期并绘制单、双代号网络图。

18. 根据表 4-10,绘制单、双代号网络图,计算时间参数,并确定关键工作、关键线路和总工期。

表 4-10

工作项	紧前项	紧后项	持续天数
M	—	A、B	4
N	—	A、C	3
T	—	B、D	5
A	M、N	F、G	4
B	M、T	E、F	2
C	N	G	3
D	T	E	1
E	B、D	—	5
F	A、B	—	3
G	A、C	—	6

19.如图 4-73 所示,请计算节点和工作时间参数,并在图上标出关键线路。

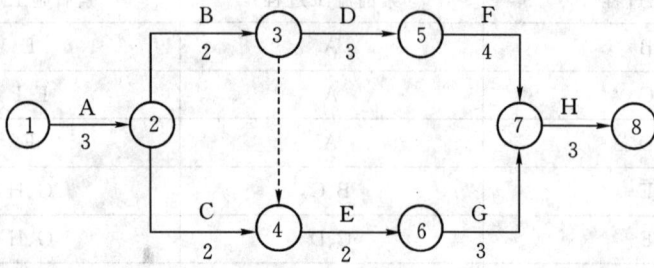

图 4-73

20.如图 4-74 所示,请根据图示改绘成时标网络计划图,并标出关键线路。

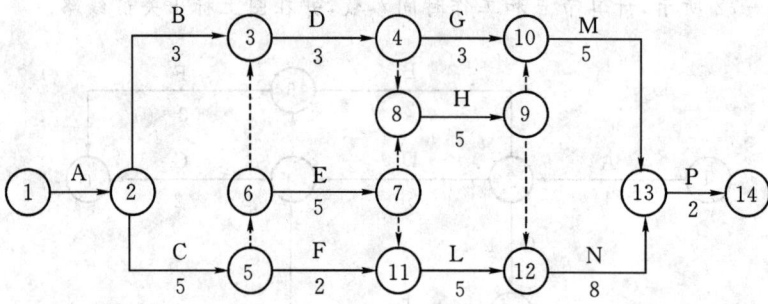

图 4-74

第五章
工程项目施工组织设计

教学目标

知识目标

编制和实施施工组织设计是任何一个施工方在施工项目从开工到竣工验交必做的功课，简称施组设计。它包括对建筑工人、施工机械和建筑构件和材料等项资源在施工各环节的计划、组织、协调、控制和纠偏。其中对有关工程项目的质量、成本和进度的管理为一级管理，对劳动工资、材料供应与运输、机械的使用和维修、工艺操作等服务性管理属于二级管理。从纵向来看，工程项目总施工组织设计和单位工程施工组织设计是最主要层次的施组设计。而中间与隐蔽验收属于有关施工中十分重要的检验活动的一部分。参与工程项目的设计、施工、监理和物料供应等单位之间的互动是施工组织设计必须考虑的环节，而竣工验交和竣工后服务则是该项设计的有效延伸。

能力目标

努力培养学生成为编制各类施工组织设计、特别是单位工程以下施组设计的能手。让学生学会周到细致的思维，学会从施工组织设计中提炼出最优施工方案，科学组织施工；学会在确保"安全第一，预防为主"的前提下，追求提高质量、降低造价、加快进度的效果；学会在确保社会效益的前提下实现最佳经济效益。特别要学生们学会绘制施工平面图，从浓缩的角度来判断和分析施工现场的平面布局是否科学、合理。该平面图是施工组织设计的重要组成部分，可以根据实际需要随时调整。让学生们从现在起把如下的标准在思想上扎下根：使所参与的工程项目建设质量好、功效高、成本低、文明施工、资料完整；在激烈的市场竞争中，用创新精神使所在企业得到生存发展，把自身锻炼成建筑骨干。

案例引入

顾名思义，施工组织设计就是施工单位对本单位如何完成在某工程项目中所承揽各种施工任务所做的具体安排。它是形成有关单位多种施工文件的基础性资料，例如施工方案、进度计划等。由于它最早形成于编制投标书之前，所以投标书往往是施工组织设计的浓缩版，或是由该文件稍加取舍而形成。一份施工组织设计是中标的基础性文件，施工组织设计对施工事务的安排要面面俱到，对工艺操作要相当熟悉，对工期和资源的掌握要非常准确，其间的逻辑关系应当具有充分的合理性。因此，施工组织设计的文件的篇幅较大。

广东茂名的一条地方铁路的建设方在 2006 年修建时实施招标，并提出两条要求，一是要求施工方垫资两亿元人民币作为承包入门条件，二是编制详尽的施工组织设计作为投标书的主要内容。AB 公司六处按招标人的要求递交了两亿元的银行保函和含有施工组织设计的投标书,并参加了开标会议。两个月后,AB公司六处接到招标人的函件,称经评标会议审定,本次招标无适当人选中标,故宣告作废,并随函退回有关的投标书和银行保函。后来,有关建设方再未进行招标,而是交由他们自家组织的一个施工队进行施工。几个月后,AB六处的一位工程师偶然经过有关的铁路建设工地,发现施工平面布置竟如此熟悉。AB公司六处闻讯后立刻派人进行了调查。查明:原铁路建设方在有关铁路建设项目被批准立项后不久,就成立了一个施工队,在"肥水不流外人田"的初衷驱使下,打算自行施工。无奈缺乏施工经验,更拿不出像样的施工组织设计,又不愿高薪聘用操笔人,于是就搞了一出假招标的闹剧,目的是非法获取一份合格的施工组织设计。就这样,那个施工队竟然几乎未加任何改变地按照AB公司六处的施工组织设计操作起来。后来,在某铁路运输法院的审判中,该建设单位被判令因为侵犯AB公司六处的商业秘密而赔偿各项损失达数千万元之多。

第一节 施工组织总设计概述

本节概述了施工组织设计的分类和作用,还从编制的主体、要求、分工、编制原则、程序和基本内容等七个方面进行了介绍。

一、施工组织设计基本知识

施工组织设计是一个施工单位对一个工程项目的整体或部分的施工工作进行设计操作,对人力、机械设备、建筑材料等建设资源进行精确安排,对有关的工艺流程实施详尽部署的基础上形成的施工指导文件。

1.施工组织设计的作用

(1)施工组织设计方案是一个工程承包单位知识产权中商业秘密的重要组成部分,它是有关企业技术智慧的结晶和施工经验的锦囊。施工单位应当在编制投标书时就着手编制施工组织设计;在中标后应对有关方案进一步细化,在施工中不断加以修订和完善,在施工后着力进行提炼和升华,使其真正成为企业核心技术档案的组成部分。

(2)施工组织设计方案是施工单位从施工全局出发作出的技术经济性施工安排。施工单位根据拟建工程的性质、规模和工期要求,从技术经济角度综合考虑某些资源的生产、配置和组合,安排施工进度,布置施工现场,协调各有关单位、部门、工种的工作联系与配合,努力做到人尽其才、物尽其用,以求优质、高效、安全、低耗地完成施工任务。在保证实现施工活动的社会效益的前提下,追求实现本单位的经济效益。

(3)施工组织设计方案是施工单位对建设项目施工全程实行科学管理的依据,是施工单位在保证"安全第一、预防为主"的前提下,实现施工进度提前、工程质量创优达标和不断降低建设成本三大管理目标的重要措施,是施工单位履行合同、处理同建设方及其他有关方面的关系乃至纠纷的单方预备性措施。

2.施工组织设计的分类

(1)按编制范围的不同分类。

①施工组织总设计。以整个工程项目的施工全过程为范围编制的指导各项施工活动的技术、经济和组织的综合文件。

②单位工程施工组织设计。基于单位工程是施工活动的基本组织单元,应当以具体的单

位工程为范围编制指导各项施工活动的技术、经济和组织的综合文件。

③分部或分项工程施工组织设计。实际上是将有关的单位工程施工组织设计的某一部分进行必要的分解细化所形成的施工指导文件。

④专项施工组织设计。以某一专项技术(如重要的安全质量技术、高新技术)为编制范围，用以指导相关具体施工的综合性文件。

(2)按设计阶段的不同分类。

①按两阶段划分，见表5-1。

表 5-1

设计	初步设计和概算	施工图设计和预算
施工组织设计	施工组织总设计	单位工程施工组织设计

②按三阶段划分，见表5-2。

表 5-2

阶段	第一阶段	第二阶段	第三阶段
设计	初步设计和概算	技术设计和修订概算	施工图设计和预算
施工组织设计	初步施工组织条件设计或施工组织设计大纲	扩大的施工组织总设计	单位工程施工组织设计

(3)中标前、后施工组织设计，见表5-3。

表 5-3

种类	服务范围	编制者	主要特性	主要目标
中标前施工组织设计	投标	经营管理层	规划性	中标及经济效益
中标后施工组织设计	施工至竣工验交	项目管理层	作业性	提高施工效率

二、施工组织设计的编制

1.编制主体

施工组织设计的编制主体是中标或接受指令参加拟建工程的施工单位。

2.编制要求

(1)编制的时间和方式。有关施工单位对施工组织总设计在中标后、进驻工地前就应该编制出来。各专业的施工组织设计在开工前、在施组总设计的框架下进行编制，各专业再根据专业施工组织设计进行各作业指导书的编制。

(2)编制的协调性。各单位工程施工组织设计(包括施工平面图)应当是施工组织总设计的指标分解，二者在工艺体系上不得冲突。

施工组织设计应当与有关的施工三大目标，即施工进度(或合同工期)、质量和成本(或建设投资)相吻合。

3.编制的分工

建设工程实行总包和分包的，由总包单位负责编制施工组织总设计或分阶段的施工组织设计,分包单位负责编制分包工程施工组织设计。

除分部或分项工程的施工组织设计可由施工项目部根据单位工程施工组织设计分解细化外,其他的施工组织设计原则上应由施工单位总工程师主持,并由该单位施工技术部门编制。

4. 编制原则

(1)遵法守纪原则。严格执行建设法规,遵循施工工艺,坚持合理的施工工序,保证安全、质量和工期,降低成本。

(2)行业自律原则。严格遵循建筑行业自身规律,执行行业规定和惯例,坚持按科学的规程、标准操作,抵制行业内的歪风邪气。

(3)科学施工原则。精确安排施工进度和资源配置,采用流水施工法和网络计划等先进技术;提高建筑业机械化水平,使用和引进先进的科学技术和机械设备,有节奏、连续和均衡地组织施工。

(4)统筹兼顾原则。搞好现场文明施工,做好环境保护工作,合理储备物资和利用资源,突出重点,保证人力、物力充分发挥作用。

(5)精简节约原则。精心规划施工平面图,节约用地;尽力减少临时设施的建设;充分利用当地资源,减少物流量;实施一专多能多用,发挥人才潜力。

5. 编制的基本内容

(1)目的。在保障安全的前提下,为实现施工三大管理目标——质量、进度和成本服务。

(2)施工组织设计的一般性提纲。工程项目概况;施工方案(总体安排);进度计划;准备工作计划;资源需要量计划;施工现场平面布置图;主要技术、组织及保障措施;主要技术及经济指标;结束语。

6. 编制依据

(1)建设项目批准立项文件,包括基本建设项目和更新改造项目的立项批准文件。

(2)报建批准文件和资料,包括计划任务书、一书两证(经过批准的选址意见书、建设项目规划许可证和建设项目用地规划许可证)等文件资料。

(3)设计文件资料,包括两阶段设计或三阶段设计的图纸、设计说明、概预算及修订资料。

(4)调查资料,包括建设方、勘设方和本方等购买或实施调查所得资料。例如地质、水文和气象,各种人文条件、海拔高度、基点基线等资料,许多需要从有关部门购买得到。

(5)有关的批件、指示和合同。如上级指示、验收规范、有关合同文本及附件等,如系口头的合同或指示,应补办追认手续。

(6)经验资料和其他信息。

7. 编制程序

编制程序如图 5-1 所示。

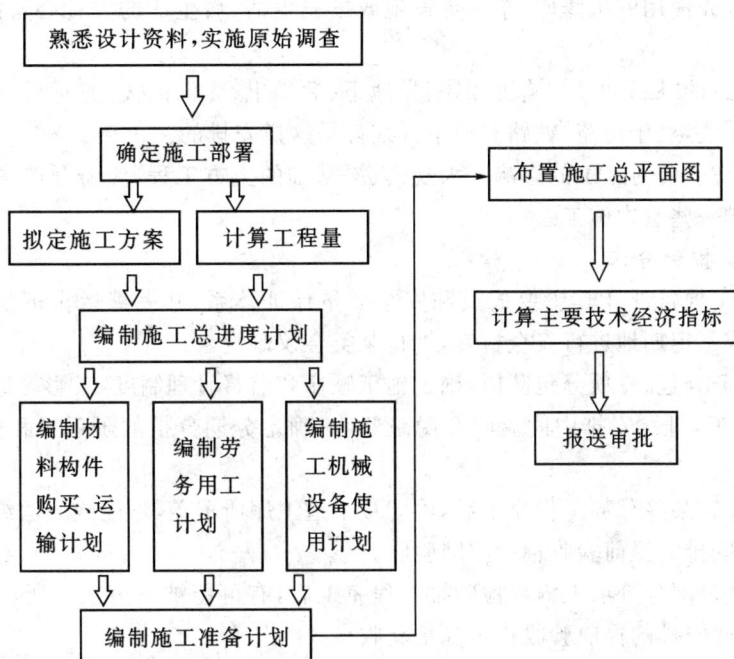

图 5-1

第二节　施工部署及方案

本节首先介绍了施工总体秩序、施工的安排、分工及四项准备工作，接着定义了总进度计划，论述了编制作用、编制要求和编制步骤，最后列示了劳动力需求计划、其他资源需求量计划报表。

一、施工部署

施工部署是指施工单位对完成工程项目施工任务所作的全面安排。

1. 工程施工总体程序

(1)对于特大、大型或超大型工程，在保证工期的前提下，以获得全局施工的连续性和均衡性，并降低造价为目的。

(2)各类工程项目施工应统筹安排，保证重点，确保按期投产。其中需要优先考虑的事项有：

①按生产工艺要求，需先期投入生产或起主导作用的工程子项目。

②工程量大、施工难度高、工期长的子项目，如铁路工程建设中的隧道、桥梁工程施工，核电站建设中的清水堆的工程施工。

③运输系统、动力系统项目，如工厂内的铁路、公路和变电站的工程施工。

④供施工使用的工程子项目，如各种加工场、搅拌站等附属企业，其他为施工服务的临时设施，如民工食堂、宿舍、监理办公室、实验室等。

⑤生产上优先使用的机修库、车库等设施或按先生活、后生产的方针必备的家属住房,其他办公用房等。

(3)一般项目的"四先四后"施工顺序:先地下、后地上;先深后浅;先远后近;先干线、再支线或称先路后管线,对于道路、铁路和地下管线都是这样安排的。

(4)充分考虑季节对施工的影响。大规模、深基础的土方工程,应避开严冬和雨季,严冬、雨季可尽量安排一些室内施工。

2.施工的安排和分工

(1)确定施工项目部及其主要成员和安全质量保证体系,并完善运作机制。例如实施培训、交底,定期或不定期地进行安全检查,推行某类会议制度。

(2)选定劳务分包、专项分包队伍,确定施工顺序和监督管理制度,表彰先进,处理违规。

(3)划分施工阶段,安排中间验收和隐蔽验收,确定分期分批的子项目和施工搭接、穿插项目。

①中间验收。某些分部工程完工后,可能被下道工序所覆盖,不能或无法纳入终期竣工验交的程序,为此安排的提前验收称为中间验收。

②隐蔽验收。部分分项工程或检验批工程完工后,有可能被下道工序所覆盖而影响终期验收的程序,为此安排的提前验收称为隐蔽验收。

中间验收和隐蔽验收一般统称为中间验收,而相应的工程部分则统称为隐蔽工程。

3.施工准备工作

(1)用科学方法安排施工现场仓堆(仓库和大堆料的堆场的统称)位置,安排场内外运输、施工用主干道,水电来源及其引入方案。

(2)安排好施工现场平整方案,科学规划生活区、办公区和生产区,解决全场性的排污及防火、防护和其他紧急救援制度。

(3)抓好施工基准线、基准面的排布和立桩放线工作,科学安排混凝土构件预制、钢木制品加工,其他预制钉联(指结构件的预先组合)工作。

(4)安排好冬、雨季施工替代工作,安排好场内外的宣传、教育、培训等项工作。例如,施工项目部情况介绍、工程概况简介、工程项目目标的宣传等。

二、施工总进度计划

施工总进度计划是指根据施工方案和施工程序,对某个施工现场所有施工工作所做的时间和空间安排。

1.编制施工总进度计划的作用

(1)安排参与施工的主要工种、对应的分部及分项工程、各种有关的准备工作、相关工作的开竣工日期。

(2)确定劳务用工、原材料、构件成品和半成品及施工机械的数量和其他配备。

(3)确定临时设施的数量、水电供应数量、能源交通等资源配置。

2.编制要求

(1)保证有关工程项目能够按期交付使用,充分发挥投资效益。

(2)计划中应对工程施工节约费用、降低造价作出安排,并要保持工程施工的连续性和均衡性。

（3）其他安排。

①工程量大的，可分期分批施工并投产；

②工程量不大的，可不必分期施工，而是直接安排施工和投产。

3．编制步骤

（1）列出一览表，计算工程量。

①有关一览表不宜过细，可依顺序开展施工的子项目排列，附带、辅助、临时工程（简称附辅临工程），可以合并列出。

②按初步设计或扩大的初步设计计算的工程量，应归纳到符合定额的序列中。

（2）定额品类。

①1 万元、10 万元投资工程量中劳动力和材料扩大的消耗指标。这种定额规定了某一类型建筑每万元或每 10 万元投资中劳动力和主要材料消耗数量，并根据施工图样中的结构类型，计算出拟建各分项工程需要的劳动力和主要材料消耗数量。

②概算指标或扩大的结构定额。分别以 100m³、100m²、100m 为单位查定额。查定额时，首先寻找与本建筑结构类型、跨度、高度相类似的部分，然后查出这种建筑物按照定额单位所需要的劳动力和材料消耗数量，从而推算出拟建项目所需劳动力和主要材料消耗数量。

③依照标准设计或已建建（构）筑物的资料，可类比估算的工程量。

A.主要的全工地性建（构）筑物工程量，如场地平整、道路和管线的安装长度等。其数量确定如表 5-4 所示。

表 5-4　工程量汇总表

子项目分类	子项目名称	结构类型	建筑面积	幢数（跨）	概算投资	主要实务工程量		
						场地平整	土方工程	钢砼工程
			千平方米	个	万元	千平方米	千立方米	千立方米
全工地性工程								
主体子项								
辅助子项								
永久住宅								
临时建筑								
合　计								

注：在表中，主要实务工程量还有桩基工程、砖石工程、基础工程、外粉工程等未列入。

B.确定各参建单位施工期限。建筑施工期限与各单位施工技术、施工管理水平、机械化程度和物料供应情况有关，应根据其具体情况，并考虑建筑结构类型、体积大小和施工现场地形、地质、施工条件及社会环境等因素加以确定，此外，还可参考有关工期定额来确定施工期限。

C.确定各单位开竣工日期及搭接关系。

a.保证重点，兼顾一般；安排进度，分清主次。同期进行的子项目不宜过多，以免分散有限的人力物力。

b.要满足连续、均衡的施工要求。尽量使劳动力、原材料和机械设备等资源消耗均衡连接,减少高峰低谷情况出现。

c.认真布置施工总平面图。使时空位置和顺序尽量紧凑,减少占用土地面积。

d.满足施工工艺要求。合理安排施工顺序和搭接关系,缩短施工周期,以求能够尽快发挥投资效益。

e.全面应对各种条件限制,如企业施工力量、原材料和机械设备供应、履行供图协议时间、年投资额、开工顺序等,此外,还有施工环境影响、季节条件的限制。

D.安排施工总进度,推广网络使用。如表5-5所示。

表5-5 施工总进度计划表

子项目名 称	结构类型	工程量	建筑面积	总工天	施 工 进 度 计 划								
					年度					年度			

其中,使用网络图比使用横道图更加直观明了,也有利于对有关计划的调整、优化和统计。

E.施工总进度计划的调整与修正。可将同期各子项工程量加在一起,画在总进度计划的底部,得出工程项目工程量动态曲线。曲线上出现的波峰和波谷,表明届时资源需求量变化较大,需要调整施工速度和开竣工时间,以平衡工程量。

三、资源需求量计划

1.综合劳动力需求量计划

(1)作用:规划劳动力进场数量和控制造价在2万元以上的大、小临时建筑。

(2)编制方法。

①根据定额和工程量确定工种人数,其计算公式为:各工种人数=有关工程量×持续时间/相应定额。其中,定额表示为:应完成的工程数量/人·天。

②在直角坐标系中画出劳动力动态曲线,如图5-2所示。

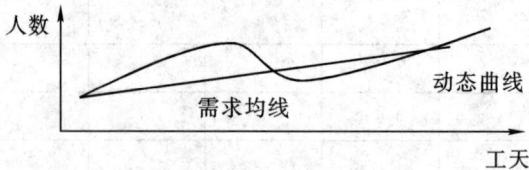

图5-2

③制作劳动力需求计划表,如表5-6所示。

表5-6

工程名 称	劳动力数量	施工高峰人 数	——年	——年	现有人数	多余或不 足

2.其他资源需求量计划

(1)材料、构件、半成品需求量计划表。

根据工程量汇总表,核查定额和有关资料,可以估算出某些建筑材料在某一时段内的需求量。如表5-7所示。

表5-7

工程名称	材料构件半成品计划数量						
	水泥(t)	砂子(m²)	多孔砖(块)	商砼(m³)	砂浆(m³)	木构件(m²)	其他

(2)施工机具需求量计划表。

根据总进度计划,主要建(构)筑物施工方案和工程量,并套用机械产量定额可得施工机具需求量计划表。其中,机具台班=工程总量/机械定额。

①根据建设工程所在位置,确定机具的具体台数;

②确定辅助机具台班数,定额=台班数/10万元,则辅机台班数量=工程总造价×定额;

③给出有关计划表,见表5-8。

表5-8

机具名称	规格型号	数量	功率	施工机具计划数量						其他
				___年			___年			
				推土机	塔吊	搅拌机	推土机	塔吊	搅拌机	

第三节 单位工程施工组织设计概述

本节先给出单位工程施工组织设计编制程序和基本内容,简单小项目只需一案一表一图即可,再给出单位工程施工进度计划的分类、资源供应、施工起点流向和工序安排,并给出施工方法和机械的选择,最后给出安全、质量、降造及文明施工措施。

一、单位工程施工组织设计的编制

该项设计是建筑施工企业组织和领导单位工程施工全过程各项活动的技术经济文件。

1.编制程序

单位工程施工组织设计编制的程序如图5-3所示。

2.编制依据

(1)立项批件、报建批件、合同相关约定、建设方(包括监理方)特别要求;

(2)施工图设计及说明;

(3)年度施工要求、进度指标、穿插搭接指标、总体施工安排;

(4)资源(包括劳动力、材料、构件、机具设备)配置情况;

(5)现场勘察资料(障碍物、水准点、气象、水文、地质情况、运输及道路);

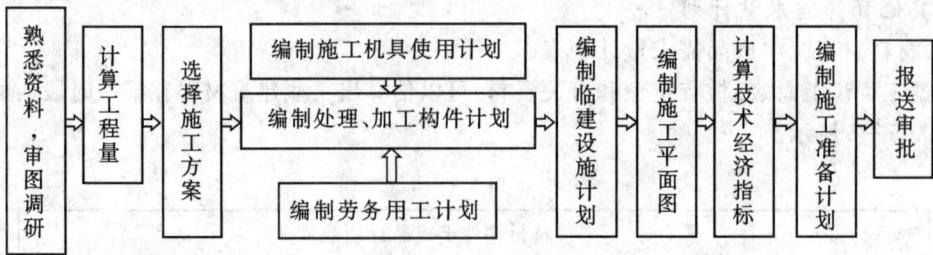

图 5-3

（6）概预算资料及相关规范性文件。

3. 单位工程施工组织设计的基本内容

虽然各单位工程的性质、规模、结构特点、技术复杂性、施工条件难易程度等存在很大差异，但从管理和操作层面来讲，也存在一些共性的东西。

（1）工程概况及施工特点分析。

①工程建设概况：工程项目的名称、性质、资金来源及工程造价；项目参与人各方基本情况；施工合同及相关合同链签订情况等。

②施工现场特点：地质三大项（地质地形、水文、气象）；冬雨季和环境对施工段影响；抗震设防烈度等。

③其他：建筑结构设计情况；施工条件；有关用户设备选择等。

（2）施工方案。主要确定各分部、分项工程的内容、工程量的计算和资源量的配置计划。

①施工顺序的确定——"四先四后"原则：先地下，后地上；先主体，后围护；先结构，后装修；先土建，后安装。该项原则也可根据实际情况适当变通。

②施工工艺和施工机械的选择。技术上先进，经济上合理，操作上具有较强的针对性，以求达到在保证安全的前提下提高工程质量、降低成本和加快进度的目的。

③施工方案的评价指标，见表 5-9。

表 5-9

指　标	工　期	机械化程度	主要材料消耗	降低成本
优先考虑	合理缩短	积极扩大	节约主要材料	成本降低率
取　舍	确保质量	降低劳动强度	不影响功效	确保安全

（3）特殊项目。

①内容。采用"四新"（新结构、新工艺、新材料、新技术）为施工内容的项目；高耸、大跨度、重型构件项目；水下、深基础、软弱地基项目；未经特别保护的冬雨季施工项目；大型土石方、打桩、构件吊装等项目。

②要求。均应单独提出施工方案和技术组织措施，包括：施工工艺流程、平立剖示意图、安全质量注意事项、技术要求、施工进度、各类资源需要量。

③其他。划分施工段、确定有关参数，组织流水施工；编制单位工程施工计划表；绘制有关的施工平面图。

对于结构较简单、规模较小、施工较简单的项目，施工组织设计只要具有"一案一表一图"

(施工方案、进度计划表和施工平面图)即可。

二、单位工程施工进度计划和施工顺序安排

1. 单位工程施工进度计划

(1)该项计划可根据工程规模、结构难易、工期长短和资源供应等因素分为控制性和指导性两类。

①控制性进度计划。按分部工程来划分施工过程,并按施工时间及其相互搭接配合关系对各分部工程实施控制。它主要适用于结构较复杂、规模较大的跨年工程,如宾馆、体育馆等大型公共建筑。

②指导性进度计划。按分项工程或施工工序来划分施工过程,也按施工时间及其相互搭接配合关系实施控制。它主要适用于任务具体明确、施工条件基本落实、工期不长且资源供应正常的工程。

(2)单位工程施工进度计划表,见表5-10。

表5-10

工程名称	工程量		劳动定额	工日		机械		日工作班	每班人数	施工时间	施工进度				
	定额	计划		定额	计划	名称	台班				月			月	
											2 4 6 8				

(3)施工进度计划由两部分组成。一部分反映拟建工程所划分施工过程的工程量、劳动量(工日)或台班量、施工人数或机械数、工作班次及其递延量(因施工不当或误工所影响的工程量)等计算内容,另一部分则用图表记载各施工过程的起止时间、递延时间和搭接关系。

(4)单位工程施工进度计划与资源供应计划紧密相连。没有资源供应计划,施工进度计划必然落空。施工进度计划一旦确定,资源供应计划应紧紧跟上,起到保障作用。

2. 单位工程施工进度计划的编制

(1)划分施工过程。

①调整施工方法、劳动条件和劳动组织办法;

②安排单位工程进度计划应明确到分项工程或检验批。

检验批是指在一批质地相近、加工方式和时空因素大体一致的产品中,选检样品进行检测以确定这批物料质量品级的产品。

③划分施工过程应列出表格,做到"不重不漏"。如表5-11所示。

表5-11

项次	名称	项次	名称	项次	名称	其他
一、地下室	1.挖土	二、主体结构	1.砌墙	三、安装	1.安门	某时段其他施工项内依次列出
	2.混凝土垫层		2.外粉			
	3.做顶板				2.安窗	

（2）计算工程量和施工持续时间。

①根据施工图、计算规则、定额标准、施工方法等进行计算；

②凡施工图预算确定的工程量、施工层段和比例等，一般应予以认可和采用。一旦发现错漏应告知有关方面并主动纠正。

③施工持续时间的计算。

A. 用经验估算法计算，计算公式为 $t = \dfrac{1}{6}(a + 4b + c)$。

式中：t 为施工持续时间；a 为最乐观时间；b 为最可能时间；c 为最悲观时间。

该公式适用于"四新"工程、无定额可循工程、无定则可算工程。

B. 定额计算法是指根据工程量、机械台班和工作持续时间计算。

（3）确定施工子项的开展顺序。

①子项开展顺序在施工流向和施工程序的基础上，根据施工方法和施工机械来确定，且应在施工计划编制时确定。

②确定子项开展顺序的目的。按技术规律和组织关系解决各子项间先后顺序和搭接关系，保质保量保安全，充分利用现有时空条件安排工期。

③具体实施不必刻板拘泥于某种方案，应具备一定的自由度和灵活性。

（4）组织流水作业并绘制施工进度计划图。

①可选择横道图，也可以选择网络图。提倡使用网络计划，最好是时标网络计划。

②先行安排各分部工程施工计划，再安排各分项工程具体施工进度。

③安排分部工程施工，先确定主导施工过程，尽量符合等节奏或异节奏流水施工要求。

④进度计划图编制后，要与总工期进行核对，进行必要的调整优化。

⑤优化完成后，正式绘制进度计划图，经批准付诸实施。

3. 施工起点流向和工序安排

（1）科学安排土建与设备安装。

这是对"先土建、后安装"原则的实际执行和进一步延伸，涉及以下三种形式：

①封闭式。先土建、后安装，一般对中小型设备实施室内操作，但可能导致施工中的调整、试探和重复，例如部分桩基础施工和道路铺设的重复进行。

②敞开式。实行先安装、后土建的施工工序，对某些大型、超大型、重型设备，往往先安装到位，再加盖操作间等土建设施。其弊端在于不利于后期调整。

③土建安装搭接进行。此法有利于处理垃圾、实施保护，但对两样工作都会产生干扰性影响。

（2）确定项目施工起点流向。

①施工流向指单位工程在平面或空间施工起步后基于基点、基线的发展方向，确定了对单位工程施工的方法和步骤，是组织施工的重要环节。

②确定建设工程施工流向的因素。

A. 施工工艺和使用要求是关键因素。原则上，影响其他工段试车投产的工段应当先行施工。例如控制性工程应当提前施工和竣工。

B. 施工过程繁简。先繁后简为原则。繁指技术复杂、工期长的工程。如对于钢筋混凝土结构的高楼，往往主楼部分先行施工，裙楼部分后续施工。

C.建筑物的层、跨和高低。跨指厂房横向墙柱基础的间距。有房脊的,从房脊处开始屋面施工;无房脊的,从一边向另一边或从两边向中间进行屋面施工。高低层并列的房舍,层数多的先施工。

D.施工方法。顺向施工是指符合"四先四后"原则的施工。逆向施工是指基本不符合"四先四后"原则的施工。

E.现场条件。根据场地大小、道路布置、机械位置等来确定施工流向。如挖土的口诀:"边挖边运,从远到近",就反映了施工对这一因素的选择。

F.分部、分项工程的特点和工序间的联系。要排除干扰,确定施工流向的方法如表 5－12所示。

表 5－12

分部、分项工程	施工流向确定因素	备注及实例
基础工程	施工机械和施工方法	堆土路旁,打夯成行
主体结构工程	平面任选向,竖向下至上	机械吊装,就怕碰撞
装饰装修工程	外粉上至下,内粉四方法	下上、上下、中上、中下
邻序工作	先序先开,后序后动	如单层厂房的施工

(3)确定施工顺序。

施工顺序是指施工的先后次序。它用以解决施工中的时间充分利用和空间搭接问题。

①确定施工顺序的因素。

A.施工工艺。

a.在"四先四后"原则的基础上,适当调整和确定方向。

b.不同的施工内容,因施工工艺的确定,已经实际上确定了施工顺序。如现浇楼板的工序为:支模板⇒绑钢筋⇒现浇混凝土⇒养护⇒拆模。

B.施工方法和机械。

a.选用汽车吊和轨道吊(简称两吊),使用分件计装法装配单层厂房的顺序为:骨架——先柱后梁再屋架,成型——次墙顶板加零杂。

b.选用两吊,使用综合吊装法,以"节"为单元施工。其中"节"是两个榀桁架之间所形成的部分厂房的位置。其施工顺序是:柱⇒吊车(或无车)梁⇒屋架⇒屋面板⇒其他构配件(零杂)。

c.选用塔吊,吊装多跨或多层厂房。施工顺序是:自下而上、自左至右、中间至两边或两边至中间选一而定。

d.选用桅杆式起重机按"节"完成构件吊装。

C.组织施工的方式。例如从合理性的角度考虑,应将地下室浇筑施工放在一楼上楼板前。

D.施工质量要求。施工顺序是否合理,将直接影响施工质量。如水磨石地面施工和顶棚抹灰施工,只能遵循从上到下的施工顺序,在上一层完成施工后,才能进行下层顶棚抹灰。否则由于振动较强且污染严重,就会造成质量缺陷。

E.当地气候条件。冬雨季对挖土、砌墙、屋面施工肯定有直接影响,应实施季节错位施工。

F. 安全技术。安全之弦,片刻不得松弛。对一些操作细节,也不能草率从事。必须特别注意不同子项施工不得互相干扰。

②特型建(构)筑物施工顺序。

特型是指混合结构(框架、筒式、框剪、框支等结构形式的组合)、装配式钢筋混凝土单层厂房、多高层钢筋混凝土框架结构等。

A. 多层混合结构民居施工顺序。多层混合结构民居施工分为基础工程、主体结构工程、屋面及装饰装修工程等几类。如三层民居施工顺序如图5-4所示。

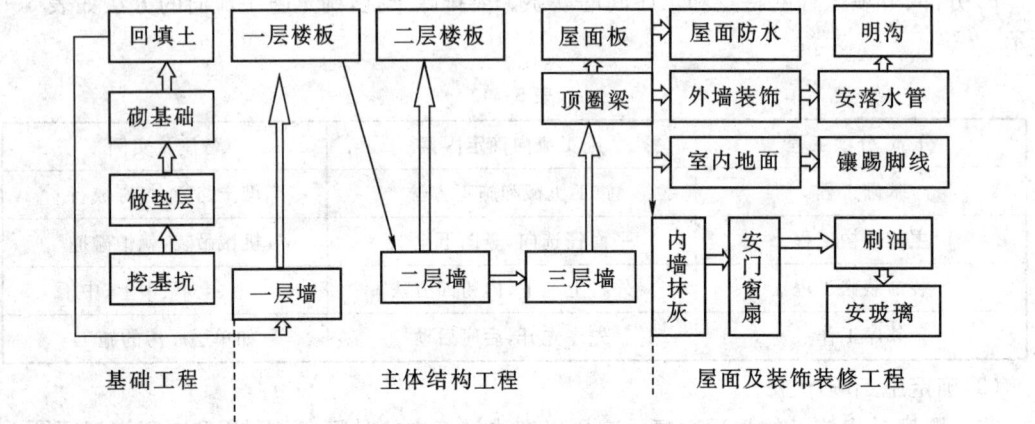

图5-4 三层民居施工顺序图

首先介绍一下基础工程施工顺序。完成室内地坪(±0.000)以下所有工程子项目:挖土⇒铺垫层(或铺设防潮层)⇒做钢筋混凝土基础(或做地圈梁)⇒用素混凝土做墙基(素混凝土指不含粗骨料甚至不含骨料的混凝土)⇒回填土。

在此之前,还可能发生:第一,处理软弱地基,处理地下障碍物、坟穴、防空洞等。第二,地下室浇筑。包括挖基础⇒砌地下室墙⇒做防潮层⇒浇顶板⇒回填土。第三,管沟施工与基础施工平行。各子工序间一般留有等待期,并预留孔洞。

其他还有主体结构施工、屋面及装饰、装修施工,均需如此安排。

B. 装配式单层钢筋混凝土厂房施工顺序。该工序比民居施工工序复杂得多,分为基础工程、预制工程、结构安装工程、围护工程、屋面和装饰装修工程。如图5-5所示。

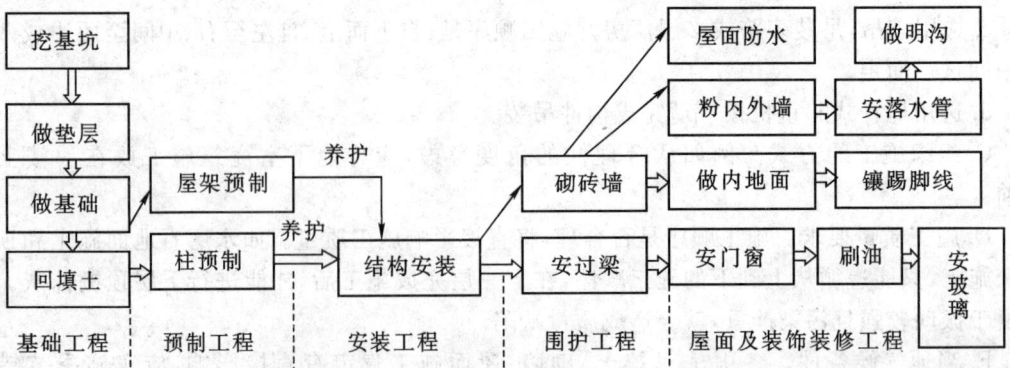

图5-5 单层厂房施工顺序图

a. 构件预制顺序。

第一,预应力钢筋混凝土构件预制顺序。

先张法是指在预应力钢筋混凝土施工中,先在台座上张拉预应力钢筋,然后浇筑砼,用以形成预应力混凝土构件的施工方法。

后张法是指在预应力钢筋混凝土施工中,先浇筑混凝土,待其强度达到设计强度的75%以上时,再张拉预应力钢筋,以形成预应力钢筋混凝土构件的施工方法。

目前一般采用后张法施工。

第二,非预应力钢筋混凝土构件预制顺序:平整场地⇒支模板⇒绑扎钢筋⇒留预埋件⇒现浇混凝土⇒养护⇒拆模。

预应力是指对钢筋混凝土构件在其承受荷载之前向其施加压力,使其预先产生的改善钢筋混凝土构件性能的抗压应力。

b. 吊装工序系装配式单层钢筋混凝土厂房施工主导工序。一般吊装物为柱、梁(吊车梁、连接梁为连接两个主要构件的梁体)、屋架(或称榀桁架)、屋面板及天窗。施工顺序一般为:吊装⇒校正⇒固定,与预制工程基本衔接。

吊车梁是其上有吊车或天车行进轨道的梁。这种梁一般是箱型的(截面为矩形,中空、分段),经焊接成型。简易型的这种梁为实心钢筋混凝土构件或钢构件。

连接梁是与榀桁架和吊车梁连接的梁。

c. 围护工程、屋面和装饰装修工程施工顺序与前述钢筋混凝土现浇工程、框架结构工程的施工顺序大体一致。

C. 多高层现浇框架结构工程施工顺序。

a. 基础工程施工顺序。

有地下室的施工顺序:桩基础施工⇒开挖土方⇒破桩头及铺垫层⇒做基础底板⇒做地下墙柱⇒做顶板⇒内外防水处理⇒回填土。

无地下室的施工顺序:打桩⇒挖土⇒铺垫层⇒钢筋混凝土基础施工⇒回填土。

破桩头是指打桩就位后,浇筑的桩顶往往高于设计桩0.5～1m,必须在后续施工中予以凿除,有时还用专门的破桩机来凿除桩头。

b. 主体(柱、梁和楼板)施工顺序。一般采用多层、框架、竖向分层、平面分段流水施工,按楼层整体或分体浇筑(先柱后梁再板)。

浇筑的常规工序是挖基坑⇒支模板⇒绑钢筋⇒现浇混凝土。

c. 围护结构施工顺序。

围护结构是指用以增强建(构)筑物的封闭性和安全性的构件、设施及其组合,如门窗、屋面、护栏、楼梯等。

第一,多种方法施工。多指方法施工是平行、搭接、流水、立体交叉等多种施工方法的选用和结合。一般施工顺序为:主体完工⇒进行屋面保温层、找平层施工⇒屋面防水施工等。

第二,内墙、散水坡施工。散水坡指屋面倾斜度 $\alpha \leqslant 15°$。

d. 混合结构施工顺序。混合结构是以框架结构为主体的多种建筑结构的组合结构形式。此处主要指钢筋混凝土或砖木承重件的制作和安装。

e. 装饰装修工程施工顺序。室内主要有墙、楼梯、门窗台度等项施工;室外主要有勒脚、明沟、散水等项施工。

③施工方法和施工机械的选择。

A.选择施工方法。恰当的方法、工艺是建筑项目取得成功的重要保证。对某些分部分项工程、技术含量较高的工程、"四新"（新工艺、新材料、新技术、新结构）工程、对工程项目整体有至关重要的影响的工程、从未干过的工程等，必须慎重选择实施工法。

B.选择施工机械。

a.实施吊装。对工程量大的，选择塔吊；对工程量小的，选择起重机。

b.对工程业务比较集中的局部，选择较大型号的施工机械；否则，就选择较小型号的施工机械。

c.要选择功能多样且能够保证使用的机械。

d.注意要使所选择的机械能够充分发挥作用。施工现场最忌讳窝工和机械能力的积压。

三、施工技术组织措施

施工技术组织措施包括技术、质量、安全、文明生产、降造等项内容。

1.质量保证措施

(1)针对"四新"工程施工的质量保证措施。

(2)保证定位放线、测量标高等入门把关活动准确无误的质量保证措施。

(3)保证各种基础、地下结构的承载力的质量保证措施。

(4)保证主体结构、关键部位不发生常规问题和事故的质量保证措施。

(5)保证复杂、特殊工程能够正常开展，不致影响整体进度的质量保证措施。

(6)对常见、易发生质量通病的工程环节制定防范、纠偏等质量保证措施。

(7)对严把材料、构配件和机械设备进入施工现场的质量检验场所制定的质量保证措施。

(8)为冬雨季施工所制定的质量保证措施。

2.安全保证措施

(1)制定安全保证措施。员工（特别是新工生手）上岗，必须经过安全教育和岗位培训。

(2)制定施工现场预防和应对突发事件的技术组织措施及实施办法。

(3)制定施工现场高空作业安全防范措施和本企业机械操作实施办法。

(4)制定施工现场安全用电、防火、防爆、防毒措施。

(5)制定施工现场交通和施工调度管理规定。

(6)制定"四新"生产安全管理办法。

3.施工项目降低成本措施

(1)精细搭配、合理利用各类人力资源，降低施工总体费用。

(2)合理组织施工现场物料等项的储存、管理和运输，控制土石方的挖运平衡，节约有关的人工费、物料费和运输费。

(3)综合利用吊装机械，努力实现一机多用，提高利用率，节约成本。

(4)利用"四新"成果和其他有关科研成果，降低成本，提高劳动生产率。

(5)施工现场要大力推行节约和修旧利废、增收节支、减少管理费。

4.文明施工措施

(1)在施工现场出入口悬挂标牌标识，振奋现场周边气氛。

(2)合理规划临建设施的搭建和卫生维护。

(3)做好施工机械的使用、维护和施工时段安排,尽量避免光污染和噪音扰民。

(4)做好安全和消防工作,注重工地绿化(特别是中长期项目)和垃圾分类处理。

第四节 工程项目施工平面图

一、工程项目施工总平面图

1.施工总平面图概况

施工总平面图是拟建项目施工场地的总布置图。

(1)图幅和比例尺。

图幅一般可选1～2号图样,比例尺一般采用1:1000～1:2000。

(2)主要内容。

①施工场地内一切地上、地下建(构)筑物以及其他设施的位置和尺寸。

②为全工地施工服务的所有临时设施布置位置。

施工场地的四至位置;施工用地的范围和各种道路;混凝土构件预制场和其他加工厂、搅拌站及相关机械的位置;各种建筑材料、构件、半成品的仓库和堆场的位置;弃土、取土的位置;行政管理用房、宿舍、文化生活和其他福利设施的位置;水源、电源、变压器的位置;临时给排水管道和供电、动力设施位置;机械修理、停放场所和车库位置;消防设施位置。

③永久性测量放线标志桩位置。此处永久性指有关标志桩与建筑标的物同期存在,但其相对位置却会有一些变化。在施工中,应按不同阶段分别绘制,根据工地变化定期调整修正。

2.施工总平面图设计原则

(1)尽量减少用地面积,布置紧凑合理。

(2)设计方案应使道路畅通,运输方便,尽量减少二次搬运。

二次搬运是因场地狭小、交通不便,不能直接运输到位,使货物落地后另行搬运到位的过程。其计费起点标准是:1吨以下的货物,超过300米的运距;1吨以上的货物,超过150米的运距。

(3)按施工流程划分场地,减少工作项目之间互相干扰。

(4)充分利用拟建建(构)筑物,降低临建设施建造费用。

(5)临建设施的建设及位置不得影响正规施工生产和生活。

(6)总体平面布置应满足安全、防火、环境保护和劳动保护的要求。

3.施工总平面图设计方法

(1)大宗物料的进场运输。

大宗物料是指建材、成品和半成品构件、机械设备、周转料等。

①铁路运输:坡度限制在4‰以下,转弯半径$R \geqslant 300m$,线路双侧都可以设站点装卸。

②水路运输:岸边设立码头和仓库,并有道路接引出入。

③公路运输:内外衔接,灵活方便,是施工现场最重要的运输形式。一般入口临近材料仓库、大堆料堆场和构配件加工场。

(2)仓堆设置。一般按如下等式选点设置:对同类货物:总量$_1 \times$运距$_1 =$总量$_2 \times$运距$_2$。

其中,仓堆是物料现场临时仓库和大堆料堆场的统称。

（3）供水网点的设置。一般视施工场地生产、生活用水的实际情况选择环状、枝状管路和混合网管路接入城市、地区供水管网。高层楼房应设立加压泵和蓄水池。消防用水点应设置在楼旁路边，交通便利之处。

一般在集中供水区，两供水点间距$\leqslant$120m，供水点与外墙间距$\leqslant$5m，供水点与路的间距$\leqslant$2m，消防栓直径$d\geqslant$100mm。

（4）临时供电管网和动力设施布置。一般设置在房建工地、构配件加工场和机械设备站点。

①设置原则是便于生产、生活用电。

②通过设置在施工现场的变压器将国家电网的高压电引入工地。

③临时用电接入形式：枝状线路220V～380V，环状线路3kV～10kV，混合式线路380V～3kV。

4. 施工总平面图的管理

（1）施工总平面图是指导施工、归档必存文件之一，要求装帧精美，规划合理，图例清晰。

（2）依据施工总平面图的现场管理。

①建制严管，责任到人，严控物料堆码，节约时间和占地。

②水电路实行统一管理。非经特别许可，不得擅自拆迁和实行"三断"（指断水、断电、断路）。

③总体上实行动态管理。遇有特殊情况、意外事件、不可抗力，须经统一协调，变更管理方案。

④搞好现场管理，推行文明施工，制度性检修临时设施，责任到人和有关部门。

二、单位工程施工平面图

单位工程施工平面图是按一定的图例和比例，根据实际需要和场地条件，对与单位工程施工相关的结构、空间进行安排布置的平面展示图。

1. 概况

（1）比例尺。比例尺为1：200～1：500。

（2）施工平面图的内容。

①该平面图上应当标明施工现场已建和拟建的所有地上、地下与有关单位工程相关的设施的位置和尺寸。

②移动式起重机的开行路线和垂直运输设施的位置。

③测量放线的标桩位置，基线，等高线的位置范围和土石方取弃点。

④材料、成品和半成品构件及其他设施的仓堆。

⑤临建设施：搅拌站、高压泵站、钢筋棚、木工棚、办公室、水站水房、消防设施及其他设施。

⑥必要的图例、比例尺、方向、风向标记。

以上内容应当经过计算、优化、交底和审图过程。

（3）单位工程施工平面图应与施工总平面图保持一致。凡不一致处，应说明理由，并提供证据。例如，由于设计变更、建设方（或监理方）强制要求的变更、其他客观性变更等。

2. 单位工程施工平面图的设计

（1）平面图设计原则。

①在保证施工顺序前提下，现场布置要紧凑，节约用地。

②对堆场、仓库、加工厂和机械存放地之间的路径进行最优规划,使运距最短,减免二次搬运。

③尽力减少临时设施,降低有关费用。

④布置临时设施,应以便利工人生产、生活为宗旨,使工人上下班距离最短。

⑤使现场各项布置符合环保、安全和防火要求。

(2)平面图设计要点。

①部分施工机械如塔吊的工作部署:要求最短运距和最大覆盖范围,防止机械能力的浪费。

②仓堆场站的布置:要求有利于使用、节约土地,方便运输。例如,水泥库临近骨料堆,钢木存储贴路边,熬煮沥青拌白灰,谨防给下风造污染。

③临建道路布置:要求安全第一,缩小占地,方便办公和生活,不妨碍施工。

④给排水布置:要求靠近水源,供排方便,管理严格。一般 5000～10000 平方米建(构)筑物,用水管径 50mm,支径为 20～40mm,消防管径≥100mm。必要时,消防、生产、生活三管合一,并保持排水畅通。

⑤临时用电布置:要求改、扩建工程不得另设变压器;新建工程设置变压器时,设置在高压电引入处,要求离地面＞30cm,变压器 2m 范围内,用高 1.7m 钢丝网围绕。

综合练习题

1.什么是施工组织设计? 其作用和分类是怎样的?

2.工程项目施工组织设计的编制主体、编制要求、编制分工合作、编制原则各是什么?

3.工程项目施工组织设计的内容和总体程序是怎样的? 它对施工做怎样的安排和分工?

4.施工组织总设计如何安排施工总进度计划?

5.单位工程施工组织设计基本内容有哪些? 其施工进度计划如何编制?

6.单位工程施工组织设计如何安排施工起点、流向和工序?

7.什么是施工顺序的"四先四后"、破桩头和二次搬运?

8.施工安全、质量、降造和文明施工措施各有哪些内容?

9.简述施工总平面图的概况和设计原则。

10.简述单位工程施工平面图及其设计要点。

第六章
施工成本管理

教学目标

知识目标

本章的内容有：工程项目施工成本的构成和分类，工程项目计划及其编制原则，工程成本控制的目的和基本方法，成本核算的任务及其原则，成本分析的方法与考核的内容和要求，降低成本的一般思路和措施。

能力目标

本章要求学生能够掌握工程项目施工成本的分类，学会编制工程项目施工成本计划，进行施工成本的计算、预测、控制，熟练掌握挣值法的分解和运用，能够依据预算成本、计划成本和实际成本三者的关系进行调差操作，为能够独立进行建设成本的分析与考核奠定基础。

案例引入

某承包商中标后与建设方就 IET—09 工程项目签订了一项施工合同。该合同标的价为 8500 万元，建筑面积为 45000m²，地下一层为车库，地上为 4 幢高层建筑。该承包商制订了本方的措施费实施计划，经过认真执行和控制，措施费实际花费比相关计划成本节约了 6.18％，详见表 6－1 所列。你对这一结果如何评价？

评价与分析：承包商的利润主要来自两个方面，一是有关合同标的额的扩大，二是总体费用及成本支出的缩小。在费用支出方面，大部分都是刚性的，例如人工费，只能增加，一般不会减少。有关合同标的额的扩大对于承包方的利润增加往往只具有象征意义。措施费的节约一般是承包方利润的主要来源之一，有时甚至是唯一来源。按照工程施工的惯例，标的额在 8000 万～1 亿元的工程项目，承包方至少应当有 3％的利润才能包得住。这样，毛利润至少为 8500 万×3％＝255 万。此时，这批利润至少有 30％应在节约措施费的管理活动中产生，即 255 万×30％＝76.5 万元。应当达到的措施费的节约比例＝（计划成本－实际花费）/计划成本＝76.5 万元/615 万元＝12.4％，而今的节约比例仅为 6.18％，还不到最低要求的一半。如果工期已近竣工验交，则产生亏损；如果工期距竣工验交尚早，则后期管理任务势必压力巨大。

表 6-1　措施费比较表(万元)

序	措 施 费 名 称	计划成本	实际花费	差 额	节约比例
1	环境保护	5	5.2	−0.2	
2	文明施工	10	11	−1	
3	安全施工	5	5.5	−0.5	
4	临时施工	50	40	10	
5	夜间施工	60	55	5	
6	二次搬运	74	68	6	
7	大型机械设备进出场及安装拆卸	15	14.8	0.2	
8	混凝土、钢砼及预应力砼模板及支架	175	168	7	
9	脚手架	60	57	3	
10	已完工程及设备保护	6	6.5	−0.5	
11	施工排水、降水	50	48	2	
12	垂直运输机械	105	98	7	
	合　　　　　计	615	577	38	6.18%

第一节　成本管理概述

本节给出成本管理及相关概念,并介绍了直接费、间接费等建筑安装工程费用的组成。本节还列举了成本管理的任务及前、中、后期成本管理的框架秩序。

一、成本管理的基本概念

建设项目成本管理是在确保安全第一的前提下,与质量目标和进度目标协调配套,对在有关建设项目运转过程中发生的各种费用实施计划、组织、控制,以求降低成本,争取获得最大利润的管理活动。

1.相关概念

(1)施工成本是施工企业在建设工程施工中所实际消耗的物化劳动和活劳动的货币体现。

①劳动是人们利用生产资料,创造社会财富、改变世界面貌的活动。

②物化劳动是蕴含在生产资料和所有产品中的人们过去劳动的货币价值。

③活劳动是把生产资料价值转移到新产品中,并创造和形成新价值的劳动。

(2)施工成本管理,即施工成本控制,对工程项目施工中发生的各种费用支出实施预测、计划、控制、核算、偏差分析等一系列管理活动的总称。

2.施工管理成本的组成

按照我国住建部建标〔2013〕44 号文《建筑安装工程费用项目组成》,施工管理成本如图 6-1、表 6-2 所示。

建筑安装工程费
- 人工费
  - 1.计时工资或计件工资
  - 2.奖金
  - 3.津贴、补贴
  - 4.加班加点工资
  - 5.特殊情况下支付的工资
- 材料费
  - 1.材料原价
  - 2.运杂费
  - 3.运输损耗费
  - 4.采购及保管费
- 施工机具使用费
  - 1.施工机械使用费
    - ①折旧费
    - ②大修理费
    - ③经常修理费
    - ④安拆费及场外运费
    - ⑤人工费
    - ⑥燃料动力费
    - ⑦税费
  - 2.仪器仪表使用费
- 企业管理费
  - 1.管理人员工资
  - 2.办公费
  - 3.差旅交通费
  - 4.固定资产使用费
  - 5.工具用具使用费
  - 6.劳动保险和职工福利费
  - 7.劳动保护费
  - 8.检验试验费
  - 9.工会经费
  - 10.职工教育经费
  - 11.财产保险费
  - 12.财务费
  - 13.税金
  - 14.其他
- 利润
- 规费
  - 1.社会保险费
    - ①养老保险费
    - ②失业保险费
    - ③医疗保险费
    - ④生育保险费
    - ⑤工伤保险费
  - 2.住房公积金
  - 3.工程排污费
- 税金
  - 1.营业税
  - 2.城市维护建设税
  - 3.教育费附加
  - 4.地方教育附加

右侧：
1.分部分项工程费
2.措施项目费
3.其他项目费

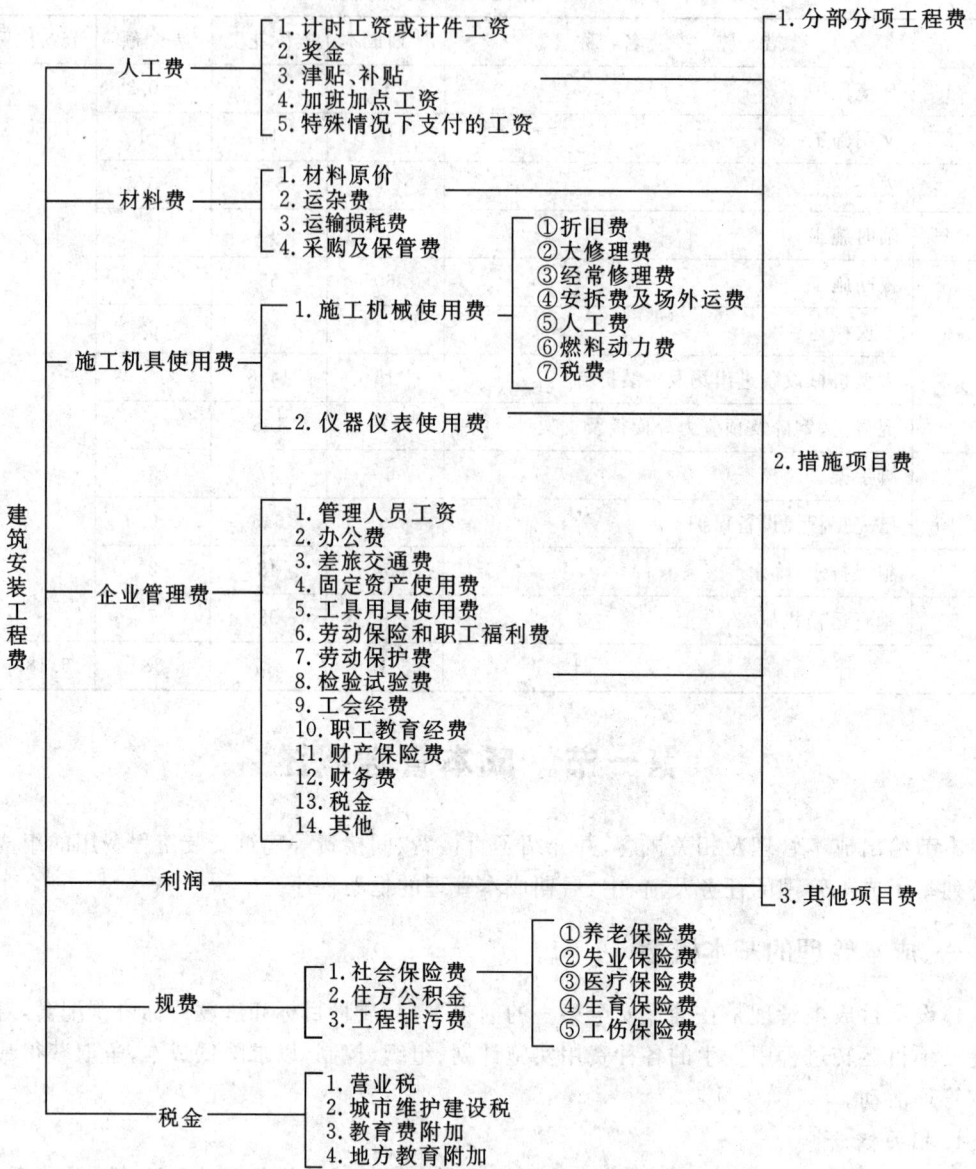

图 6-1 建筑安装工程费用项目组成(按费用构成要素划分)

表 6-2 建筑安装工程费用项目组成

建筑安装工程费用项目组成(按造价形成划分)				
分部分项费	措施项目费	其他项目费	规费	税金
1.专业工程 2.分部分项工程	1.安全文明施工费 2.夜间施工增加费 3.二次搬运费 4.冬雨季施工增加费 5.已定工程及设备保护费 6.工程定位复测费 7.特殊地区施工增加费 8.大型机械设备进出场及安拆费 9.脚手架工程费	1.暂列金额 2.计日工 3.总承包服务费	1.社会保险费 2.住房公积金 3.工程排污费	1.营业税 2.城市维护建设税 3.教育费附加 4.地方教育附加

二、施工成本管理程序

1.施工成本管理的任务

在保证工期和质量的前提下,充分利用经济、技术、组织措施,挖掘潜力,降低成本,以尽可能少的耗费,实现建设工程项目目标。

2.施工成本管理框架程序

施工成本管理框架程序见表 6-3。

表 6-3 施工成本管理框架程序表

	前期管理		中期管理		后期管理	
	成本预测	成本计划	成本控制	成本核算	成本分析	成本考核
阶段	招投标阶段	施工准备阶段	现场施工阶段		竣工验交、保修阶段	
内容	应用正确预测方法,对项目总成本水平和降低成本可能性进行分析预测,提出目标成本	根据目标成本和施工图预算确定降低成本的水平,并提出措施,制定具体方案	在工期、质量安全等项既定的情况下,实施跟踪管理、动态分析、对比收支,发现超支及时补救	项目部依据财会制度建立成本核算制并取得相关部门指导,设置台账,及时核定当时盈亏状况,为改善管理提供依据	据利润成本核算和有关资料全面分析成本水平,系统研究影响成本变动因素,考察费用状况,总结经验教训,寻求降造途径	考核项目不同阶段,对比实际和预算工程量,考察核算成本的方法是否正确及遵守规章制度状况,提供奖罚依据
要点	以分部、分项工程施工预算为基础进行预测	使成本计划符合实际并留有余地	成本控制应贯穿于施工管理全过程	重点对费用支出和影响成本的因素进行核查	从外部市场和内部管理两个方面进行比较	通过考核评比,把成本管理与经济利益挂钩
作用	可以提高预见性,克服盲目性	是落实成本管理责任的基础和依据	是施工全程成本管理的关键环节	为成本管理各环节提供依据和支持	为成本预测和降耗增效指出方向	为调动员工积极性、公平奖罚作准备

第二节 施工成本预测

本节首先给出成本预测和施工成本计划,接着介绍了对工程成本的综合预测及预测步骤。

一、成本的预测和计划

1. 建设工程施工成本预测

建设工程施工成本预测是指在工程项目的招投标阶段,投标人依据初步设计,利用统计分析的方法建立数学模型对工程项目总成本水平和降低成本可能性进行分析预测,提出工程项目的目标成本,作为投标决策内容的活动。

(1)直接费预测。

①人工费预测是指结合劳务人员现行工资水平和社会劳务的市场行情,采用人工单价进行分析和预测。

②材料费预测是指核定材料和燃料的供应地点、购买价、运输方式和装卸费,分析定额中规定的材料规格与实用的材料规格是否相同以及用量差异,从而进行汇总分析和预测。

③机械使用费预测是指测算实际生产、生活活动中将发生的机械使用费、机械租赁费及新购机械设备的摊销费。

(2)施工方案引起费用变化的预测。

结合施工现场及工程项目所在地经济、自然地理条件,施工工艺、设备选择和工期安排的实际情况,制订技术上先进可行且经济上合理的施工方案,并对该方案引起的费用变化进行客观预测。

(3)其他预测。例如,大小临时工程设施(详见本书第一章有关定义)费用、工地设施转移费用、相关风险防范费用等项预测。

2. 施工成本计划

施工成本计划是指根据对工程项目所进行的一系列常规预测,对未来某时段项目成本目标和构成给出范围和限定的活动。

(1)根据有关的预算法规核对具体工程项目的目标成本,核对人工和物料的预算费用消耗值。

(2)检查"习惯性成本=变动成本+固定成本"的符合性。

二、对项目成本的综合预测

1. 综合预测法

综合预测法是指用于确定工程项目施工目标成本的一种基本方法。

综合预测法的具体操作步骤为:

(1)确定固定成本。固定成本是指与产值增减无直接关联的费用,如管理及服务人员的工资、固定资产折旧等。

(2)确定变动成本。变动成本是指与产值变动线性相关的费用,如材料费、机使费等都属于变动成本范围内的费用。

(3)确定固定成本与变动成本的关系。显然,固定成本+变动成本=成本。另如工具使用费、运费、模板费等被称为半变动成本,必须把半变动成本按一定比例分别计入变动成本或固定成本中去,才可以使我们的研究集约实用。

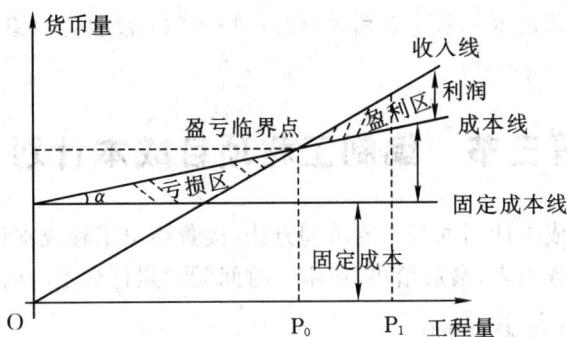

图 6-2

2. 预算成本值公式

如图 6-2 所示,在成本线方程 $y = kx + b$ 中,b 为固定成本,kx 为变动成本。收入线为 $y_1 = k_1 x$,则毛利润 $R = y_1 - y = (k_1 - k)x - b$。令 $R = 0$,则 $x = b/(k_1 - k)$。由于 $x > 0, b > 0$,所以 $k_1 > k$,即 $\tan\alpha_1 > \tan\alpha$。由此可知,收入线的倾角 $\alpha_1 >$ 成本线的倾角 α。

为研究便利,不妨取 $\alpha_1 = 45°$,则 $k_1 = \tan45° = 1$。

从而,$x = b/(1 - k)$,且 $k < 1, 0 < \alpha < 45°$。

通常称 $(1 - k)$ 为边际贡献率,故盈亏临界点的横标 $P_0 = \dfrac{b}{1 - k}$,该公式称为保本点公式。

由前述毛利润表达式可得 $R = (1 - k)x - b$,欲 R 增大,则 x 需增大。

令目标成本降低额为 M,则利润 R 由 $0 \rightarrow M$,成本降低意味着利润增加。

代入前述毛利润表达式,故有 $P_1 = (M + b)/(1 - k)$,该公式称为预算成本值公式。

另一重要公式为成本线斜率公式,即 $k = $ 总变动成本/总预算成本。一般认为它是一个经验公式。

综合以上的论述,我们得到以下三个重要的公式:

(1)$P_0 = b/(1 - k)$,称为保本点公式或盈亏临界点横标公式;

(2)$P_1 = (M + b)/(1 - k)$,称为预算成本值公式;

(3)$k = $ 总变动成本/总预算成本,称为成本线斜率公式。

【例 6-1】 某企业在 A 工程项目中的成本线方程是 $3x + 7y = 60$,当预算成本值为 13 时,求相关的目标成本降低额为多少?

解:设相关的目标成本降低额为 M,预算成本值为 P_1,则 $P_1 = 13$。

由方程 $3x + 7y = 60$ 得,$y = -3x/7 + 60/7$,即 $k = -3/7$,$b = 60/7$,将以上有关数据代入预算成本值公式,有 $13 = (M + 60/7)/[1 - (-3/7)]$。

则 $M = 10$,即相关的目标成本降低额为 10。

【例 6-2】 某建筑公司在 B 工程项目中的总变动成本为 18,总预算成本为 39,且当目标成本降低额为 7 时,其预算成本值为 15。求相关的固定成本值和总固定成本。

解：设目标成本降低额为M，预算成本值为P_1，则$M=7$，$P_1=15$。另设成本线斜率为k，则由成本线斜率公式，可得$k=$总变动成本／总预算成本$=18/39=6/13$，将以上有关数据代入预算成本值公式，得$15=(7+b)/(1-6/13)$，从而$b=15\times7/13-7=14/13$。

总固定成本＝总预算成本－总变动成本$=39-18=21$，故相关的固定成本值为$14/13$，总固定成本为21。

第三节 编制工程项目成本计划

本节首先给出编制成本计划的基本要求和方法，接着给出工程成本计划表、降低成本技术措施计划表和支持性财务报表，最后给出"成本—时间"及"累计成本—时间"报表和曲线。

一、编制工程项目成本计划

1.编制的基本要求

必须从实际出发，既要符合国家法律和政策的规定，具有一定的先进性，又要留有余地，使施工企业经过努力，能够实现目标成本。因此，编制该项计划，应当以先进的技术、经济措施为依据。

2.编制的主要方法

这里仅介绍一种常用的方法——中标价调整法。其主要操作环节如下：

(1)根据已有的投标、中标和概、预算资料，确定所签建设工程施工合同的标的价与施工图预算价的差额。

(2)根据施工技术措施和施工组织计划确定工程项目的目标成本所可能带来的节约数额。

(3)对实际成本可能明显低于施工定额的主要分部、分项工程，按实际状况估算出实际成本与定额水平之间的差额。

(4)综合考虑工程项目实施中风险发生的可能性及其影响程度，适时进行调整，得出一个综合影响系数。

(5)具体计算目标成本降低额及降低率。计算公式如下：

令$a=$总价－目标成本降低额；$b=$工程项目可能节约的款额；$c=$施工定额水平－实际可能的成本；$d=$中标价；$e=$风险综合影响系数。从而得出如下公式：

目标成本降低额$=(a+b\pm c)\times(1+d)\times c$

目标成本降低率＝（目标成本降低额／工程项目预算成本）$\times100\%$

二、编制工程项目成本计划适用报表

1.工程项目成本计划表

工程项目成本计划表是指将施工成本降低任务落实到整个施工过程，并据以实施对项目成本进行控制的报表。在此选两种报表予以介绍。

(1)实际成本与目标成本比较表。

表6-4中所填数字均由公式（目标成本－实际成本）／目标成本$\times100\%$得出。

表 6-4 各类成本降低率　　　　　　　　单位:万元

工程类别	各类费用成本降低率					综合成本降低率(%)
	人工费	材料费	机械使用费	措施费	管理费	
一、基础工程						
二、墙体砌筑						
三、刷粉						
四、……						
综合						

(2)项目成本计划总表。

全面反映计划工期内施工预算成本、计划成本、计划成本降低额(根据降低成本技术组织措施计划表、降低项目成本计划表和间接费用计划表来实现)和计划成本降低率的项目成本计划总表,如表 6-5 所示。

表 6-5 项目成本计划总表

项　目	预算成本(元)	计划成本(元)	计划成本降低额(元)	计划成本降低率(%)
一、建筑安装工程				
1.直接费用				
(1)措施费				
①技术措施费				
②管理措施费				
③科研措施费				
④其他节约措施费				
(2)人工费				
(3)机械使用费				
(4)材料费				
2.间接费				
(1)规费				
(2)施工管理费				
二、工业生产构件				
……				

2.降低成本技术措施计划表

参照预计施工任务和降低成本任务,结合本单位技术组织措施、预测经济效益来编制。

(1)降低成本技术组织措施计划表(以下经济单位均为万元)。如表 6-6 所示。

表6-6 降低成本技术组织措施计划表

措施项目	措施内容	涉 及 对 象			降低成本来源			降 低 成 本 额						备注
		实物名称	单价	数量	预算收入	计划收入	合计	合计	人工费	材料费	机械使用费	其他直接费		

（2）降低成本计划表。如表6-7所示。

表6-7 降低成本计划表

工程名称_____ 项目经理_____ 日期_____ 单位_____

分项工程名称	成 本 降 低 额							
	总计	直 接 费 用				间 接 费 用		
		人工费	材料费	机使费	措施费	合计	规费	管理费

3.相关的其他计划

（1）工程资金支付计划。

工程资金支付计划应按施工中实际可能发生的时间和数额编制,包括人工费支付计划、材料费支付计划、设备费支付计划、分包工程款支付计划、现场管理费支付计划、其他费用如保险费、利息等支付计划。

（2）工程项目承包商工程款收入计划,即建设单位工程款支付计划。

①确定影响该项计划进展的有关因素。

A. 工程进度,即按照成本计划确定的工程完成状况。

B. 建设工程承包合同确定的付款方式。

②发包方付款方式。

A. 按合同约定的数额给付工程预。

B. 按施工进度的阶段性给付工程款。

C. 按工程施工的形象进度给付工程款。

D. 其他方式,如承包商垫资。工程结束后,由发包商在某一个或几个时间段进行本利支付;或按合同约定由承包商在某时间段进行经营以收回本利。

形象进度是用施工所达形象部位和实物工程量占计划工程量的比率的双重指标来反映的施工进度情况,其中形象部位指施工已达形成建筑标的物的何种阶段。

（3）现金流量计划。

工程项目收支常常不平衡,垫资现象严重。

①承包商可根据现金流量计划安排资金借贷,以保证正常施工。

②计算资金成本,即计算由工程所负担的现金流量带来的利息等成本支出。其中应考虑财务风险,设计相应对策。

图6-3以房建工程项目为例,说明垫资给施工方带来的财务风险严重存在。若无施工方的垫资,施工几乎难以进展,而且越靠近竣工验交阶段,垫资量越大。这就需要施工方具有雄

厚的经济实力作为承揽工程的前提(不仅靠技术实力),万一在垫资的归还上发生问题,对施工方的打击甚至是致命的。

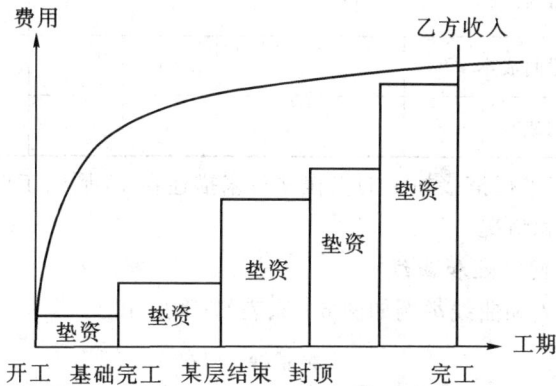

图 6-3

三、成本模型

将计划成本按工程施工持续的时间平均分配到各项相关的活动中,则可获得"成本—时间"成本计划,即为项目成本模型。该模型包含"成本—时间"曲线即成本的强度计划曲线、"累计成本—时间"曲线即 S 曲线或称香蕉线。

1."成本—时间"曲线

"成本—时间"曲线表示各时间段上工程成本的发生情况。现举例制表绘图如图 6-4、表6-8 所示。

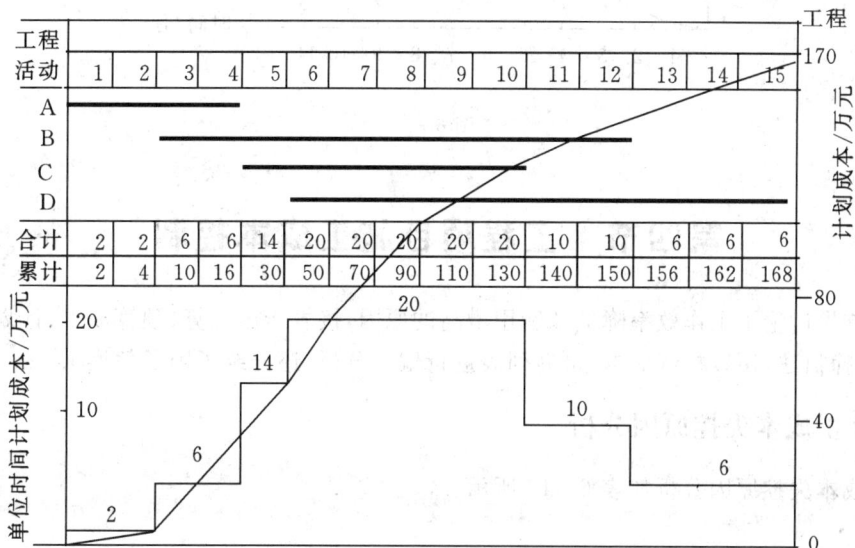

图 6-4

表 6 - 8

工程活动	A	B	C	D	合计
持续时间(周)	4	10	6	10	15
单位时间成本	2	4	10	6	/
计划成本	8	40	60	60	168

图 6-3 用一个具有平行搭接施工的工程项目来描述在 15 周的工期之内具体时段的成本状况和工程全程成本累积情况。

2. "累计成本—时间"表和曲线

"累计成本—时间"表和曲线举例如图 6-5、表 6-9 所示。

表 6 - 9   单位:万元

月份	1	2	3	4	5	6	7	8	9	10	11	12	合计
数额	100	200	350	500	600	800	800	700	600	400	300	200	5550
累计	100	300	650	1150	1750	2550	3350	4050	4650	5050	5350	5550	/

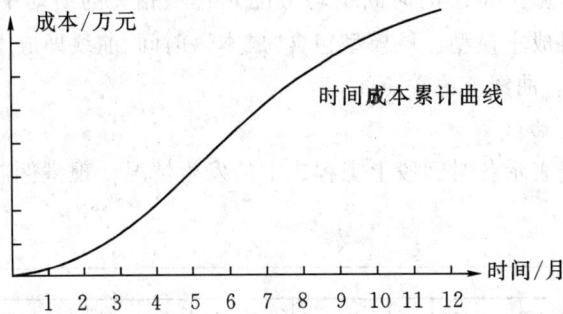

图 6-5

第四节 工程项目施工成本控制

本节首先讨论了工作效率降低和费用增高的原因,接着给出三算(预算成本、计划成本、实际成本)和挣值法,用以控制成本;最后列表进行偏差分析,还介绍了因子替换法。

一、施工成本失控原因分析

施工成本失控原因分析如表 6-10 所示。

表 6-10 施工成本失控原因

工作效率降低		费用提高	
外部干扰	内部干扰	管理费用加大	直接费增大
气候条件恶劣变化	图纸内容错误	现场秩序混乱	人工费不当导致增大
地下水变化超出预料	组织措施混乱		材料费涨幅超限
市场的不良反应	工作中同事抢或推		燃料价格持续增大
地基条件严重影响施工	机械效率低下		机械使用费严重超定额
甲方的不当要求	设备故障		劳动保护费用不断增加
其他企业的各种干扰	对新技术不熟悉		其他直接费的非正常增加
合同中不合理约定影响	其他		

二、施工成本控制的步骤和方法

1.施工成本控制的步骤

(1)比较。及时将施工成本计划值与实际费用逐项进行比较,核查施工成本是否已经超支。这是进行施工成本控制的基础性工作,必须常抓不懈。

(2)分析。发现施工成本发生超支偏差,应当迅速确定偏差的严重程度及偏差产生的原因,争取减少或避免相同原因再次导致有关偏差产生或加大。

(3)预测。依据现有资料,采用科学方式,估算工程项目完工时的施工成本。

(4)纠偏。对于已经发生的超支偏差,应当根据分析确定的偏差产生原因迅速采取措施,争取在尽可能短的时间内减少超支,纠正偏差。

(5)检查。严密跟踪监督工程施工进展情况,及时掌握纠偏的效果,并决定下一步是否加大力度或采取别的措施纠偏。

2.成本控制图法

成本控制图法是过程控制的一种常用方法,又称为三算跟踪分析法。

它是利用工程项目的实际成本与预算成本及计划成本三者间的关系,将它们分别表示成直角坐标系平面上的一定符号,进而来判断目标偏差,并采取相应措施以实现成本控制效果的方法。

(1)分析内容。

①三个偏差。

A.实际偏差=实际成本-预算成本;

B.计划偏差=预算成本-计划成本;

C.目标偏差=实际成本-计划成本。

②控制方式。力求减少目标偏差。目标偏差越小,说明控制效果越好,表明项目控制系统是正常的。

③计划成本、预算成本和实际成本的关系。

A.在一般情况下,实际成本总是低于计划成本,而计划成本一般低于预算成本。偶然也有实际成本高于预算成本的情况,可能属于不正常状态,也可能是预算成本计算错误,或实际成本测量有误。

B.一般情况下,工程项目的实际成本总是围绕计划成本均值线上下波动。

（2）分析办法。

①根据计划成本、预算成本和实际成本确定三者的常规状态，如图6-6所示。

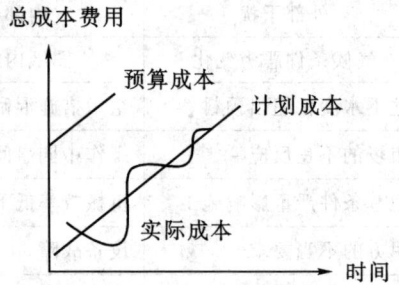

总成本费用

预算成本

计划成本

实际成本

时间

图6-6

计划成本线一般应当位于预算成本线的下方，而实际成本线围绕计划成本线上下波动。

②确定实际成本线的非常规状态。如图6-7所示。

A. 实际成本线冲击预算成本线。

实际成本线不围绕计划成本线波动，趋近预算成本线，并有冲击的趋势，这表明成本控制已出现异常，应迅速查明原因，采取措施进行调控。

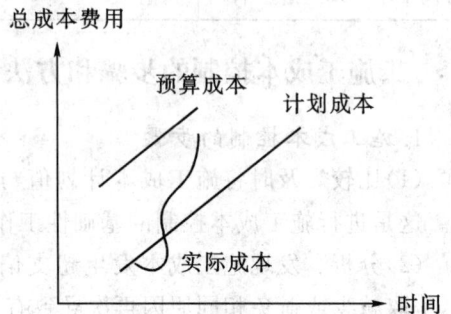

总成本费用

预算成本

计划成本

实际成本

时间

图6-7

B. 实际成本线始终位于计划成本线一侧。

对预算成本、计划成本和实际成本的关系进行分析。如图6-8所示。

这可能存在两方面问题，一是预算成本偏低，二是计划成本不合理，这两种情形均需调整。第一，预算成本偏低，则计划成本必偏低，实际成本线则会始终处于计划成本上侧，使利润空间大大缩小。第二，计划成本不合理。偏高，会使实际成本线偏下，影响利润的客观真实性；偏低，则会压缩利润空间或导致施工方弄虚作假，返工或影响后续作业。

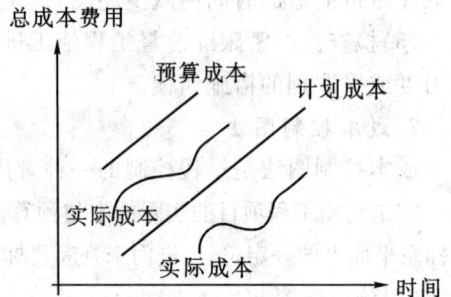

总成本费用

预算成本

计划成本

实际成本

实际成本

时间

图6-8

C. 实际成本线剧烈折转。如图6-9所示。

实际成本线上下折转具有任意性，并且折转幅度很大，向上可以越过预算成本线，向下可以远离计划成本线，一般是发生了各类事故或停工停产或操作失控才会有这样的结果。

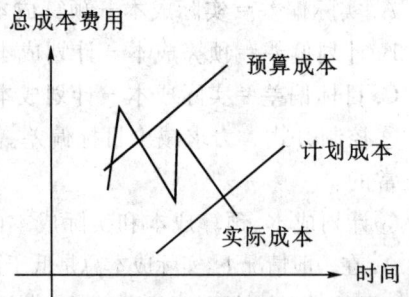

总成本费用

预算成本

计划成本

实际成本

时间

图6-9

3.施工成本分析表法

(1)评价和要求。该方法是进行有效成本控制的常用方法之一。要求对有关报表填制准确、及时、简单明了,根据实际需要可每日、每周或每月填写一次。

(2)报表式样。

①成本日报和成本周报。成本日报和成本周报是一种良好的成本控制方法,应当每日、每周都进行成本核算和分析。

日人工费表如表6-11所示。

表6-11 日人工费表

工程名称_____ 施工单位_____ 日期_____ 单位:万元

分部分项工程	月 日		月 日		月 日		月 日	
	数量	单位	数量	单位	数量	单位	数量	单位

②月成本计算及最终成本预测报告。

月成本计算及最终成本预测报告的主要内容有已支出金额、到竣工时尚需金额预计、盈亏估计等,应在月末会计账簿截止的同时完成。一般先由会计人员对各工程科目将"已支出金额"逐项填好,剩下的由成本会计师来完成。

相关表报形式如表6-12所示。

表6-12

工程名称_____ 工程编号_____
主管_____ 制表_____
校核_____ 成本会计师_____ ___年___月___日

序号	科目编号	名称	已支金额	调整		备注	现在的成本			序号	到竣工尚需金额			最终结算成本			合同预算成本			预算比较	
				金额增	金额减		金额	单价	数量		金额	数量	单价	金额	数量	单价	金额	数量	单价	盈	亏
1										1											
2			.							2											
...										...											
12										12											

③附成本管理与控制有关表格。材料成本计算表如表6-13所示,人工费成本计算表如表6-14所示。

表 6‐13 材料成本计算表

工程名称 _____ 日期 _____

工程部位名称	完成工程量	材料名称	定额成本				实际成本		
			定额标准	消耗量	材料预算价	材料成本	实耗量	材料现价	材料成本

表 6‐14 人工费成本计算表

工程名称 _____ 日期 _____

工程部位名称	完成工程量	工费定额				实际工费		
		定额标准	定额工天	工资标准	工费成本	实际用工	实际工资	实际工费成本

4.挣值法

挣值法又称偏差分析法,于 20 世纪 80 年代发源于美国,已经发展成一整套广泛应用于全球各个项目管理领域的挣值管理办法。

挣值法具体到工程项目施工管理领域,简单地可以表述为,施工单位在工程项目施工中完成一定的工作量后,就"挣得"了一份价值,这份价值是按预算价格计算出来的。

把施工中的实际花费与"挣得"的价值进行分析比较,就可以计算出该施工单位在某一时间段内的盈亏状况,即成本控制状况。

该方法涉及三项费用、两项偏差和两种绩效指数。现分别介绍如下:

(1)三项费用。

①$BCWP$——已完成工程量的预算费用(简称实际预算)——对某一时刻已完成的工程量按经过批准认可的预算单价计算所得的价款。

该项价款是由建设单位支付而由施工承包商获得的款额。

公式:$BCWP$=预算单价×已完成工程量。

②$BCWS$——计划完成工程量的预算费用(简称计划预算)——依照进度计划在某一时刻应当完成的工程量按批准认可的预算单价计算所得款额。

公式:$BCWS$=预算单价×计划工程量。

③$ACWP$—— 已完成工程的实际费用(简称实际花费)——指某一时刻在工程项目实施中为已经完成的工程量的实际支出费用。

(2)两项偏差。

①费用偏差(CV),简称实际预算与实际花费的差,即 $CV=BCWP-ACWP$。

A.$CV<0$,实际花费超过实际预算,工程施工成本暂时处于亏损状态;

B.$CV=0$,实际花费等于实际预算,工程施工成本暂处于不亏不赢状态;

C.$CV>0$,实际花费低于实际预算,工程施工运行节支,暂时处于盈余状态。

②进度偏差,简称实际预算与计划预算的差,即 $SV=BCWP-BCWS$。

A.$SV<0$,进度延误;

B.$SV=0$,进度达标;

C.$SV>0$,进度提前。

(3)两种绩效指数。

①费用绩效指数(CPI),实际预算与实际花费的比率,即 $CPI=BCWP/ACWP$。

A.$CPI<1$,费用超支;

B.$CPI=1$,费用合适;

C.$CPI>1$,费用节支。

习惯上,常用每百元收回金额的数量来综合表述以上三种状态,称为百元含量收支,简称百含。

②进度绩效指数(SPI),指实际预算与计划预算的比率,即 $SPI=BCWP/BCWS=$(已完工程量×预算单价)/(计划工程量×预算单价)=已完工程量/计划工程量。

A.$SPI<1$,进度延误;

B.$SPI=1$,进度适当;

C.$SPI>1$,进度提前。

详见图 6－10。

进度绩效指数是核查施工进度的有效方式之一。

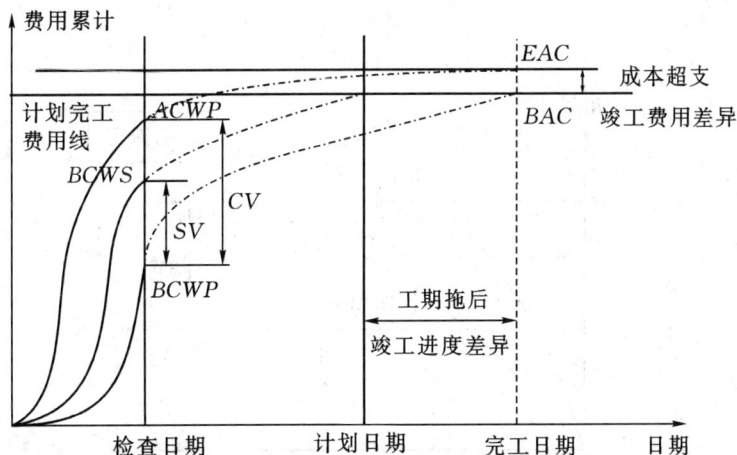

图 6－10

注:BAC——计划完工费用线,EAC——实际完工费用线。

(4)费用偏差示意图。如图 6－11、6－12 所示。

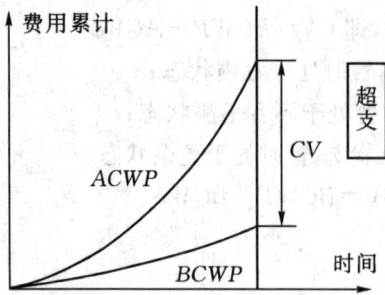

图 6-11

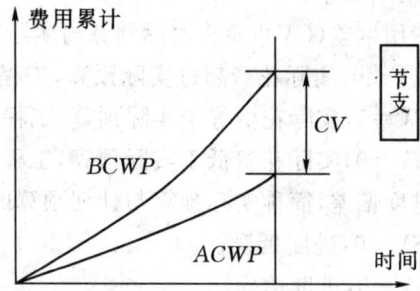

图 6-12

注:图中纵线为检查日期线。

(5)进度偏差示意图。如图 6-13、6-14 所示。

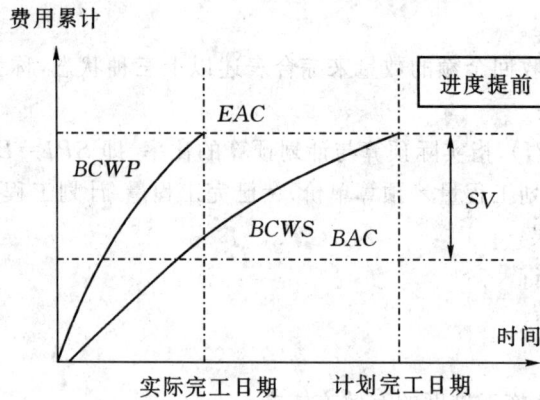

图 6-13

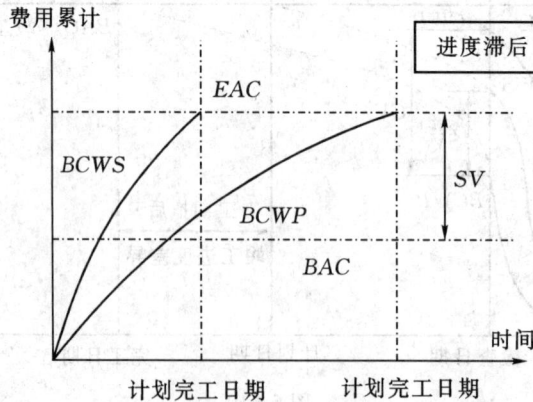

图 6-14

(6)常规状况。$BCWP$、$BCWS$、$ACWP$ 三条曲线靠得很近,平滑上升,且从左到右的排

序是 $BCWP$—$BCWS$—$ACWP$。这表明预算成本＞计划成本＞实际成本,即施工方有利润。

【例 6-3】 某施工单位在一工程项目施工中被限定总工时 4 周,总成本 20 万元。以下是第三周的工作状态和求解事项。如表 6-15 所示。

表 6-17

活动	预计时间	预计成本	第三周末的状态	支付成本	求:(1)费用偏差(CV)
A 单项	一周	4 万	完成	4 万	(2)进度偏差(SV)
B 单项	一周	5 万	完成	5.5 万	(3)进度绩效指数(SPI)
C 单项	一周	5 万	完成 50%	3.5 万	(4)费用绩效指数(CPI)
测试	一周	6 万	未进行	未支付	给出结论和对策

解: 根据题意可知:预计成本就是计划预算,第三周末的状态就是实际预算,支付成本就是实际花费,从而有

$BCWP = 4$ 万 $+5$ 万 $+5$ 万 $\times 50\% = 11.5$ 万

$BCWS = 4$ 万 $+5$ 万 $+5$ 万 $=14$ 万

$ACWP = 4$ 万 $+5.5$ 万 $+3.5$ 万 $=13$ 万

(1)$CV = BCWP - ACWP = 11.5$ 万 -13 万 $= -1.5$ 万

(2)$SV = BCWP - BCWS = 11.5$ 万 -14 万 $= -2.5$ 万

(3)$SPI = BCWP/BCWS = 11.5$ 万 $/14$ 万 ≈ 0.82

(4)$CPI = BCWP/ACWP = 11.5$ 万 $/13$ 万 ≈ 0.88

因为 $CV < 0$,所以工程项目成本处于超支状态;

又 $SV < 0$,故工程项目的实际进度落后于计划进度;

又因为 $SPI < 1$,$CPI < 1$,所以该工程项目的施工目前处于不利状态,实际施工进度仅为计划进度的 82%,即每 100 元成本的回收额仅为 88 元。

造成以上结果的原因,不外乎宏观上的工期拖延、物价上涨、工作量增加等;微观上的分项工程效率低、协调失误、局部返工等;从内部看:管理失误、所购材料设备质量差、消耗增加、小事故及返工等是致使成本超支、进度落后的重要原因;从外部看:风雨影响、设计修改、上级、监理或发包方干扰、其他风险是致使成本超支、进度落后的重要原因。此外还有技术、经济和合同管理等方面的负面影响。

针对以上现象,改进措施有:寻求节约高效新方案,购买新材料、新设备以取代自产自制的构配件,调换采购商,变更实施过程和工程范围,删去或增加某些工作包(成套工作程序),索赔等。

(7)已完工程成本估算(EAC)。EAC 是指根据工程项目进展情况对其总成本进行预测。

$EAC = $ 已完工程部分的费用 $+($ 总概算成本 $-BCWP) \times (ACWP/BCWP)$ 或 $EAC = $ 总预算成本 $\times (ACWP/BCWP)$。

三、施工成本偏差分析

施工成本偏差分析是指在施工成本核算和控制中,发现计划成本和实际成本间出现了一定的偏差,为找出引起偏差的原因而进行的分析活动。

1.因果分析法

如表 6-16 所示,从大原因→中原因→小原因的顺序进行分析。

表 6-16 成本偏差原因分类分析表

物价变动	设计原因	甲方原因	施工原因	某些客观原因
人工费涨价	设计错误	增加工程内容	施工方案不当	自然原因
利率汇率变化	设计标准变化	协调不准	赶进度	社会原因
设备涨价	设计漏项	费用计划不当	材料代用	法规原因
材料涨价	图样提供不及时	未及时提供场地	工期拖延	基础处理
其他	设计保守	组织不落实	施工质量有问题	其他
	其他	建设手续不全	其他	
		其他		

2.因素替换法

当工程项目的施工成本受多项因素影响时,先假定一个因素变动,而其他因素不变,计算出该因素的影响效应。然后依次再替换第二、第三……个因素,从而确定每一个因素的影响程度。找出主要影响因素后,有针对性地采取措施进行纠偏。

【例 6-4】 某工程施工中计划浇注商品混凝土 $1200m^3$,计划价 360 元/m^3,实际浇注 $1250m^3$,实际价格 330 元/m^3,计划损耗 2%,实际供应商品混凝土 $1293.75m^3$,实际成本为 42.6938 万元,试分析偏差成因。

解:首先确定影响因素。设浇注商品混凝土总成本为 C,则 $C = X_1$(计划工程量 m^3)$\times X_2$(每 m^3 工程量商品混凝土用量)$\times X_3$(商品混凝土单价)。

其中基于施工计划的量值分别为:$X_1 = 1200m^3$,$X_2 = 1 + 2\% = 1.02$,$X_3 = 360$ 元/m^3;

基于实际的量值分别为:$X_1 = 1250m^3$,$X_2 = 1 + (1293.75 - 1250)/1250 = 1.035$,$X_3 = 330$ 元/m^3。从而,预算成本 $C_p = 1200 \times 1.02 \times 360 = 44.064$ 万元,实际成本为 42.6938 万元。

以下确定 X_1、X_2、X_3 的影响程度。

$X_1 = 1250m^3$,即 X_1 取实际值,X_2、X_3 保持计划值不变,则有关成本 $C_1 = 1250 \times 1.02 \times 360 = 45.9$ 万元,$C_1 - C_p = 45.9$ 万元-44.064 万元$= 1.836$ 万元,即超支 18360 元。

X_1、X_2 取实际值,X_3 仍保持计划值不变,则有关成本 $C_2 = 1250 \times 1.035 \times 360 = 46.575$ 万元。$C_2 - C_p = 46.575$ 万元-44.064 万元$= 2.511$ 万元,即超支 25110 元。

X_1、X_2、X_3 均取实际值,则有关成本 $C_3 = 1250 \times 1.035 \times 330 = 42.6938$ 万元。$C_3 - C_p = 42.6938$ 万元-44.064 万元$= -1.3702$ 万元;或由实际成本 $C_o = 42.6938$ 万元,得 $C_o - C_p = 42.6938$ 万元-44.064 万元$= -1.3702$ 万元,从而节约支出 13702 元。

因此,该工程项目发生成本偏差的原因是工程量计算有误,商品混凝土没有充分利用,损耗太多。

综合练习题

1.名词解释:施工成本、施工成本管理、建设工程施工成本预测、成本的保本点公式、工程项目成本计划表、形象进度、施工成本偏差、成本模型。

2.建设工程成本是怎样组成的?

3.施工成本的控制步骤有哪些?

4.施工成本后期管理的内容和作用是什么?

5.预算成本、计划成本和实际成本三者之间具有怎样的关系?

6.某乡镇企业的生产成本线为 $4x+3y=12$,若其目标成本降低额为7,求其预算成本值。

7.某民营企业在施工生产中总变动成本为21,总预算成本为42,目标降低额为5,其预算成本值为19,求相关的固定成本值和总固定成本各为多少?

8.如表 6-17 所示,试绘出其时间—成本曲线。

表 6-17

工程活动	A	B	C	合计
持续时间(周)	3	8	5	12
计划成本(万元)	18	40	55	113
单位时间计划成本(万元/周)	6	5	11	8.3

9.如表 6-18 所列(总工时 4 周,总成本 12 万),求 CV、SV、SPI 和 CPI,并给出判断和结论。

表 6-18

活动	预计时间	成本	3周末状态	实际支付
A 单项	1 周	3 万	完成	3 万
B 单项	1 周	3 万	完成	2.5 万
C 单项	1 周	3 万	完成 50%	0.7 万
测试实施	1 周	3 万	未开展	—

第七章
安全和质量管理

▶ 教学目标

知识目标

本章分别就我国的安全方针、质量方针、安全控制因素和质量控制因素、在用的安全和质量法律法规进行介绍，给出了安全生产机制和质量体系的运作方式，简明扼要地阐明两类危险源、全面质量管理、戴明环、八步循环等概念和内容，并就一般意义上的安全事故处理和质量事故处理给出了介绍。

能力目标

本章旨在使学生在学生时代就牢固树立"安全第一，预防为主"、"百年大计，质量中心"的理念，在保证安全的前提下，追求提高质量、加快进度、降低造价的目的，学会在安全机制下，用全面质量管理的方法实施工程项目管理，学会控制各种不安全因素，消灭事故，防患未然。

▶ 案例引入

我国的事故种类大体分为安全事故、质量事故和机械事故三类，每类事故都有其自身特定范围和法定标准。其中机械事故以纯经济损失为定性条件。因违章作业、保养不足或操作失误引发机械设备等项损坏或停工停产，应定性为机械事故。该种事故一旦同时造成人身伤亡，应立即转变定性为安全事故进行处理。工程质量事故常见的原因有：违背建筑程序、违反法规行为、地质勘探失误、设计差错、施工与管理不到位、使用不合格的原料、制品及设备、自然环境因素、使用不当等。

某单位塔吊司机赵某平日工作不够严密，但为人谦和，人缘还不错。2006 年某日，赵某在一个施工现场工作时，因操作失误致所驾驶的塔吊倾倒，将自己的肋骨挤断三根。当时的政策规定，一个单位如果发生了事故，特别是人身伤亡事故，选先评优将被一票否决，连奖金也不许发放。在医院对赵某救治的日子里，项目部的员工，特别是项目经理等人，走马灯似地围绕赵某旋转。终于有一天项目经理开口了。大意是：肋骨断几根，并不算是什么特别严重的伤害，过几年就会恢复得差不多了。今年咱们单位各方面的情况都不错，别因为你受伤的事耽误了大家发奖金。于是赵某就同意了不报工伤的事，而塔吊倾倒的事故就按机械事故做了了结，后来，随着赵某年龄增大，断肋的伤痛却并未消除，天阴下雨更是疼痛难禁。花了不少钱，也没见什么疗效。赵某开始四处奔走呼号，所找过的有权机关多以"有关事故系按机械事故了结，不存在工伤问题"，拒绝更改事故定性。后来住建部的一位领导接手了赵某的申诉，认为赵某所在单位对于原事故错误定性负有直接责任，便促成双方达成一项协议：原事故定性不必更改，由赵某所在单位在行政事业费中报销赵某的工伤待遇费用。此事才得以平息。

第一节 建设工程安全管理

本节首先介绍了国际安全卫生公约和一系列安全法律法规及相关的制度及规范性条件，接着介绍了建立工程项目安全保障体系、安全专职人员配备、日常安全管理活动等内容，本节还论述了我国的安全方针和安全管理目标，最后探讨了安全控制事项，介绍了风险的控制和安全事故的处理。

一、在用建设工程安全法律法规

1.国际安全与卫生公约

1988 年 6 月 20 日国际劳工组织大会在日内瓦举行的第 75 届会议上通过了《1988 年建筑业安全与卫生公约》(167 号公约)。该公约共 44 条，英、法文本作为标准本。我国于 2001 年成为批准执行 167 号公约的第 15 个国家。该公约强调了政府、雇主、工人三结合的原则。对于任何一项安全卫生标准、措施在制定、实施和奖罚时，都要由三方共同商议，以三方都能接受的原则进行确定，并由三方共同执行。

2.国内法

(1)建筑法。

①确定建立安全生产制度，是指将各种不同的安全生产责任落实到安全生产管理人员和具体岗位工作人员身上的一种制度，体现安全方针"安全第一，预防为主"的精神。

②确立群防群治制度，是指动员广大群众积极参加预防安全事故和治理安全隐患活动的制度。人民群众对于违章操作和危及职工生命健康的行为有权提出批评、检举和控告。

③确立安全生产教育和培训制度。

④确立安全生产检查制度。完善监督检查，堵塞漏洞，防患于未然，为进一步搞好安全生产打下基础。

⑤确立伤亡事故处理报告制度。处理遵循"四不放过"原则，即事故原因查不清不放过，职工群众受教育不深不放过，事故隐患不整改不放过，责任人不处理不放过。此外，还建立了安全责任追究制。

(2)安全生产法。该法于 2002 年 11 月 1 日起实施。该法规定：

①强化四种监督，即工会民主监督、社会舆论监督、公众举报监督、社区服务监督。

②生产经营单位要从技术条件上进行标准化、从组织管理上健全落实安全生产制度。

③生产从业人员应为安全生产尽职尽责，保障安全管理工作有效开展。

④安全责任落实到人，首先落实到生产单位负责人，特别强调了违法必究。

⑤建立事故应急救援制度，减少人员伤亡和财产损失。

3.法规

法规是指以国务院名义规定或转发的规范性文件。

(1)建设工程安全生产管理条例。重点确立建设单位、勘察设计单位、监理单位等单位的安全责任和基本管理制度。

(2)安全生产许可证管理制度。规定了矿山、建筑等企业取得有关许可证后才可以从事生产经营性活动，并规定了取得有关许可证的条件。

（3）安全事故处理规定。

（4）特种设备安全监察条例。其中特种设备指涉及生命安全、危险性较大的锅炉、压力容器（含气瓶）、压力管道、电梯、起重机械、客运索道、大型游乐设施。

（5）国务院关于进一步加强安全生产的决定。

4. 部门规章

部门规章是指国务院直属省部级单位规定或转发的规范性文件。涉及工程建设重大事故报告和调查程序规定、建筑安全生产监督管理规定、建筑企业资质管理规定等一系列规范性文件。

二、建立工程项目安全保障体系

1. 建立工程项目安全组织

建立工程项目安全组织应当以项目经理为组长，以项目副经理或项目技术负责人（有时也称项目总工）为副组长，以工会等部门人员为组员，明确有关管理人员岗位职责，落实责任到人的安全责任组织。

2. 签订安全生产责任书

项目经理部应当与专业承包单位、劳务分包单位、施工班组长签订安全生产协议书，与具体生产人员签订安全生产责任书。

3. 安全生产专职人员的配备（或称专职安全员）

（1）房屋建筑、装饰装修工程按建筑面积配备专职安全员。

①1 万 m^2 以下的工程，至少 1 人；

②1 万 m^2～5 万 m^2 的工程，至少 2 人；

③5 万 m^2 以上的工程，至少 3 人，并应配备安全主管，按土建、机电设备等专业设置安全员。

（2）各类土木工程，包括线路、管道、设备安装工程，按工程总造价配备专职安全员。

①5000 万元以下的工程，至少 1 人；

②5000 万元～1 亿元的工程，至少 2 人；

③1 亿元以上的工程，至少 3 人，并应配备安全主管，按土建、机电设备等专业设置安全员。

（3）劳务分包企业，按工程项目在用施工人员的多少配备专职安全员。

①施工人员在 50 人以下的，至少 1 人；

②施工人员在 50～200 人的，至少 2 人；

③施工人员在 200 人以上的，按所承担的分部、分项工程施工实际危险状况增配，一般不少于劳务企业现场总人数的 5‰。

4. 项目经理部的日常安全活动

（1）定期召开安全生产会议。

该会议一般由项目经理主持，针对施工中的不同阶段、不同季节及临时出现的生产安全问题研究对策，确定执行人。

（2）开展全员安全教育和操作。

①学习安全法规。

②做好计划、布置、检查、总结、评比等项安全生产工作。使安全专职人员有职有权,可在一定范围内行使奖罚、决定停工整顿等项职权。

③进行入场安全教育、岗位安全培训、专业培训考核等项工作,严格监督持证上岗制度的执行。

④组织项目经理部领导和安全专职人员添乘(添加监督检查同乘人员)、跟班、巡视现场,及时排除安全事故苗头,配合解决专业安全隐患,及时纠正违章指挥和作业。

(3)落实安全事故处理的配套活动。

①主导或参与收拾事故残局,包括清理事故现场、协助救治伤残人士和处理死亡人员。

②协助追究有关责任人员的法律责任,具体落实对有关人员的教育、培训和特定要求。

三、安全方针和安全目标控制

1. 我国的安全方针

我国的安全方针为"安全第一,预防为主"。

(1)建筑行业的生产目标必须以我国的安全方针为中心,即建筑施工中必须在保证"安全第一,预防为主"的前提下,追求提高质量、加快进度、降低造价的生产目标。

(2)我国安全方针的内涵。

①建筑行业各单位、各部门制订安全生产计划,应当把防止 12 类建筑事故列在计划之中,包括:物体打击、车辆伤害、机械伤害、触电、灼烫、火灾、建筑构件和物体坠落、坍塌、火药爆炸、中毒、窒息和其他伤害。

②建立安全教育培训体系,实施安全生产责任制。对参建人员根据工种和具体业务实施培训,包括开工前交底、持证上岗、考核上岗等多项内容,促使员工人人预想事故的成因和对策,对安全的管理横向到边,纵向到底,不留死角。

③把安全管理和职业健康挂钩,和环境保护及文明施工紧密联系,鼓励员工行使抵制瞎指挥及不安全操作的权利,制订预防事故有奖励、违规操作要处罚的奖惩制度。

(3)相关的安全制度。

①生产安全事故处理"四不放过"原则(或制度):事故原因查不清不放过,事故责任人未受到严肃处理不放过,事故责任人和有关群众未受到教育不放过,未制定严密防范措施不放过。

②三同时制度。凡在我国境内新建、改建、扩建、迁建的基本建设项目、技术改造项目和引进建设项目,其安全、环保、技术和辅助设施必须与主体工程同时设计、同时施工、同时投产。

③安全预评价制度。安全预评价制度是指在建设工程项目筹划实施的前期,应当利用安全评价原理和方法对工程项目的危险性、危害性进行预测性评价的制度。特别针对目前或未来存在较大危险性或危害性的工程项目,必须进行这种评价工作。

④生产领域实行安全一票否决制。一旦查明某生产单位或部门发生一定量级的安全事故或存在某种程度的安全质量隐患,则该单位、部门或有关责任人员当年或今后一定时期内不得参加有关的选先评优工作,有关干部至少当期内不得被提拔。

2. 安全目标管理

安全目标管理是指项目经理部在某一时期内制定旨在保证生产过程中职工安全健康和生产发展的目标,并为实现这一目标拟定计划,实施指挥、组织、协调、控制等项工作的总称。

(1)管理程序。

项目经理部通过自上而下的层层分解,制定出各级各部门及每个职工的安全目标,并应围绕安全目标实施管理,开展日常工作。通过全员努力和各方协作,保证各自安全目标的实现,最终实现项目经理部的整体安全目标。

(2)安全生产管理目标。

①生产事故控制目标:杜绝生产中的人身死亡事故;生产中努力做到无重伤事故发生;工伤事故频率控制在36‰以内。

②消防安全事故控制目标:无火灾事故发生,建立义务消防组织;结合工程规模大小,配备相应数量的义务消防队员;建立循环消防通道;施工现场各种消防设施、消防器材的配备应符合标准要求,满足生产需要。

③环保管理控制目标:无道路扬尘现象,制定防止扬尘的措施;建立保洁队伍,指派专人定时清扫;无环境污染事故,施工垃圾分类封闭存放。

④创优达标控制目标:施工现场各项日常管理达到建设部《建筑施工安全检查标准》JGJ59—99合格标准要求(简称"达标"),并在此基础上,创建省市级安全文明工地。

为实现以上各项目标,需要加强日常安全管理,兼顾工程项目在施工阶段的特点,并进行各项专业检查,建立安全管理档案。

四、安全控制和安全事故处理

1.安全控制

安全控制是指控制安全生产的进程,避免人身受伤害、财产设备遭受损失或其他不可接受的危险状态。

(1)安全控制的特点。

①控制面广。由于建筑工程工期长、规模大、工艺复杂、工序多,遇到不确定因素也多,故安全控制面广。

②控制的动态性。新员工需要积累经验,老员工也需要不断学习,大家都需要丰富知识和经验,以适应不断变化的工作状况,故安全控制具有动态性。

③控制系统的交叉性。建筑工程是开放系统,受自然和社会因素的影响很大,应当把工程系统和社会系统、环境系统相结合,故安全控制系统具有交叉性。

④控制的严谨性。安全状态具有易受某些外因触发的特性。一旦失控,就会造成人身伤亡和财产损失。因此,实施安全控制,应具备严谨性。

(2)安全控制的方式。

①施工方必须取得"安全施工许可证"后才可以开工操作。

②总包单位和每个分包单位都应当持有"施工企业安全资格审查认可证"方允许组织施工项目经理部进入施工现场。

③现场各类人员都应当持证兼考核上岗,特殊工种人员必须持有"特种作业操作证",并定期复查合格才允许操作。

④新员工必须经过进厂、进车间、进班组的三级安全教育才能开始工作。

⑤对查出的事故隐患做到"五定":定整改责任人、定整改措施、定整改完成时间、定整改完成人、定整改验收人。

⑥把好安全生产"六道关":措施关、交底关、教育关、防护关、检查关、改进关。

⑦施工现场安全设施必须齐全,施工机械(特别起重机械、纵向爬行机械、特种设施)必须经安全检查合格才准许使用。

2.施工危险源控制

危险源是指可能导致人身伤害或疾病、造成财产损失或工作环境破坏的危险因素和有害因素。

(1)危险源分类。

①第一类危险源。第一类危险源通常指自身蕴含着充分能量,一旦能量外溢,则会造成人身伤亡、财产损失的一类物质。

②第二类危险源。第二类危险源属于第一类危险源的载体,或造成约束、限制外溢能量的措施失效及设施破坏的不安全因素。它包括人的不安全行为、物的不安全状况和不良环境三个方面。

(2)评价。

第一类危险源是造成各类事故的主体因素,它决定了具体事故的严重程度;第二类危险源多是各类事故发生的启动性因素,它决定了具体事故发生的速度、频率,也在一定程度上决定了有关事故的严重程度。

(3)第一类危险源控制。

①消除系统危险源,使用相对安全的代用品。

②限制、隔离可能外溢的能量或危险物资,设置特定环节,使这些能量或物资按人们的意愿释放。

③有可能接触或临近该危险源的人,应当使用个人防护用品。

(4)第二类危险源控制。

①增加系统安全系数,设置安全监控系统,提高控制事故发生的可靠性。

②条件允许时,应当将降低人的精神压力和体力消耗纳入考虑范围。

③利用技术进步,改进安全设施,提高安全措施的效力。

3.安全事故及其处理

(1)生产安全事故的等级。

2007年3月28日国务院第172次常务会议通过《生产安全事故报告和调查处理条例》(以下简称"条例"),同年4月29日公布,6月1日起施行。该条例第3条规定,根据事故造成的人员伤亡或者直接经济损失数额,事故一般分为以下等级("以上"包括包括本数):

①特别重大事故。特别重大事故是指造成30人以上死亡,或者100人以上重伤(包括急性工业中毒,下同),或者1亿元以上直接经济损失的事故。

②重大事故。重大事故是指造成10人以上30人以下死亡,或者50人以上100人以下重伤,或者5000万元以上1亿元以下直接经济损失的事故。

③较大事故。较大事故是指造成3人以上10人以下死亡,或者10人以上50人以下重伤,或者1000万元以上5000万元以下直接经济损失的事故。

④一般事故。一般事故是指造成3人以下死亡,或者10人以下重伤,或者1000万元以下直接经济损失的事故。

(2)生产安全事故报告制度。

条例第 9 条规定,事故发生后,事故现场有关人员应立即向本单位负责人报告;单位负责人接到报告后 1 小时内应向事故发生地县级以上政府安全监督部门和负有安全生产监管职责的有关部门报告。情况紧急时,施工现场有关人员也可直接向事故发生地县级以上政府有关部门报告。

第二节　工程项目质量管理

本节定义了质量,介绍了质量特性和工程质量计划,讨论了全面质量管理及其管理体系、戴明环与八步循环。本节着力推出质量检验的含义及人机料法环等,并就工序三检制、隐蔽工程验收、质量预检制和检验批检验进行论述,最后就建设工程鲁班奖、国家优质工程奖及我国质量事故处理制度进行了介绍。

一、工程项目质量管理概述

1.质量概述

质量是反映产品和服务满足顾客各种明确或隐含需求的优良特性的总和。

(1)质量定义解析。

①该定义是 ISO(国际标准化组织)给出的。

②所述质量指实体的质量,而实体可以是有形的物质产品,如汽车、建筑物等,也可以是无形的服务产品,如解答咨询、诊断、教书等。

③产品和服务的质量不仅要满足顾客需求,又要满足社会公益的要求。

(2)质量定义的延伸。

质量不仅反映在产品和服务的理化特性上,还反映在市场条件下满足顾客某种需求的特性上。

(3)质量特性的具体化。

质量特性是指产品和服务在满足社会公益要求的前提下满足具体顾客需求的性能。质量特性包括:

①内在质量特性——顾客所需某种产品和服务的基本性能,如衣蔽体、食果腹等。

②外部质量特性——商品和服务的次要、辅助的特性,如外形、包装、色泽、味道、名声等。

③经济质量特性——商品和服务以价格为中心的基本特性,如成本、价格、维养费用、利润等。

④商业质量特性——商品和服务的寿命、质量保修期、售后服务水平等特性。

⑤环保质量特性——商品和服务不以牺牲环境、破坏生态平衡为条件的性能之和。

2.工程施工质量特性

工程施工质量是指通过施工单位和有关单位及其人员对工程项目所开展的施工活动与管理活动,使工程标的物具有满足社会需要的、符合国家法律法规、设计文件要求和合同约定的优良特性的总和。

(1)建筑工程质量特性。

①适用性。适用性是指建筑工程满足人们使用目的的各种性能,其包括:

A.理化性能,即建筑工程标的物的尺寸、规格、防火、抗震等性能;

B.结构性能,即建筑工程标的物的功能特性,如住宅小区宜于安居,工厂厂房便利生产,铁路公路适于运输等特性；

C.外观性能，如建筑物造型美观、布局协调、色调明丽等。

②耐久性。耐久性指工程标的物的使用寿命，即竣工后在常规条件下其满足规定功能使用要求的年限或合理使用期。

③安全性。安全性指工程标的物在使用中保证结构安全、人身和环境免受危害的程度，如抗 X 级地震烈度的能力、某些附件使安全性增加等。

④可靠性。可靠性是指工程标的物在规定的时间和条件下完成预定功能的能力，即在设计规定的使用期内保持正常使用功能的能力。

⑤经济性。经济性是指工程项目从规划、勘察设计、施工到使用的成本节约和合理消耗的费用，具体表现为设计成本、施工成本和使用成本的经济性。

⑥协调性。协调性是指工程标的物与周围生态环境的协调，与所在地区经济环境的协调及与周围已建成工程的协调。

（2）工程质量计划。

工程质量计划是指为确定项目应达到的质量标准和如何达到这些标准而制订的项目质量计划和实施安排。

①项目质量计划的制订依据——质量方针，工程任务的范围和说明，工程标的物的特性和说明，相关的国家、行业标准，各种规范和政府部门有关规定等。

②质量管理——以质量计划为基础所确定的质量方针、质量目标和相关管理者的职权与职责，通过质量策划、控制和改进使质量目标得以实现的全部管理活动。

二、全面质量管理

全面质量管理是指企业为了不断提高产品和服务的质量，组织全体员工参与、在生产和服务的全过程中、全面开展的质量管理活动。简言之，即全面管理、全过程管理、全员参与的管理。

1.定义解析

（1）全面管理，就建设事务而言，指对建筑标的物的质量、施工过程的质量、竣工验交的质量、工后服务质量实行全覆盖质量管理的活动。

（2）全过程管理，就建设事务而言，指从立项、报建到工后服务的全过程各个环节都要毫不懈怠的实施管理。

（3）全员参与的管理，主要通过 QC 小组（质量管理小组）的活动来实现。QC 小组的成员多是生产一线或现场工作人员，有时还包括来自中高层的专家或专业人士，他们通过鱼刺图等方法找出影响具体工程质量的因素，并给出改进或提高工程质量的对策。他们常用的工作方法可以归纳为"老七种工具"：因果图、鱼刺图、排列图、直方图、控制图、散布图、调查表。

2.质量管理体系

质量管理体系是指由国际化标准组织（ISO）制订公布且在用的 ISO 系列标准经有关各国政府发文等效采用后所形成的质量文件体系。

国际化标准组织（ISO）自 1976 年以来连续公布一些基本的质量标准和相关文件，大体每两年进行一次修订，8—10 年进行基本版本的修订。现在所使用的版本系 2008—2010 年的正式修订版。

因 ISO 标准的细致、严密、深刻，从而具有权威性，被各国政府所广泛接受。我国国家质量技术监督局发文以国标（GB）的形式对 ISO 的标准全盘等效采用。

（1）质量管理和质量控制。质量管理——确立和实施质量方针的全部职能及工作内容，并对工作效果进行评价和改进的系列工作。

质量控制——质量管理的一部分，是致力于满足质量要求的一系列相关活动。

（2）质量管理体系简介。

① 国际标准化组织（ISO）于 1976 年成立了 TC176（质量管理和质量保证技术委员会），研制质量管理和质量保证标准。1987 年 ISO/TC176 发布了 ISO 9000 系列标准。我国于 1988 年发布 GB/T 10300 系列标准，对 ISO 9000 系列标准等效采用；又于 1992 年发布 GB/T 19000 系列标准，宣布"等同采用 ISO 9000 族标准"；并在 1994 年 ISO 修订 9000 族标准后，及时将其转化为国家标准。2000 版 ISO 9000 族标准公布后，我国国家质量技术监督局于 2000 年底发布三个国家标准予以等同采用。其中 GB/T 19000—2000 族标准为核心标准，且 2000 版 ISO 9000 族标准对质量全部实行 ISO 9001 的认证。

②ISO 于 2008 年公布新标准，我国用 ISO 19011 标准取代了原来质量和环境审核的 6 个标准，具有通用性、较强的操作性，将 PDCA（全面质量管理）作为审核有关管理方案的基本步骤。ISO 14000 族标准是 ISO/TC207 技术委员会制定的关于环境管理方面的系列标准，包括 12 个标准。2008 版 ISO 9001《质量管理体系要求》已于 2008 年 11 月 15 日正式发布，2009 年 3 月 1 日实施。据此，国家质监局明文规定，自 2009 年 11 月 15 日起，各类认证机构不得再颁发 2000 版 9000 族标准认证证书；2001 年 1 月 15 日起，任何 2000 版 9000 族标准认证证书均属无效。而对于 2000 版 ISO 9001 标准，修改较少。

3. 戴明环

全面质量管理可以分解为四个环节，即按照计划（plan）、实施（do）、检查（check）、处理（action）四个阶段循环前进、阶梯上升、大环套小环、不断循环的经济管理模式，简称 PDCA 环。这一理论形式是由美国质量管理专家戴明首先提出来的，于是质量管理学界也把 PDCA 环称为戴明环。如图 7-1 所示。

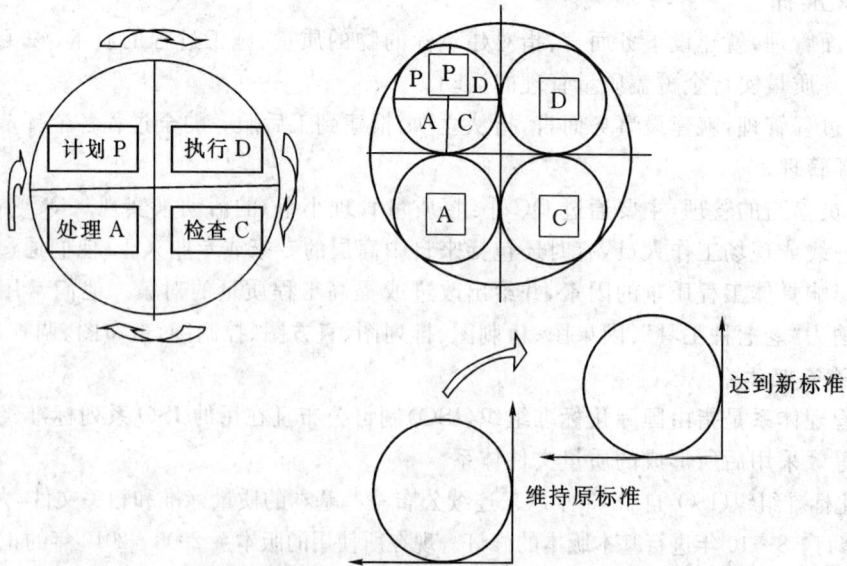

图 7-1

（1）戴明环的特点。

①戴明环按 PDCA 的顺序进行循环，依靠组织的力量来推动，周而复始，循环不断。

②企业、科室、车间、工段、班组直至个体的工作均有循环，大环套小环，小环保大环，一环扣一环，推动大循环，层层解决问题。

③每通过一次循环，都要进行总结，制订新目标，再进行下一次循环。每循环一次，质量水平和管理水平都要提高一步。

（2）戴明环与实际挂钩的八步循环。

①分析现状，找出存在的质量问题；

②分析产生质量问题的原因或影响因素；

③找出影响质量的主要因素；

④制定措施，提出行动计划，预测改进效果；

⑤提出质量目标和实现的措施，纳入计划的实施；

⑥调查采取改进措施以后的效果；

⑦总结经验，把成功和失败的原因系统化、规范化，形成标准和制度，作为单位知识产权——商业秘密的组成部分；

⑧提出尚未解决的问题，转入下一个循环。

综上，①②③可归入计划（plan）；④可归入实施（do）；⑤⑥可归入检查（check）；⑦⑧可归入处理（action）。

三、施工质量检验

施工质量检验是指按照国家施工及验收规范所规定的检查项目，用公开认定的方法对分部、分项工程或单项、单位工程进行质量检测，并与相关联的质量标准进行对比，确定工程质量是否符合要求的活动。

1.影响施工质量的因素

影响施工质量的因素，一般从人、机、料、法、环五个方面进行概括。

（1）人，指人员素质。各类专业人员、管理人员、劳务人员的素质、能力、持证上岗情况和考核上岗情况都是工程质量的重要保证。

（2）机，指机械设备情况。组成工程实体和用于建筑安装操作的两类机械设备情况都会对建筑标的物的质量有重要影响。

组成工程实体的设备，如电梯、空调设施、车间里的天车等虽然经过竣工验交阶段的检验，但会在建筑产品交付后的使用中最终判定有关机械设备自身质量状况和安装质量。

建筑安装操作作为一种施工技术手段，如爬升装置、塔吊、盾构等，其性能是否稳定可靠，操作是否安全有效，会直接影响建筑、安装活动的安全和工程质量。

（3）料，指工程物料，包括燃料。工程物料指构成各类工程实体的建筑材料、成品或半成品的构配件的质量状况会直接影响工程质量，甚至留下安全隐患。机械燃料也是保证施工正常进行的必要因素。

（4）工，指工法。工法指工艺方法、施工方案和组织手段。只有大力推进采用新技术、新材料、新结构、新工艺的施工，不断提高建筑施工的工业化水平，才能保证工程质量的不断提高。

（5）环，指环境条件。工程技术环境、工程作业环境、工程管理环境、施工现场周边条件，这些环境条件的把握与改造,对保证工程的安全和质量也有至关重要的作用。

2.检查制度

(1)对原材料、半成品和各种加工预制品的封样检查。订货时先鉴定样品,对经鉴定合格的样品进行封存,作为验收依据。须保证所购材料合乎此项标准者才可使用。

(2)工序三检制和例行质量检查制。

①工序三检制。

A.自检。每道工序完成,工长应组织作业层人员自检,对所涉及物品的质量进行观感检查和实测,然后将自检合格品送交质量检查员评定。

B.交接检。工序工种间进行交接检查,包括质量、工后清理和成品保护。交接检应由工长组织,必要时可请质量检查员、技术员等有关人员参加。

C.专检。专职质量检查员严格按照规定标准对每个验收批的质量进行评定,确定达到预控指标后报施工监理或甲方工程项目负责人验收。

②例行检查。由工程项目施工技术负责人组织生产、技术、质量等部门定期或不定期对各分包单位进行检查,并对被检查出问题者做出限期改正、停工整顿或清退等项处理。

(3)隐蔽工程验收制度。

①隐蔽工程指在常规的工程施工中,如地基、电气管线、油水气供应管线(含供热、风冷等管线)等大都需要在实施下道工序前进行覆盖掩盖的工程。

隐蔽工程验收是指各项隐蔽工程在隐蔽前,由发包方、施工监理会同施工单位共同见证隐蔽过程,评价隐蔽工程质量的活动。

对属于隐蔽工程的分部工程的验收称为中间验收,对属于隐蔽工程的分项工程和检验批的验收称为隐蔽验收。

②隐蔽工程验收后要及时办理验收手续,以备列入工程档案。未经验收或验收不合格的,不得进入下道工序。

(4)预检制度。

①预检制度是对施工过程中有关重要工序的质量状况进行检测,以判断它对形成建筑标的物的影响程度的制度。

②预检工作的实施。一般工程项目的预检由项目专业技术负责人主持,工长、质量检查员、有关班组长参加。预检后要及时办理预检合格手续,未经预检或预检不合格的,不得进入下道工序。

(5)检验批。

①检验批是指按同一生产条件和规定方向汇总安装施工,对楼层、变形缝等施工区段和对构配件、零部件等成品、半成品的检验往往通过抽取样品实施,进而推断该批件整体质量状况的工程部分。它是分项工程的组成部分。

②分项、分部或单项、单位工程质量检查验收制度。建设工程施工中,施工单位在自检评定的基础上,会同参与建设活动的其他有关单位对检验批、分项、分部、单位、单项工程质量进行初验和正式验收,确认合格与否。其中,初验指由施工监理组织的验收;正式验收指由建设方组织施工、设计、监理方并邀请政府有关部门人员参加的验收。

四、建筑质量奖惩

1.中国建设工程鲁班奖

中国建设工程鲁班奖,简称鲁班奖,是我国建设工程质量的最高奖,工程质量应当达到国内领先水平。该奖项在住建部指导下,由中国建筑业协会组织评选,每年评选一次,一般不超过100项。具体奖项内容为:主建单位获鲁班金像和获奖证书,参建单位获鲁班奖牌和获奖证书。

(1)评选范围。已建或在用的新建工程(包括房建工程和其他土木工程)。

(2)申报范围。

①非住宅小区内2万 m² 以上的单体建筑,5万 m² 以上的群体建筑。

②住宅工程应包括装修在内,初装修不能申报;一般公共建筑4万 m² 以上,重点、标志性工程2万 m² 以上,竣工1年以上。

(3)申报条件。

①设计合理先进,符合国家或行业的有关标准规范,布局、形象符合城市规划。

②有关建设标的物符合行业技术要求,质量达国内同类型建设产品的先进水平。

③竣工后经1年使用,未发现质量问题和其他隐患。

④住宅小区尚需总体符合城市规划和环境保护要求,公共配套设施均已建成且安装到位,所有单位工程质量优良。

⑤住宅小区达到基本入住条件,三年后入住率达90%以上。

2.国家优质工程奖

国家优质工程奖是我国国家级优质产品奖,奖励相关的建设、监理、设计、施工等企业。该奖由国家建设质量奖审评委员会组织审定。优质工程奖分国家和地区(省级)两种。国家奖项分为金奖和银奖,金银奖的比例是7:93。参评金奖的项目除获得国家级优秀设计奖外,应是本行业同期同类工程中施工最优秀的项目之一,投资规模和社会效益具有最高水平;申请银奖的项目,必须已获国家或省部级优秀设计奖。从1983—2006年的25年间(中间停7年),评奖733项,其中金奖29项,银奖704项。

(1)参评范围。有关建设标的物符合法定建设程序,且列入国家或地方有关建设计划,并且有独立生产能力和使用功能的新建或技术改造项目。

(2)申报规模。

①公共建筑。5万座位以上体育场、5千座位以上体育馆、3千座位以上游泳馆、2千座位以上(或多功能)影剧院,4万 m² 以上办公楼、教学楼及科研楼等公共建筑,400间以上客房的饭店、宾馆。

②住宅小区。15万 m² 以上,竣工后使用1年,入住率90%以上。

③以上尚未包括的投资额在1.5亿元以上的公共工程。

(3)申报条件。已获省部级设计奖或优秀工程质量奖;从国外引进技术的项目,应被确认已达国际先进水平;需国家验收的其他工程项目自验收合格到申报的时限一般不超过3年等。

3.质量事故

质量事故是指工程质量不符合建筑安装工程质量检验评定标准、相关施工及验收规范或设计图纸要求,造成人身伤亡和一定经济损失或遗留某些永久性缺陷的事故。

(1)质量事故分类(见表7-1)。

表7-1 质量事故分类

直接经济损失 X 万元	死亡	重伤(人)	其他	质量事故等级	处理单位
$X \geqslant 500$	$\geqslant 30$			特别重大	国务院处理
$500 > X \geqslant 300$	$10 \sim 29$			I级重大事故	国家住建部门
$300 > X \geqslant 100$	$3 \sim 9$	或$\leqslant 20$		II级重大事故	国家住建部门
$100 > X \geqslant 30$	$2 \sim 3$			III级重大事故	国家住建部门
$30 > X \geqslant 10$	$\leqslant 2$			IV级重大事故	国家住建部门
$10 > X \geqslant 5$	$\leqslant 2$	或$\geqslant 3$	有重大质量隐患	严重事故	省级住建厅
$5 > X \geqslant 0.5$			有永久缺陷	一般事故	市县住建局
$0.5 > X$				质量问题	企业自行处理

(2)质量事故处理办法。

①重大事故发生后,事故单位应以最快的方式向当地住建部门和上级单位报告,24小时内形成书面报告。

书面报告内容包括:事故发生的时间、地点、企业和项目经理部、简要经过、伤亡人数,经济损失的初步估算,事故原因的初步判断,施工发生时采取的救援措施及控制情况,事故报告单位及报告人。

②一般质量事故发生后,要按当地住建部门的规定进行报告。

③事故发生后要严格保护现场,妥善保存现场物证,有条件的,应当予以拍照和录像。

④质量问题不应视为事故,由单位自行处理。

(3)处理质量事故的"四不放过"原则——安全管理与质量管理共有原则。即事故原因查不清不放过、事故责任人来受到严肃处理不放过、事故责任人和群众来受到教育不放过、未制定严密的防范措施不放过。

综合练习题

1.国家安全与卫生公约的大体内容是什么?我国建筑法确定了哪些安全制度?我国安全生产法有哪些特别规定?我国特种设备安全条例的主要内容是什么?

2.我国企业的专职安全员如何配备?各安全组织的日常安全活动都有哪些?

3.我国的安全方针是什么?就建筑业而言,安全与其他三项常规管理的关系是怎样的?

4.什么是安全一票否决制?相关的安全制度有哪些?安全管理的内容有哪些?

5.什么是安全控制?其特点是什么?

6.什么是危险源?它是如何分类的?两类危险源的控制要点各是什么?

7.安全事故等级是如何确定的?什么是安全生产事故报告制度?

8.质量的一般性定义的内容和来源是什么？质量特性如何具体化？建筑工程质量的特性是什么？

9.什么是全面质量管理？其主要内容是什么？

10.什么是戴明环？它有什么特点？它与八步循环有什么关系？

11.影响施工质量的因素有哪些？什么是工序三检制？什么是隐蔽工程验收制？什么是质量预检制度？

12.鲁班奖和国家优质工程奖的申报条件分别是什么？

13.质量事故分类标准是怎样的？质量事故如何划类？质量事故处理办法是怎样规定的？

第八章
施工进度管理

教学目标

知识目标

本章给出了施工进度的几种计算办法,特别介绍了形象进度的概念,分析了影响施工进度的多重原因,强调施工进度计划的编制、控制及网络技术在施工中的应用,并论述了施工具体阶段的形成,以及推出了赶工的选择、计算和费用承担。

能力目标

通过本章学习,要求学生能够熟练编制施工进度计划和使用横道图、网络技术进行施工进度比较和控制,能够对赶工事务进行周到的选择安排和实施,学会用跟踪检查等方法及时处理进度方面的问题,能够准确掌握形象进度的概念和应用。

案例引入

某 12 层办公大楼,主体为框剪结构,建筑面积 3 万 m²,基础采用人工挖孔桩的方式。本工程经招投标运作,由 AB 公司四处中标:合同工期 415 天,中标合同价 5800 万元,质量目标为合格以上。由天威监理公司受委托负责施工阶段的监理工作,监理费 60 万元。开工前,施工方认真编制了施工组织设计,报经项目监理部批准实施。在施工中 AB 四处遇到如下一些问题:在基础施工中,遇到在地质勘探资料中没有标明的巨型孤石,经批准,采用爆破法进行清除,历时 11 天。在主体施工过程中,因建设方聘用的商品混凝土供应单位的混凝土泵送设备发生故障,前后导致施工方损失工天 10 天。在装饰装修阶段,又因施工图变更,致使施工方停工 8 天。前后误工达 29 天。某日,经施工方建议,由建设方主持,监理方和施工方派员参加,举办了三方会议。会上,在监理方的佐证下,建设方接受了施工方的工天索赔请求,三方达成一致协议如下:延长工期 20 天,由施工方自行赶工 9 天。赶工工费按日均常规工费的两倍计算,由建设方在工程结算时一并支付。

第一节　施工进度管理概述

本节给出施工进度计算办法和管理规则,罗列了影响施工进度的主要因素,特别叙明了形象进度的概念。

一、施工进度认知

1. 施工进度

施工进度是指工程项目实施的进展情况。它具有如下几种计算办法：

（1）根据以往的经验，用常规的时间消耗量推算施工进度。例如，以往乡间盖房约需 20 天，我方条件无大差异，已经盖了 10 天，施工进度应为 50%。

除了用时间消耗推算外，还有根据以往的经验，用常规的实物消耗量、资金消耗量等推算施工进度。此外，还可用已经建成部分的价值量与拟建标的物的价值量的比率来类比施工进度，也属于这类方法。这类方法粗劣、跳跃，忽略了事物的多重性和多变性，因此，用来推算施工进度是不科学的。

（2）和施工进度计划相比，用多重指标推算施工进度。

施工进度计划是在确定工程施工目标工期的基础上，将整个工程分解成若干个施工阶段，并计算相应的实物工程量，确定各个施工阶段的施工顺序、起止时间和相互衔接关系，以及对所需劳动力和物料供应所作的统筹安排。

这种方法的不足之处在于：由于施工进度计划的频率整点，使非整点对照很不方便；多重指标对照，增加了工作难度。

（3）用形象进度作为确认施工进度的标准。

形象进度是指用施工进程所到达的形象部位（或称施工阶段）及相应的实物工程量占计划工程量的比率来表示的工程进度。

这种方法把用多重指标测度施工进度变成只用两个指标来测度，简单准确，已被工程界广泛接受。这种方法用以在日常的施工中，作为施工方控制基本施工量的手段，作为建设方按照计划或约定支付工程款的依据。

2. 工程施工进度管理

工程施工进度管理是指施工单位及有关单位对在保证质量的前提下完成各阶段的施工任务，依照合同约定保证工程项目按期竣工所进行的管理工作。

（1）工程施工进度管理的重要性。

①工程施工进度管理是保证依照合同约定的施工期限完成总体施工任务的支持性方法体系。

②工程施工进度管理是分阶段合理安排资源的供应和使用，严格控制工程成本的保障措施。

③工程施工进度管理是与工程项目投资管理、工程施工质量管理相互兼顾、相辅相成，以实现工程项目管理总目标的重要组成部分。

（2）工程施工进度管理的内容。

①施工未开展时或施工初期做好施工进度计划。

②施工中进行严密的进度控制。

③适时进行施工与施工计划的比照，发现问题后及时纠错补差。

二、影响施工进度的因素

影响施工进度的因素如表 8-1 所示。

表 8-1　影响施工进度的因素

发包方担责因素		技术条件因素		社会因素
不可抗力因素	工程项目取消	勘察资料有错误或遗漏	物料、设备、构配件供应失当	水电气供应时差中断
	指定分包单位或供应商			
不适当要求设计变更	越过监理瞎指挥	施工计划严重不适当	组织失调、用人不当	交通屡屡受阻
				有关工序、专业配合脱节
恶劣天气和不利条件持续	事故发生及处理影响	技术方案欠妥或不适当	物料规格、质量、数量不合要求	有关单位互相干扰
场地不能满足施工需要	不能及时提供工程款	过高估计有利条件致损	工艺技术未掌握	
			设计有错误	审批手续延误
未办妥用地手续	社会动乱影响	图样供给不及时		争讼及保护文物影响
法规政策变化	甲供物料质量差	过低估计不利条件致损		其他干扰

第二节　施工进度计划

本节给出施工进度计划的六步编制法,提出建立进度控制体系、实施进度计划、抓关键工序和处理影响施工的几个问题,本节特别强调了网络计划技术在施工中的应用。

一、施工进度计划的编制

编制施工进度计划的步骤如下:

(1)划分主要施工阶段。计划周期较长的,计划可适当粗略一些;而对月度计划、旬计划、周计划等,则应适当细致一些。

(2)计算每一具体施工阶段的实物工程量。

(3)确定各施工阶段的运作顺序和相互之间的制约关系。以建筑安装工程为例,有:

①基础施工阶段,应充分考虑埋藏在基础以下或穿过基础的管线。

②主体结构施工阶段,应注意各种管线、接线盒、孔洞、沟槽、预埋件的预留预埋。

③设备安装阶段,注意各专业施工班组间的关系、设备安装与装饰装修之间的关系。

④装饰装修阶段,要合理安排各工种施工顺序。如墙面抹灰→地面湿作业→块料面材镶铺→涂漆粉刷→电器安装等。

(4)确定各施工阶段持续的时间。按照计划投入的人力、机械等生产要素结合施工定额进行安排;也可根据总工期留出机动工期后,计算应配备的人力、机械等生产要素;还可根据以往实施类似工程的经验,确定各施工阶段持续时间。

(5)绘制计划图表(横道图、垂线图或网络图)。

(6)进行计划的优化和调整。一般采用网络计划优化和调整比较方便。

①在一定的资源条件限制下,承发包双方协商一致对总工期进行调整。

②在满足总工期和各阶段工期的前提下,对资源使用进行均衡分配,努力使所使用的资源

量最小。

二、施工进度的控制

1. 建立施工进度控制组织体系

施工企业的项目经理部就是实施施工进度控制的生产指挥系统,项目部应当由指令下达系统和信息反馈系统组成。

(1)指令下达系统。

指令下达系统根据已经审定的施工进度计划自上而下进行贯彻,形成项目经理→项目生产副经理→各专业施工单位生产负责人→现场施工员→施工班组这样一套垂直的职能链。材料、机械、人力资源、安全监督、文明施工(环保)等管理部门应围绕计划要求和生产指令开展工作。项目经理部应通过生产例会制度协调解决施工中出现的问题,下达调度指令,促使有关施工工队执行。

(2)信息反馈系统。

信息反馈系统须由指令下达系统支持,须规定信息的收集、甄别、整理、传递的人员、方式和时限以及重大问题报告制度。项目经理部可建立局域网,与上级有关部门和其他有关单位实现资源共享,以及收集反馈信息,申请发布新的调度命令。

2. 实施施工进度控制

实施施工进度控制,又称为工程施工进度计划的实施。该项实施包括执行、检查与反馈、纠偏调整三个阶段。

(1)执行。

①做好生产要素的配置。从人力、物力、时间、空间等方面为实现有关计划创造条件。

②要抓住关键工序。所谓关键工序是指对总工期的实现构成直接影响的工序。抓关键工序会使问题简化,使施工进度控制变得相对容易些。

③关键工序条件。如表 8-2 所示。

表 8-2　关键工序条件表

时间	资源	人员	环境	控制
工期紧,无机动时间	需用特殊的工具和方法	保持相对稳定	保持稳定的温度和湿度	质量控制以过程为主
可提前安排操作	工艺、材料应经复检和定期测试	坚持实行持证上岗	使环境适于操作和对外联系	对工艺操作实行全程监控
	及时更换设备中不适用部件	坚持定期培训		及时处理各工艺参数异常

④在抓关键工序的同时,也要密切关注次关键工序的进展情况。

次关键工序是指对总工期构成一定影响但不是主要影响的工序。某些次关键工序由于施工迟延开始或持续工作时间加长,会转成关键工序。

(2)检查与反馈。

①必须建立定期检查与反馈的机制。应设专人负责,依照规定的频次对照计划指标重点

检查关键工序。对实际情况偏离计划要求的,要及时将有关信息反馈到主管领导和有关部门。

②检查常用的方法有前锋线法、实际完成与计划线条对比法、百分比法、里程碑法等。

前锋线法——在时标网络计划图上,从检查时刻的时标点出发,将各项工作实际进展位置点连接而成的折线,用以判断实际进度与计划进度的偏差,进而判断该偏差对后期工作及总工期影响的一种方法。

里程碑法——为比较施工实际进度与计划进度的偏差而确定一条基线,作为认可某阶段施工任务是否完成,是否可进入下阶段施工的起步线,基线完成就等于达到了工程施工计划的一个里程碑。

(3)纠偏调整。

判定实际执行情况偏离计划要求时,需要利用网络计划进行纠偏调整。

①通过网络计划可计算出各工序的时间参数,作为控制和调整施工进度计划的工具。要优先满足关键工序对生产要素的需求,当关键工序拖延、滞后时,应启动非关键工序,以加快进度。如从非关键工序抽调人力、机械加强关键工序的运作。

②利用时差进行调整时,应优先使用自由时差,因为自由时差不会对总工期和后续工作产生影响。

总时差是指施工单位在不影响总工期的情况下,就某工程施工工作所拥有的自由支配的时间。

自由时差是指施工单位在不影响后续施工工作的情况下,就某工程施工工作所拥有的自由支配的时间。一般在次关键工序中才使用自由时差。

3. 对于影响施工进度的几个问题的处理

延期开、竣工或施工中途停工往往会影响施工进度,甚至影响总工期。施工单位应尽力避免由于自身原因导致上述情况发生。

如果出于发包方的原因或不可抗力事件致使上述情况出现,施工单位应适时作出反应,对发包方提出工期和费用索赔意向,以维护自身合法权益。

(1)延期开工。

延期开工的出现,多数情况下是由发包方原因引起的。例如施工手续未办妥,不能及时提供施工场地且未实现"三通一平",未按时提供施工图纸等。届时施工单位应及时书面通知发包方和监理单位。施工单位应积极配合发包方创造开工条件,如属于合同外的工作,应提出索赔要求(包括工天索赔)或制成备忘录。

(2)暂停施工。

①发包方责任造成。例如,未按合同约定及时提供应分批供应的施工图纸;所供物料、设备、预制件未按时进场或规格、质量不合要求;相关施工单位未如约施工或完工等。届时施工单位应书面通知发包方和项目监理机构;只有造成了实质性的损失和影响,阻碍关键工序实施,导致总工期拖延时才能提出工期索赔;造成机械、人员窝工或其他损失,则需提出费用索赔。

②不可抗力事件造成。施工单位遭遇不可抗力事件,只有尽了下述两项义务才有可能减免相关的暂停施工的责任承担:

A. 在不可抗力事件中尽力抢险救援,减轻损害后果;

B. 在事件发生后的合理期限内如实向发包方、项目监理机构或其他有关方面告知事件发生的有关情况。

(3)延期竣工。

延期开工、中途停工和其他影响工期的因素都可能导致延期竣工。届时施工单位应在合同规定的竣工时间之前,书面通知发包方和监理方。

发生以上问题时,有关各方应按合同约定办理备案和签认手续。需要索赔时,要注意:一是做好施工同期记录,包括施工日志、影像资料等,必要时请监理签认;二是要严格把握索赔及其他处理时效,索赔的意向和计算应在规定的时间内提出,以保证索赔成功。

三、施工中对网络技术的应用

1. 网络计划技术

网络计划技术是 20 世纪 50 年代后期发展起来的一种科学管理和系统分析的方法,它借助网络图的基本理论,以概率论和数理统计为工具,对项目进展及其内部逻辑关系进行综合描述和具体规划,以利于计划系统的优化、调整和计算机应用,该方法已被广泛应用于军事、航天、科研、工程等领域。

(1)基本特征。计划图表采用的是有序有向甚至有数量限制的线路图。

(2)表现形式。主要有:单代号网络图和双代号网络图。

(3)网络计划技术主要优点。

①工序间顺序和制约关系清楚、严密,可有效进行系统分析,适用于各类工程项目。

②可计算关键线路,在执行和控制计划时可抓住重点。

③预见性强,易于优化。例如可模拟和预测计划执行过程,计算不同计划工期完成概率。

④易于监控,调整方便。例如当某项工序变化时,可迅速判断出它对其他工序及总工期的影响,并及时找到解决途径。

⑤可使用电子计算机实施计算、绘图、优化和调整。

2. 网络计划技术在工程施工中的应用

(1)编制工程(一般是单位工程)施工进度计划。在网络图中标明起止时间和机动数、工程量和其机动数、施工顺序等。

(2)实施施工进度控制。它包括进行施工进度计划执行情况检查,发现问题及时查找分析成因。属于机动数额允许范围内的偏差,一般不作调整。超出允许范围的偏差,要考虑对总工期或后续施工活动的影响,决定是否对施工进度计划作出调整。

(3)调整施工进度计划。此项工作应在网络图中完成,要充分考虑赶工量、赶工时间比例和赶工费用增加情况,结合实际施工能力统筹定案。

第三节 赶工

本节首先给出赶工定义,讨论工程形象部位与具体施工阶段的关系及赶工事项,接着讨论了赶工、赶工率和赶工费率的概念,具体计算了赶工区段和时段的选择。

一、工程项目形象部位的形成

1. 赶工

赶工是在某项工程项目的实施中,有关施工方的形象进度不符合进度计划的要求,有可能影响预定工期的实现,施工方受令或自行安排追赶工期,以弥补工程量缩短的活动。

2.形象进度瑕疵和赶工启动

(1)形象进度的内容解析。

①形象进度是指工程进展所达到的形象部位及相应的实物工程量与计划工程量的比例,用以客观描述工程进展程度的指标。

②工程进展阶段的划分。工程进展的形象部位涉及具体的施工阶段,而具体的施工阶段往往既具有共性,又具有各自的特性。

以房建为例,大体分为:基础施工、主体(柱梁板以形成主体结构)施工、屋面施工、两装(装饰装修)施工、设备(水暖电工)安装五个阶段。

其中,基础施工属于绝对阶段,必须首先进行,一般不与其他施工阶段发生横向联系;设备安装属于相对阶段,它可以根据需要和可能与任何施工阶段发生横向联系,例如在基础施工时可以埋设穿基管线;其他三个施工阶段属于中和阶段,它们之间可以以某项施工为主互相搭接进行。

③部分工程项目会在正式组织实施前,先进行某些先导工程的施工。待有关先导工程实施到一定程度,再开始其他部分的施工。例如在新铁路的修建中,对于长大隧道(长 1000m 以上)和桥梁(长 500m 以上)等控制工程的施工必须提前组织运作,才能保证整个工程项目合理运转。

(2)形象进度瑕疵。

形象进度是一个双指标概念,既关注项目工程所到的形象部位,即具体施工阶段,又关注实物工程量和计划工程量的比例。任何一个指标发生问题或出现瑕疵,都会影响形象进度的表达。

而解决这些瑕疵的办法是唯一的,即赶工,增加实物工程量。

3.引发赶工的事项

(1)形象部位施工错位引起赶工的事项。

①进行主体施工的同时,进行加固基础的施工。只因基础施工遗漏或质量较差,实施追加式赶工。

②进行中和阶段施工的同时,主体施工与搭接施工齐头并进,互相影响和干扰,根据具体情况,只安排主体施工,然后再安排赶工。

③设备安装调试影响了其他中和阶段的施工。

(2)实物工程量不足引发的赶工事项。

设实物工程量和计划工程量的比为 δ。

①$\delta < 5\%$ 时,一般不专门安排赶工,由施工方自行消化。

②$5\% < \delta < 10\%$ 时,由施工方根据需要和可能提出赶工计划,经监理或建设方批准,选择性地安排赶工。

③$\delta > 10\%$ 时,建设方或监理应明确要求或下指令促成施工方赶工,施工方应积极组织实施。

二、赶工费用的承担

赶工费用的承担需注意以下几点:

(1)由非施工方的原因引起的赶工,例如设计调整、合同变更、监理或建设方责任造成、不可抗力影响等,一般由建设方承担赶工费。

(2)由施工方原因引起的赶工,由施工方承担费用。

(3)赶工费用的定额值应适当高于常规施工的定额值。

三、赶工的计划安排

1.赶工率

赶工率即为赶工的实物工程量与计划工程量的比例,而需要赶工的工程量即为短缺的工程量。

赶工率也可定义为用于赶工的时间与额定时间剩余量的比值,即

$$\delta = \frac{L}{T_i - L}$$

式中:L 为用于赶工的时间单位;T_i 为额定工作时间。

赶工率越低,说明经过赶工,对计划执行工期影响程度越小。

2.赶工计划

(1)赶工时段的选择。对某一具体施工阶段 T_i,仅当 $T_i - L \geqslant 2L$ 时,即 $T_i \geqslant 3L$ 或 $\delta \leqslant \frac{1}{2}$ 时,T_i 才有可能被选为赶工时段。

对某几个具体施工阶段 T_i,可以推出,$i = 2$ 时,则仅当 $T_i \geqslant 2L$ 且 $\delta \leqslant \frac{1}{2}$ 时,才有可能在 2 个 T_i 中安排赶工;$i = 3$ 时,则仅当 $T_i \geqslant L$ 且 $\delta \leqslant \frac{1}{2}$ 时,才有可能在 3 个 T_i 中安排赶工。

(2)赶工时段的确定。在 $\delta \leqslant \frac{1}{2}$ 多种情况下,按具体 T_i 计划工费单价 B 计算赶工费,$M_i = B_i(1 + C\%)L$,选择 $\max M_i$ 作为赶工时段。

(3)赶工时段取单位整数进行划分,即在选定的施工阶段划出整月、整周、整日用以赶工,而不取小数、分数时段。

【例 8-1】某工程项目分成 A、B、C、D、E、F、G7 个部分分头施工。B、C 待 A 完工后开始运作,D 待 B、C 完工后才进行操作,E、F 在 D 完工时启动,G 于 E、F 竣工时施工。具体数量关系如表 8-3 所示。

表 8-3

活 动	计划工期(周)	计划费用(元/周)	赶工费率
A	7	7000	
B	2	5000	
C	5	9000	
D	6	3000	12%
E	2	4000	
F	5	4000	
G	7	5000	

问题：

(1)用箭线图来表示该项目。

(2)利用表格中的阶段计划工期、计划费用和赶工费率,为在实际施工中使计划工期缩短两周,应如何安排有关活动?

解：(1)根据题意,用箭线图表示有关工程项目的网络图如图8-1所示。

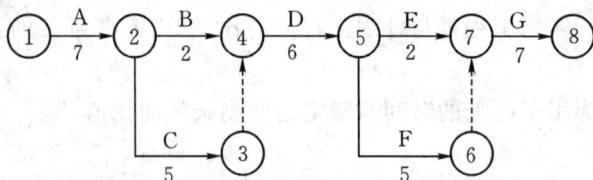

图8-1

②确定赶工计划。

由 $L=2$,根据表8-3,符合独立安排赶工 $T \geqslant 3L=6$（周）的施工阶段为 A(7周)、D(6周)、G(7周)；符合组合安排赶工 $T \geqslant 2L=4$（周）的施工阶段除前述 A、D、G 三阶段外,还有C(5周)、F(5周)。

表8-4给出了有关的计算。

表8-4

类型	赶工率	赶工费用(元)
A-2	2/(7-2)=0.4	7000×(1+12%)×2=15680
A-1,C-1	1/6+1/4=0.42	(7000+9000)×(1+12%)=17920
A-1,D-1	1/6+1/4=0.42	(7000+3000)×(1+12%)=11200
A-1,F-1	1/6+1/5=0.37	(7000+4000)×(1+12%)=12320
A-1,G-1	1/6+1/6=0.33	(7000+5000)×(1+12%)=13440
D-2	2/(6-2)=0.5	3000×(1+12%)×2=6720
D-1,C-1	1/5+1/4=0.45	(3000+9000)×(1+12%)=13440
D-1,F-1	1/5+1/4=0.45	(3000+4000)×(1+12%)=7840
D-1,G-1	1/5+1/6=0.37	(3000+5000)×(1+12%)=8960
G-2	2/(7-2)=0.4	5000×(1+12%)×2=11200

根据表8-4的计算可知,在 A-1、C-1 一栏中,在赶工率为 0.42 的前提下,赶工费用为17920 元最大。故安排在 A 阶段赶工一周,在 C 阶段赶工一周。

综合练习题

1.施工进度有哪几种计算办法?什么是形象进度?它有什么作用?

2.施工进度管理的重要性表现在哪些方面?其内容有哪些特色?

3.简述影响施工进度的因素,对于所处理的影响施工进度的问题及处理方法是怎样的?

4.编制施工进度计划的步骤有哪些?如何实施施工进度控制?

5.关键工序成立的条件是什么?检查关键工序的主要方法有哪几种?

6.网络技术的基本特征是什么？其主要优点有哪些？网络技术在施工中如何应用？

7.什么是赶工？工程项目的形象部位与具体施工阶段的关系是怎样的？

8.施工中一般有哪些赶工事项？赶工费如何承担？

9.某工程分成 A、B、C、D、E、F 六个部分分头施工。B、C、D 在 A 完工后动工，F 在 E 完工后操作。具体数量关系如表 8-5 所示，赶工费率为 13%。

表 8-5

活动	计划周数	计划费用/千元
A	3	6500
B	5	7800
C	4	9600
D	2	8400
E	2	7100
F	7	6700

请问：

(1)用箭线图来表示该项目；

(2)如何安排赶工，使实际工期缩短两周？

第九章
立项、开竣工和工后管理事务

教学目标

知识目标

本章系统论述了工程项目实施中四个关节点的基本认知。在立项阶段，强调了项目建议书（附带投资意向书）、项目可行性研究报告、项目评估报告的作用；在开工准备期，重点讨论了编制施工组织设计、办理开工手续、实施报建和现场踏勘等重要环节；在竣工验交阶段，除介绍竣工验收的条件、程序和各有关主体的动态外，特别强调了竣工验收报告的填写、竣工图的编制、建筑标的物和工程技术档案的交接和工程项目的结算；最后以工后阶段为主介绍了甩项验交、尾遗工程、工后回访和质量保修、工程项目主体事务分析及其他善后工作。

技能目标

本章旨在培养学生掌握如下操作：在立项阶段，会写项目建议书，能够着手推进项目可行性研究和项目评估事务工作；在项目准备期，能够实施报建事务，办理各种开工手续，参与编制和实施施工组织设计；在竣工验交阶段，能够操办验收事务，绘制、整理竣工图，进行工程标的物和技术档案交接，必要时可组织甩项验交，推进尾遗工程的实施；在工后阶段，能够实施工程质量的回访保修，参与主体建筑事务的分析，完成其他项目尾事的操作。

案例引入

2007年，湖北某火车站新落成的双层候车大厅巍峨英挺，部分明亮的玻璃墙在阳光下闪耀，数公里外就能看到它的雄姿。大厅外表涂成粉红色，内墙上绘制了巨大的两幅彩图：天女散花和女娲补天。在大厅大门上方斜插着一方红帮黄底、还装饰着流苏的巨型钢筋混凝土雨搭。许多人都对这一方雨搭望而生畏，似乎其中含有什么秘密。果然在一个大风呼啸的黎明，那方雨搭一下子垮塌下来，当先压死7名旅客。这件事立即成为轰动全国的新闻。

地方政府住建部门、某铁路局和司法机关组织了一个事故处理机构。查明：该车站大厅的建设方为某铁路分局，委托某设计院勘察设计，经招投标由某建筑公司施工。在开工前进行审图交桩时，施工方就对大门上的雨搭提出强烈异议，认为设计错误，且大大增加施工难度。设计方修正后，施工方仍然强烈不满，要求设计方重新设计。至此，施工方和设计方两家激烈碰撞，互不相让。虽经建设方多方劝说，施工方依然寸步不让。于是建设方决定把预制和架设雨搭的工程从工程项目总体中分出来，另花重金聘用某专业施工队施工。事故组按照建筑公司的思路进行了计算，雨搭的体积为 $19m \times 7m \times 0.35m = 46.55m^3$，设雨搭平均比重为 $3.5t/m^3$，则雨搭总重达248吨。如此重的雨搭仅靠连接在大门上部的过梁来支撑，而设计方并未提出对有关过梁进行加固处理，加之事故当天狂风摇曳，于是就发生了事故。

最后事故组判定:在该次事故中,设计方应承担70%的责任;某专业施工队因未能主动对大门上过梁进行特别加固处理,应承担10%的责任;建设方拒不对施工方的理由进行审查,片面支持设计方,应承担20%的事故责任。

第一节 立项事务

本节首先介绍了立项阶段的主要工作内容和审批权限,接着给出了项目建议书的编制方法和附带事项,并重点讨论了项目可行性研究相关的运作、内容和报批事项,特别强调了环境影响评价(环评)和地震安全性评价(震评),最后讨论了项目评估的评估项、评估原则、过程和方法。

一、立项认知

立项是建设行政主管部门批准项目建议书(一般为中小型项目)或可行性研究报告(一般为特型、大型、超大型项目),确定建设单位的活动。其中建设单位,可以是投资主体,也可以是投资主体委托的代建公司。

代建公司,又称工程项目管理专业公司,指投资主体将实施工程项目的全部工作,包括可行性研究、项目评估、立项后的报建、场地准备、项目规划、勘察设计、物料采购、设备安装、施工、监理及验收等都委托给该公司,由该公司招标选择施工单位或组织有关专业公司来完成整个建设项目。

在这里需注意代建公司与总包公司的区别,后者必须进行主体工程的施工,而前者是纯粹意义上的管理公司。

1.立项阶段建设单位工作内容

立项阶段建设单位工作内容包括编写投资意向书、项目建议书和获取可行性研究报告、项目评估报告等前期文件。

(1)前期的具体工作。选址、现场勘察、编制选址报告、制订项目总体规划、委托实施建设场地地震安全性评价(简称震评)、环境保护评价(简称环评)等项工作。

(2)选址报告和项目总体规划。

①该两项工作属选择报批事项,一般只作可行性研究依据,主管部门需要时才上报审批或备案。具体工作由建设单位或其授权的机构委托设计单位或其他单位完成。

监理单位作为工程项目监督管理的主体,在此阶段即可接受建设方的委托,主办或协办立项事务。随着立项被批准,只要建设方继续委托,有关监理单位可以参与操持具体项目全程运作,也可以只参加有关项目某一环节的运作。

②委托书内容。委托书的内容包括建设项目名称、规模、拟占地面积、总建筑面积、主要技术指标等有关的初步技术资料。

2.立项审批权限

立项审批权限如表9-1所示。

表9-1 立项审批权限

项 目	新工业园区,大型、特型、超大型项目	中小项目	国务院各部门直属中小型项目
批准机关	国家发改委	国务院主管部门及省级发改委	须经省级人民政府同意

(1)大中型工程项目,经行业主管和国家发改委两级批复才可立项;

(2)小型或限额下工程项目,经项目所在地地方政府同意后,由主管部门批准立项。

二、建设项目建议书

1.项目建议书的作用

(1)项目建议书是中小项目选建的依据。经批准,该建议书即成为开展立项工作的依据。

(2)项目建议书经批准后,才可开展项目可行性研究,进行项目评估等活动。

(3)利用外资时,项目建议书经批准后才可对外开展有关工作。

2.项目建议书编制方法

(1)论证重点(三符合)。是否符合国家宏观经济政策;是否符合国家产品政策和产品结构要求;是否符合国家生产力布局要求,避免盲目建设、重复建设。

(2)宏观信息依据。包括国民经济和社会发展规划、行业或地区规划、国家产业政策和技术政策、生产力布局状况和自然资源状况等。

(3)估算误差。研究投入产出比,用经验公式估算商业利润,投资费用误差与预算相比一般在20%左右。

(4)最终结论。研究市场前景并进行静态指标分析,阐明投资机会的可靠性和设想是否合理。

3.附带事项

(1)各类建设项目建议书均应给出项目建设费用的估算值及计算依据。

(2)各类建设项目建议书可列出投资单位的投资意向书。

三、建设项目可行性研究

建设项目可行性研究是指在项目决策前,对与项目有关的工程技术、经济条件多项内容进行调查、研究和分析,对有关方案比较论证,进而评价项目技术优劣、经济盈利性和建设可比性的活动。

1.可行性研究的运作

一般由建设单位委托专业设计院所、咨询公司或建设银行等单位进行。

2.可行性研究内容

可行性研究内容包括:总论、建设项目的规模、资源中的原材料和燃料、公用设施、建厂条件和设计方案、环评和震评、用工和培训、施工进度、融资、社会效益及经济效益等。

3.可行性研究报告的报批

(1)大中型项目,经省级发改委或计划单列市发改委审议,报国家发改委审批,国家发改委委托中国国际咨询公司等单位评估后再审议;2亿元以上的项目,国家发改委审议后,报国务院审批。

(2)地方投资的文教卫生大中型基建项目和技术改造项目,由省级发改委或计划单列市发改委审批,报国家发改委和有关部门备案。

(3)企业自建大中型基建项目和技术改造项目,凡以合同落实、不需要国家投资的,由省级发改委或计划单列市发改委审批,抄报国家发改委和有关部门备案。

(4)小型项目按隶属关系由省级发改委或计划单列市发改委审批,审批后一般不得更改。

确需变更者,须经审批的发改委同意,并办理正式变更手续。

4.环境影响评价

环境影响评价,简称环评,是建设方组织有关单位或部门评价有关建设项目实施后对生态环境的影响,提出对策并开展环境保护的活动。

(1)建设单位在进行工程项目可行性研究时,须选定环保评价单位开展环评工作,凡不进行这项工作的,不得批准立项。

(2)环评内容。环评内容包括:总论、项目概况、项目地域环境质量调查、项目对环境的影响、环保投资估算、损益分析及检测制度的建立、结论与建议、附图。

(3)环评程序。

①建设单位持环评任务书到环保主管部门申请环评批复手续。经确定环评等级、标准和考察环评单位资质并备案后,即可委托开展环评工作。

②受委托的环评单位须经现场勘验、收集资料后,就评价内容、范围、收费等在征询环保主管部门、建设单位的意见后,编写环评大纲。

③有关受委托的环评单位或部门与建设单位签订环评合同后,依据所制订的环评大纲开展环评工作。

(4)环境影响报告书(卡)的审批。

①环评预审。由建设单位的上级有关部门邀请环保主管部门、计划部门、设计部门、对口专业专家等部门人员会同建设单位对有关建设项目环境影响状况实施预审。建设单位将预审意见转给环评单位,供其修订环评报告。

②建设单位将环评报告及预审意见交当地环保部门,待其批准后将备份交设计单位进行环保设计。

(5)工作内容专题设置。工程分析、大气环境质量现状和项目对环境影响评价。

(6)评价标准。评价标准按环境要素功能确定。首选地方标准,无地方标准或地方标准不适宜,可选用国家标准,国内无标准的,可参照国外有关标准。

5.地震安全性评价

建设场地地震安全性评价,简称震评,指建设单位组织或委托有关单位或部门对有关建设项目实施后,受当地地震条件的影响而遭受损害和破坏的可能性进行预先评估的活动。

该项评价活动是可行性研究的必备课题。无此项研究,有关发改委不得批准立项,其他主管部门不得办理相关建设手续。

(1)震评程序。

①建设单位持选址意见书和委托震评单位的意向书交当地地震事务主管部门,由该部门审定震评单位资质,决定是否进行震评工作。

②经批准,由建设单位和震评单位签订委托开展有关震评工作的合同。

③建设单位配合震评单位进行地质勘察,收集国内外有关资料。

④震评单位给出震评报告,由建设单位提交给地震事务主管部门。若被发回,经震评单位修订,建设单位应再次报审。震评报告最终交由省级地震局核准,确定抗震标准。大型、特大型项目交国家地震局批准。建设单位最后将震评报告副本和批复文件交设计单位进行抗震设计,但不得自行增减有关批复标准。

（2）震评报告主要内容。

①建设项目地域地震条件概述。

②区域及近场区地质地震、地震活动性研究。

③有关地震的工程参数、衰减规律、反应分析、频谱曲线等技术资料。

④震害分析、地震预报和地震小区划分。

⑤结论。包括场地类别、未来地震趋势、不宜建设场地划分、工程抗震要求、地震监测、防救综合措施等。

四、项目评估

项目评估是指在项目可行性研究基础上，由第三方（国家有关机构或银行）依据国家相关法规政策，从国民经济和社会效益角度对拟建项目的必要性和技术基础条件进行综合性评价论证的活动。

1.作用

项目评估是政府、金融机构或建设单位等投资主体进行项目投资决策的重要依据，是保证重点基建项目及大中型企业技术改造项目的关键措施，是提高项目投资经济效益的重要手段，是控制经济规模、落实宏观调控的措施之一，是投资决策科学化、管理民主化的重要表现。

2.评估原则

（1）科学化原则。选择科学合理的评估方法和指标体系，用科学手段进行定性和定量分析，使评估结果符合客观实际。

（2）公正性原则。尊重客观事实，不带主观随意性，克服偏爱和倾向性，不受外部干扰，不屈服外部压力，深入调查研究，仔细计算论证，不遗漏任何缺陷。

（3）客观性原则。从项目所处物质环境（社会、地区、投资环境）、地区发展水平、文化传统和民族习惯等条件出发，实事求是地分析项目成立的可能性。

（4）目标最优化原则。评估就是追求方案的优化，熟悉和掌握众多比较因素，广泛听取不同意见，进行定性分析，并采用科学比选法（如权重法）进行定量分析，遴选最好的方案。

（5）资金、时间、价值原则。动态考察相关项目的投资回报率和经营业绩，客观评估项目在完成后的增值效果。

3.评估的过程和方法

（1）评估五步骤。

①制定评估计划，成立5～8人的评估小组进行审查评估，审查主体工作，安排工作进度。

②调查核实资料，以保证评估质量，包括查证资料、补充资料、整理资料。

③审查分析项目，其包括三个环节，即一般情况审查、基本情况审查、财务经济分析。

④汇总评估观点。在有关专家参与下，将评估要点、各项专题评估意见（正反两个方面）进行汇总，从技术经济角度评价出最佳方案。

⑤编写评估报告。组织论证会，对可行性研究报告推荐的方案进行分析论证，归纳出主要意见和结论，以评估报告形式予以明确的肯定或否定的意见。

（2）评估方法。评估方法主要有动态或静态评估、多方案比选等方法。

4.评估内容

项目评估的内容，主要指项前评估，具体包括：

(1)投资条件评估；

(2)技术评估；

(3)财务评估；

(4)国民经济评估；

(5)环境和地震影响评估；

(6)社会效益评估；

(7)项目不确定性和风险评估。

第二节　开工事务

本节首先罗列了开工前要办理的 12 类手续和其他开工条件，接着介绍了会审图纸和技术交底，特别介绍了报建的程序和资料。本节强调办理施工许可证前，建筑监查队派员到工地实施现场踏勘的事务性内容。

一、编列施工组织设计和办理开工手续

1.施工组织设计的主要分类及内容

施工组织设计是施工方统筹工程项目建设活动全过程、推动企业技术进步和优化施工管理的核心文件之一。详细内容见第三章相关内容。

(1)施工组织总设计。其内容为：

①工程概况；

②施工部署和施工方案；

③施工进度计划；

④全场性(管辖内施工场所整体)工程施工准备工作计划；

⑤全场性资源需要量计划；

⑥施工总平面图；

⑦主要技术经济指标。

(2)单位(子单位)工程施工组织设计。其内容为：

①工程概况及施工特点分析；

②施工方案；

③施工准备计划；

④施工进度计划；

⑤各项资源需要量(人力、设备、物料)计划；

⑥现场平面布置；

⑦主要技术组织措施(解决：谁、用什么设备和物料、在何时、干什么等问题)；

⑧主要技术经济指标。

(3)分部(子分部)、分项工程施工组织设计。其内容为：

①工程概况及施工特点分析；

②施工方法及设备选择；

③施工准备计划；

④施工进度计划；

⑤劳务、材料、机具需要量计划；

⑥质量、安全、节约措施；

⑦作业区平面布置图。

2.开工手续和条件

(1)开工手续。施工单位必须在取得下列证照后，才能合法地开展工程项目施工活动：

①土地使用证；

②建设用地规划许可证；

③建设工程规划许可证；

④建设资金证明；

⑤人防施工图设计审查通知书；

⑥施工图设计文件审查合格书；

⑦质量监督注册登记表；

⑧建筑节能备案登记表；

⑨散装水泥基金和节能墙体材料两项基金交费手续；

⑩固定资产投资许可证；

⑪招投标、施工和监理合同备案手续；

⑫建筑工程施工许可证。

以上证照全部由建设单位领取或办理。

(2)开工条件。

①建设单位已办妥建设规划许可证、固定资产投资许可证、建筑工程施工许可证等十多个证照；

②有经过建设工程主管部门批准，并经甲乙双方和监理人员会审的施工图样和施工方案；

③有测量定位的基准线和高程点；

基准线是以某条假想存在的线为参考线来确定建筑物的位置，该假想线就是基准线，又称定位轴线；

高程点是指建设区域内代表绝对高程或相对高程的具体位置；

④部分材料、机具和劳动力已组织进场，其中进场的材料已够三个月的施工用量，并进行了技术、安全、防火等项培训教育；

⑤工程项目征地拆迁基本完成，实现了施工场地的"三通一平"（即水通、电通、路通，场地平整。加上电信、燃气通畅，排水、排污通畅，叫七通一平），临时设施已搭建，外围配套条件已用签订协议的方式固定下来，主体工程或控制性工程（施工工程量较大并且技术难度相对较高的工程项目部分，例如在铁路的修建中，桥梁和隧道的修建就是控制性工程）已按期开工；

⑥初步设计和总概算已批复，各项建设资金已落实到位，并经审计部门认可；

⑦施工项目经理部也已成立，其主要成员均已到位；

⑧施工监理单位经委托或招标也已选定。

3.填写开工报告

开工报告如表9-2所示。

表9-2 开工报告

建设单位		计划、设计、规划、批准文号		
监理单位				
设计单位				
施工单位				
工程名称				
建筑面积		工程结构		层数
总 投 资		每年投资		
承包形式		每 m² 造价		
计划 工期	开工	日历工天		
	竣工	工程地址		
建设单位 （章） 年 月 日		施工单位 （章） 年 月 日		
审查机关 意见				
批准机关 意见				
备注				

(1)建筑面积。按本地建筑安装预算定额的有关说明和国家有关规定计算填写。

(2)工程结构。可按主要承重结构材料和基础以上部分划分,有:混凝土结构、钢构、筒体、砖混、砖木、框架、排架、钢架、大板等结构,四新(新工艺、新技术、新材料、新结构)建筑、装配式大板、框架剪力墙、整体预应力板柱、砌块、大模板现浇、滑模等工艺。

(3)总投资。工程项目由一个施工单位承包,则填写总投资;一个施工单位只承包工程项目的一个分部或分项工程,则填写有关的投资额,其余类推。

(4)承包形式。承包形式有包工包料、包工不包料、包工另包部分料等。

(5)承包工期。按合同约定填写。

(6)审查机关意见。由质量监督部门审查,加盖公章。

(7)批准机关意见。新开重点工程和万 m² 以上工程,开工报告应经施工主管部门批准、盖章。

（8）一般工程，经当地建筑监查队派人员实施现场踏勘，填制现场踏勘表，报当地工程管理部门批准、盖章，即可开工。详细内容请参阅第十二章的有关论述。

（9）相关技术概念。

①框架结构是指经过现浇用钢筋混凝土连接基础和在先预制的柱、梁、板形成的单层或多层建筑，以及框架和剪力墙或框架与筒体组合的高层建筑。

②排架结构是将两边的柱子、内柱与基础连成一体，多采用吊装工艺将预制的构件如隔板、梁和屋架与柱子装配在一起，可做成等高、不等高、锯齿等多种形式，跨度可超过 30 米，高达 20 米、30 米或更高，一般为单层建筑，适于作厂房。

③钢架结构是将角钢、钢管等钢材按承重计算焊接成多种形状的结构件。

④装配式大板结构。

全装配：内、外墙都装预制板，接点插钢筋、浇筑混凝土的钢筋混凝土结构；

外砌内挂：外墙砌砖用于保温，内墙挂预制板便于使用的混合结构；

外挂内浇：外墙挂板，内墙支模现浇混凝土的钢筋混凝土结构。

⑤剪力墙是用钢筋混凝土墙板代替框架结构中的梁柱，能有效地承担各种荷载引起的内力，并有效控制结构水平力的墙板。

⑥框架剪力墙是用剪力墙板和钢筋混凝土结构取代框架结构中的部分梁、柱所形成大跨度和大空间的墙体结构。

⑦大模块建筑是使用大型模板现场进行混凝土浇铸而成的建筑物。

⑧大板建筑是用大型预制板经现场装配形成的建筑物。

⑨滑模建筑是使用滑动模板工艺经现场浇铸钢筋混凝土所形成的建（构）筑物。

⑩砌块建筑是用砌块作为建筑材料去衬砌建筑物的维护结构或承重结构所形成的建（构）筑物。

⑪砌块是利用工业废料（炉渣、粉煤灰）或地方材料制成的人造块材，外形比砖大。高度115～380mm 为小型砌块，380～980mm 为中型砌块，高度大于 980mm 的为大型砌块。目前以使用小型砌块者居多。砌块又分成实心砌块和空心砌块，空心的有单排方孔、单排圆孔、多排扁孔三类。

4.会审图纸及技术交底

会审图纸是指在施工单位、施工监理熟悉图纸内容和要求的基础上，由建设单位主持，施工单位会同监理单位对图纸内容订正错漏，进行质疑，由设计单位给予释疑剖析，大家统一认识，形成"图样会审纪要"的活动。

技术交底，又称技术质量交底，指单项、单位工程或分部、分项工程开工前，由设计单位向施工单位及监理单位，或者由施工企业总工程师或项目技术负责人（又称为项目总工）向参与项目施工的有关管理人员、技术人员和工人所进行的技术性的说明和释疑活动。

（1）图样会审步骤。分为学习、初审、会审、综合会审四个阶段。

①学习阶段。施工单位技术人员收到工程项目的图纸后进行研读，以明确工艺流程、质量要求等内容的阶段。

②初审阶段。施工单位迅速组织本单位技术人员在研读工程项目图纸的基础上，进行初步审查，写出对图纸的疑问和纠错改进建议的阶段。

③会审阶段。由建设单位组织施工单位会同监理单位、设计单位共同审查有关施工图纸

的阶段。

设计单位说明设计依据、意图和功能要求，并对特殊结构、新材料、新工艺、新技术提出特别要求；施工等单位提出疑问和纠错改进建议；与会人员统一认识，形成"图样会审纪要"，各方签字盖章，作为施工文件和施、竣工结算依据。

④综合会审阶段。在建设单位的主持下，由总包或主要施工单位与外分包单位（如打桩、挖土、机械吊装等）之间进行施工图检查，落实不同专业间的施工配合事宜。

（2）图样会审重点。

①图纸是否经过设计单位正式签署发布，并经设计质量监督部门批准；

②建筑设计假定条件和设计简图检查，落实不同专业间的配合事宜是否符合实际，施工时有无足够的稳定性，对安全施工有无影响；

③核对基础图、建筑图、结构图水暖电卫设备等细部图是否齐全；

④结构、建筑、设备图本身和相互之间有无错误和矛盾，如各部位尺寸、轴线位置、标高、预留孔洞、预埋件大样和做法有无错误和矛盾；

⑤熟悉地质勘探资料，注意地基处理、基础设计，建筑物与地下构筑物、地下管线之间有无问题；

⑥设计对新材料、新工艺、新技术、新结构和特殊工程、复杂结构的技术要求能否做到；

⑦特殊材料和非标构件使用是否影响速度和质量。

（3）有关技术概念。

①我国《民用建筑设计通则》（GB50352—2005）将10或10层以上的住宅及高度超过24米的公共建筑和综合性建筑称为高层建筑。

②建筑设计假定条件是指建筑设计者把施工过程和使用过程中所存在的问题事先做好通盘设想，拟好解决办法，用图和文件表达出来的形式。例如：卧室设置的合理性；通道占用面积的大小；人与面积是否符合某种比例等。

③设计简图是由设计人员给出建筑标的物基本位置和走向、结构件的大体排布及连接，并履行一定批准手续的图纸。

④大样图是指某些形状特殊、开孔或连接较复杂的零部件和节点，在整体图中不便表达清楚时，另行移出并放大所绘制的图样。

⑤预埋件是预先安装在隐蔽工程内的构配件，即在某些工程部位浇铸时被埋在其中，露出接头，用于砌筑有关上部建筑时进行搭接的连接件。

⑥标高是指建筑物某一部位相对于基准面（标高0点所在平面）的竖向高度。标高有绝对标高和相对标高两种。绝对标高是以黄海平均海平面作基准面的标高；相对标高是以建筑物底层室内地面作基准面的标高。

（4）设计变更。

设计变更是指工程项目参建单位就整改设计图样不足或错漏之处提出要求，或由有关方面提出并经建设方同意的合理化建议，由设计单位修改施工图或同意有关单位局部不按施工图操作的活动。设计变更需注意以下两点：

①建设单位提出新设计要求或者修改施工图。届时由设计单位签发《设计变更通知单》，主送建设（监理）单位，抄送施工单位。

②施工单位就施工条件、材料规格、品种、质量不完全符合设计要求或设计不合理要求修

改等项事由。届时,经设计单位同意签字,由施工单位发出《技术联系单》,主送建设(监理)单位,抄送设计单位。

(5)技术交底。

①技术交底方法。技术交底的方法主要有:

A.书面交底为主,口头交底为辅。交接各方,签字归档。

B.重要、复杂的项目,应在样板交底的同时,辅以书面、口头交底。

样板交底指在可能的情况下,由企业总工或项目技术负责人着人制作料样块件或样本构件,并经要领交底和实际操作后交工队或下级技术人员比照施工的技术交底活动。

C.特殊工程或者"四新"工程(新工艺、新材料、新结构、新技术工程)的交底重在辅导操作。

②技术交底分工。

A.重要、大型、技术复杂的工程项目由企业总工程师负责按照企业编制的施工组织计划实施交底。

B.中小型工程项目或者技术较简单的工程项目由项目技术负责人按施工组织计划实施交底。

③技术交底内容。

A.工程项目设计特点、工法要求、抗震处理、使用功能,用以使受交底人掌握关键,能够按图施工。

B.将项目施工的工法、工序及工序连接等施工组织计划的要求讲清楚。

C.强调建筑材料的规格、品质和配合比要符合设计要求。

D.申明施工的质量标准、安全措施、成品保护和节约等事项。

E.就工程项目的质量管理制度,推行自检、互检、交接检、样板制、分部或分项工程质量评价及现场管理。

F.提出克服质量通病的要求,对分部或分项工程的可能弊端提出预防措施。

④技术交底分类。

A.施工组织方案交底。包括工程整体施工部署、进度计划、主要工法、质量目标及技术要求、施工准备(从人、机、料、法、环五个方面作准备:即人员、机械设备、建筑材料和燃料、工法和工艺技术、施工场地及环境影响评价等方面的安排)、安全施工和文明施工措施等。

B.专项施工方案交底。包括设计要求、现场情况、工程难点、施工部位、工期、劳动组织及责任分工、施工准备、主要工法、质量标准及验收、安全防护、临时用电、环保等。

A、B两项由企业总工程或项目技术负责人负责交底。

C.分项工程交底。包括以工艺为主,按工艺流程图的要求正确施工,详细介绍施工的关键、难点、重点的工序和工法。此项由专业工长对工班成员交底。

D.四新方案交底。结合对新工艺、新技术、新材料、新结构特点的介绍,明确四新方案使用计划、主要工法及注意事项。

E.设计变更的技术交底。

D、E两项的交底工作由项目技术负责人对专业工长交底。

二、工程项目报建

报建,全称是"已立项建设项目报告制度",这是我国于 2003 年 8 月建立,近年来才得以广泛有效执行的一项制度。

报建是指建设单位或其代理机构在项目建议书或可行性研究报告被批准后,或称工程项目的立项被批准后,须向当地住建部门或其授权机构进行报告,经批准,才可以继续开展相关建设事务的制度。

1. 报建相关事项

(1)报建时机。由工程项目的建设方实施报建,在立项被批准后至工程项目着手实施前的合理期限内完成,一般不得跨年。

(2)报建范围。凡在我国境内投资兴建的工程建设项目,包括外国独资、中外合资、中外合作的工程项目,一般涉及房建工程,其他土木工程,线路、管道、设备安装工程,装饰装修工程等。

(3)报建体制。报建实行分级管理,各地住建部门自行规定本地区报建细则。

2. 报建资料

(1)常规资料。常规资料包括交验工程项目立项批准文件、银行出具的资信证明、建设方实施工程项目的计划任务书等。

(2)特别资料。特别资料为"一书两证",即工程项目规划许可证、工程项目土地规划许可证、经批准的选址意见书。

3. 报建程序

(1)填制和报送工程项目报建表,接受审查。工程项目报建表的内容包括:工程名称、建设地点、投资规模、资金来源、当年投资额、开竣工日期、发包方式、工程筹建情况等。

(2)报建后,开展委托设计、开展招投标等项活动。

(3)一般投资或建设规模变化时,要及时告知接受报建的部门,进行补充登记;如果变更工程项目的筹建人,则要重新登记。

(4)固定资产投资计划下达后,大中型工程项目向省一级住建部门或其授权机构实施报建,其他建设项目向所在地住建部门实施报建。

三、现场踏勘

现场踏勘是指当地建设行政主管部门收到建设单位办理施工许可证的申请后,对建筑工程场地是否符合施工条件进行现场核查的活动。现场踏勘记录一般由当地建筑监查大队派遣专人完成,是建设单位领取施工许可证的必备手续。现场踏勘的样表如表 9-3 所示。

表 9 – 3

工程概况	工程名称			
	工程地址			
	建设单位名称			
	受理申请许可证时间	年 月 日	许可证申请表编号	
现场踏勘情况记录	现场踏勘时间	年 月 日	现场踏勘人	
	申报工程位置是否与现场踏勘位置相符	是□ 否□		
	现场地上物清理情况	原有建筑物已经拆除	是□ 否□	
		现场周边已设围栏	是□ 否□	
		施工区域上方已无障碍	是□ 否□	
		已向施工单位提供了各类管线资料和防护措施	是□ 否□	
		已要求施工单位对毗邻建筑物采取防范措施	是□ 否□	
比照判断	是否符合法定施工条件	供水和排水	符合□ 不符合□	
		电力供给	符合□ 不符合□	
		施工道路、施工场地平整	符合□ 不符合□	
	有无违法开工行为	现场照片	有□ 没有□	
	备注			
注意事项	1. 现场踏勘人员应如实填写本表 2. 建设单位现场人员应配合踏勘工作,主动提供有关资料,诚实回答现场踏勘人员有关提问 3. 建设单位现场人员对本记录如无异议,应予签认;有异议,当面提出			

建设单位现场负责人意见、签字、Tel

两名现场踏勘人员(签字) 年 月 日

第三节 竣工验交事务

本节先给出竣工验交的范围和要求,接着介绍了自验、分户验收和正式验收程序,最后给出竣工验收报告的填写事项和内容,强调了竣工图的绘制和建筑标的物及相关档案的交接。

一、竣工验交认知

工程项目竣工验交是施工单位依据施工设计图并按照承包合同的约定,正常地完成了相关的施工任务,交由建设单位组织验收并在验收合格后接受建筑标的物的过程。

1. 竣工验交的范围

(1)下列工程不论是新建、改建、扩建项目,都要及时组织验收,并办理固定资产移交手续:凡列入国家或地方固定资产投资计划的项目或单项工程;属于新建、改建、扩建的基本建设项目和技术改造项目;按批准的设计文件规定的内容建成,工业项目经负荷试车考核或试生产期能够正常生产合格产品,非工业项目符合设计要求,能够正常使用。

(2)使用技术改造资金实施修造的基本建设项目或技术改造项目,都应当按照国家关于工程竣工验交的规定,及时办理竣工验交手续。即使未全部按照有关设计要求进行施工,也应当进行验收。

2.竣工验交的要求

(1)组织竣工验交要及时。外部原因(如缺少水、电、气和园林景观)使工程项目不能正常投产和使用,本来不应当成为影响工程项目竣工的原因。若竣工验交不及时,除了增加承建单位正常管护建设成品的负担外,还可能因某些外部原因的变化导致建设成品实体的缺损,使承建单位增加修复工程量,拖延竣工验交时间。

(2)不论建设工程项目是一个群体工程,如单项工程(有独立设计文件,可单独施工和核算,建成后可独立发挥作用的工程),或是一个单体工程,如单位工程,都必须按单项工程组织竣工验交。因此,单位工程是施工操作的基本单元,单项工程是竣工验交的基本单元。

二、竣工验交程序

1.由施工项目部先行自检

(1)自检依据(三符合)。工程项目的完成是否符合施工图和设计要求;工程质量是否符合国家和地方两级标准;工程项目是否符合合同要求。

(2)自检参加人员。项目经理组织生产、技术、质量、合同、预算等部门的成员和施工工队长等共同参加,并在自检纪要上签字。

(3)自检方式。分层、分段、分房间逐一检查,不合规定的部位,确定修补措施,指定专人限期完成。

项目经理部自检、修复完毕,提请所在企业复验,以解决全部遗留问题。

2.对建成的住宅分户验收

(1)施工单位编制分户验收方案,配备足够数量的检测工具,制作工程标牌,会同建设、监理单位人员检测评定,检测完毕后留下签章手续。

(2)会检。由建设、监理和施工单位人员组成验收组,一户一检,定期开会整改,不整改合格,不得提交正式验收。

3.正式验收

(1)正式竣工验收前10天,由施工单位向建设单位或监理单位发送《竣工验收通知书》,形式如下:

建设(或监理)单位:

由我单位承建的XXXX工程,定于XX年XX月XX日XX点进行竣工验收,请贵单位接到本通知后组织有关单位及人员准时前来,并请作好竣工验收前的各项准备工作。

施工单位签章
年 月 日

(2)组织验收。建设单位接到竣工验收通知后,邀请政府有关机构如质监站、环保局等,并会同设计单位、监理单位、施工单位一起验收。列为国家重点工程的大型建设项目,往往由国家有关部委组成验收委员会实施验收。

（3）签发《单位（子单位）工程质量竣工验收记录》。经验收，全部工程各项的级评都在合格以上，则建设、设计、监理各单位应当立即签发有关验收《单位（子单位）工程质量竣工验收记录》。

（4）办理工程档案移交。

（5）办理工程移交手续。移交工程项目和固定资产；除质量保修责任外，即行解除建设单位与施工单位之间的经济法律关系。

（6）办理工程决算。由建设单位编制决算书，报有关建设银行核准后停止有关工程项目的银行账户运作。

4. 竣工验收条件

竣工验收条件各省规定大同小异，此处所列为陕西省的规定。

（1）完成建设工程设计和合同约定的各项内容；

（2）有完整的技术档案和施工管理资料；

（3）有工程使用的主要建筑材料、建筑构配件和设备的进场试验报告；

（4）有勘察、设计、施工、监理等单位分别签署的质量合格文件；

（5）有建设方和施工方共同签署的工程质量保修书、施工方给出的住宅工程使用说明书和报送的有关工程项目竣工图。

5. 工程质量保修书的变化

工程质量保修书属于《建设工程施工合同》的从合同。2000 年，原建设部（现已改名为住房与城乡建设部，简称住建部）发布了使用《房屋建筑质量保修书》（简称房建质保书）取代工程质量保修书。该质保书共有五条，简单介绍如下：

A. 工程质量保修范围和内容。包括：地基基础、主体结构、屋面防水防渗漏、供热供冷、电气管线安装、给排水管道安装、设备安装、装饰装修。

B. 质量异议期的约定。鉴于我国质量法规中关于质保期的原则性规定有不便于操作的一面，住建部 2007 年曾发文提议用约定质量异议期的形式取代房建质保期。该异议期一般限定在半年以上一年以下，特殊情况下可以约定两年及以下的异议期。

C. 质量保修金，简称质保金，一般为工程标的额的 5%～10%。由建设方直接从付给施工方的工程结算款中扣下，并以专门账户存入银行。施工方也可用提交银行质量保函的形式使建设方不再扣留质量保修金。

D. 质保金的使用。在约定的质量异议期内，如果施工方承建的工程或部位发生质量问题，经召唤而施工方不予理睬或超过合理期限，则建设方有权动用有关质保金另行聘人进行修复。

E. 质保金的退还。若在约定的质量异议期内未发生质量修复事件，或质保金虽经动用但仍有剩余，则建设方应于质保期期满 20 天内将质保金余款以及当期利息一并拨付到施工方名下。

三、竣工验收报告、竣工图和其他资料

1. 竣工验收报告

（1）填写事项。

①该项报告由建设单位填写。

②该项报告须填写一式四份,字迹要清晰工整,市县技术、施工、城建档案管理部门,建设行政主管部门各存一份。

③该项报告内容须真实可靠,发现虚假,不予备案。

④报告须经建设、设计、施工、监理四方法定代表人签字并加盖公章后生效。

⑤该项报告主送质监站(工程质量监督检查工作站)。

工程竣工验收报告如表9-4所示。

表9-4 工程竣工验收报告

工程名称			结构类型		层数		面积	
施工单位			技术负责人			开工日期		
项目经理			项目技术负责人			竣工日期		
序号		具体项目内容		验收记录			验收记录	
1		分部工程		共　　　项分部工程,其中　　　分部工程合格				
2		质量控制资料核查		共　　　项,其中　　　项合格				
3		主要使用功能核查及抽查		核查　　项,　　项合格,抽查　　项,　　项合格,返工　　项				
4		观感质量验收		抽查　　项,　　项合格,　　项不合格				
5		综合验收结论						
参验单位	建设单位		施工单位	设计单位	其他单位		监理单位	
	签章单位(项目)负责人日期		签章总监工程师日期	签章单位负责人	签章单位(项目)负责人日期		签章负责人日期	

(2)验收报告内容。

①工程概论。

②建设单位执行基本建设程序(立项、报建、招标、签约、开工、施工、竣工验收等)的总体情况。

③对勘察设计、施工监理和施工等项工作的客观评价。

④工程竣工验收时间、程序、内容和组织形式。

⑤验收结论。

(3)验收报告附件。

①施工单位工程竣工报告、监理单位质量评估报告、勘察设计单位质量检查报告。

②工程勘察成果及施工设计文件审查批准书。

③勘察设计文件和变更设计通知、质量检测报告。

④城乡规划部门对工程设计的认可文件。

⑤有关住建部门及其委托的质量监察部门责令整改的结果。

⑥规划、公安、消防、环保等部门出具的认可文件及在用文件。

⑦施工单位与建设单位签订的质量保修书。

2.竣工图

(1)竣工图作用。竣工图是真实记录各种地上地下建筑物和构筑物及设备安装等项实际情况的技术文件,是对工程项目进行交工验收、维护、改建、扩建的主要依据,是国家重要的技术档案资料之一。

(2)范围。各项新建、改建、扩建、迁建的建设工程,特别是基础工程、地下建筑、管道线路安装、主体结构、设备安装等项工程的中间验收或隐蔽验收,均应编制竣工图。

(3)编制形式。

①工程项目施工中未发生设计变更的,可在原施工图图签附近空白处签字并加盖竣工图章,即可作为竣工图使用。

②施工中无较大的结构性或重要管线等方面的设计变更,可就原施工图进行修改补充,清楚注明修改后的实况,并附以设计变更通知书、设计变更记录及施工说明,签章后即可作为竣工图使用。

③建设工程项目的结构形式、标高、工艺、平面布置等重大变更超过40%的,应重新编制图纸,编制新的图名图号,真实反映变更后的情况。

④如系改、扩建工程,使原有工程发生部分变更者,应整理原有竣工图资料,进行增补变更,并给出必要的说明。

(4)绘制要求。

①必须与竣工的工程项目实际情况完全符合。

②必须保证绘制质量,做到规格统一,符合技术档案要求。

③竣工图须经施工单位负责人审核签字。

④必须使用黑色签字笔或黑色墨水绘制,字迹清晰。

⑤竣工图应在其标题左方加盖竣工图签,装订成册,附必要的说明和文件。

3.建筑标的物和相关技术档案的竣工交接

(1)验收合格后的建筑标的物的交付主要有以下几种方式:

①经建设方和施工方共同签署《交工验收证书》后,由建设方组织建筑标的物接收班子,逐段逐项接收工程,并做好标记。

②由建筑标的物使用方组织接收班子,逐段逐项接收工程,并做好标记。

③由建设方和施工方达成短期(三个月)内接收建筑标的物的协议,注意在此之前施工方须做好标的物管护工作。

(2)工程技术档案移交。

①工程项目竣工图连同工程技术档案应于竣工验交合格后一月内交企业档案部门存放,工程项目竣工图还应呈报工程质监站给予认证。

②有关竣工图不准确、不完整的,有关部门不能对竣工验交事项进行认可。

③工程项目竣工图的数量要求。小型工程竣工图两套;国家大中型项目、城市住宅小区、

城市水电气供应、交通、通讯等工程竣工图,至少两套;特别重要的工程项目,应增加一套竣工图交国家档案馆。

(3)由建设方和施工方签订"工程尾遗事项处理合同"。

(4)建设方应与工程标的物使用方到有关住建部门办理固定资产交付使用手续。

第四节 工后管理事务

本节叙明甩项验交的条件,列示了相关经费特殊承担的情形,本节着重讨论了尾遗工程的特点、性质和法律属性,介绍了工程回访制度的分类和回访方式,给出了质量保修方式,进一步阐述了工后对工程项目的工期分析、质量分析和成本分析,最后本节总结了工后进行升华认知、参与评奖、疏导退场、资料归档等项工作。

一、工程项目甩项验交管理

甩项验交是指在某工程项目进行竣工验交时,鉴于该项目部分工程及施工部位的特殊情形,由建设方和施工方协商一致,并经有关主管部门同意,将部分非主体工程及部位留待工后阶段继续施工及验交的活动。其中,工后阶段是指正式竣工验交后的质量保修阶段。

1.甩项验交条件

(1)甩项的工程系非基础工程和非主体工程;

(2)甩项的工程不具有不可或缺性;

(3)客户或建设方对本工程项目除甩项的工程外的其他部分迫切需要;

(4)建设方和施工方达成了可以实施甩项验交的协议;

(5)甩项验交的申请已经获得工程质量监督检查管理站(简称质监站)或有关住建部门的批准。

2.甩项验交的几类情形

(1)在建设方与施工方最初就具体工程项目签订施工合同时,双方因建设方资金在约定期内无法到位或施工方某项具体技术措施在约定期内难以奏效而达成将部分工程留待工后另行施工或验交的意向。

(2)工程项目施工中,由于政策变化或客观环境变化,部分工程提前竣工验交,部分工程甩项到工后施工验交。

(3)工程项目施工中,由于工料价格上扬幅度较大,致使建设方一时无法弥补资金缺口而被迫提议将部分工程甩项到工后施工验交。

(4)工程项目施工中,由于来自非施工方的客观干扰,使施工方无法施工、无法赶工,被迫同意以尾遗工程形式甩项验交。

(1)(2)(3)(4)情况的工程甩项费用主要由建设方承担。

(5)工程项目施工中,由于某些工程专业技术要求比较高,施工方几经试验均告失败,另行委托已来不及,建设方被迫同意甩项验交。

(6)工程项目施工中,由于施工方的工法(施工组织设计)错误或工艺(具体操作技术)错误致使某些工程在竣工验交时很难达标,使双方产生甩项验交的一致意向。

(5)(6)情况的工程甩项费用主要由施工方承担。

二、尾遗工程管理

尾遗工程是指竣工验交末期委托赶工的工程或竣工验交后委托或亲自实施的甩项工程。

1.尾遗工程的外延形式

（1）委托末期赶工。工程项目竣工验交期限将至，而施工方在某些工程和部位工期落后，施工方自身因技术、劳务、施工条件或其他原因，预计不能完成末期施工或赶工任务，便委托有条件、有能力的单位实施末期赶工的活动。

（2）委托实施甩项工程。在工程项目的竣工验交阶段，由于各种原因会形成一定的甩项工程。其中不属于施工方责任的甩项工程，可由建设方另外委托实施或与施工方商定由施工方实施，属于施工方责任的，经施工方与建设方商定，可由施工方自行实施，也可由建设方另外委托实施，但费用应由施工方承担。

2.尾遗工程的特点

（1）末期赶工事项一般发生在竣工验交前的一个小阶段内，时间为1～2个月；实施甩项工程一般发生在竣工验交后的半年内。

（2）末期赶工与甩项工程这两个阶段的工程量都不怎么大，基本属于细枝末节或精细类的工程，处于项目经理部进行具体的工程施工的扫尾阶段。

（3）从实践的角度看，尾遗工程应是某项目工程的非主体部分，主体部分已由相关的项目部完成施工。

（4）末期赶工与甩项工程这两类尾遗工程多是因客观形势逼迫，项目实施主体自行实施或外委实施。原承担该工程施工的项目部往往因技术、劳务或其他客观形势的限制而违背主观愿望委托他方代为施工，并且不得改变本方对该工程相关质量和工期应负的法定及约定义务。

（5）该工程委托施工应经发包方同意，所选择的受委托方应符合相应的资质要求，并形成协议以明确双方的权利义务关系。

（6）尾遗工程合同应作为原有建设工程施工合同的从合同进行归类，其约定不应影响原有合同的法律效力。

3.尾遗工程举例

（1）某建筑公司承接一座宾馆的建设任务。绝大部分工作均已告竣，唯余宾馆内部房间贴墙纸的工作正在实施中。虽然培训了几名技工，也购置了几台设备，但是具体操作时仍出现了多处壁纸鼓包的现象。经几番努力，未能克服。鉴于工期紧迫，经请求发包人同意，将该项工作中返工部分另外包给某装潢公司完成。

（2）青藏铁路某标段的主体工程业已完工，唯剩下几处路基的边墙护坡待砌，还有几座小桥涵上的护轮轨需要铺设。但因承担该标段施工任务的某单位项目经理部已将工作重心转移到前方另一标段的施工中去，抽不出人来实施后方相关标段的工程扫尾工作。在当时全面铺开、多点施工的条件下，后方已铺轨线路上的物料运输任务十分紧张，即使该项目部能抽出人来，也无法正常开展工作。鉴此，经发包方同意，该项目部与负责临时运输管理工作的单位达成协议，将有关扫尾工程交由他们统筹安排，组织人力充分利用运输间隙完成相关的施工。

4.尾遗工程合同的性质

（1）它不属于分包合同。因为分包合同是在工程开工前就已签订，合同主体是总包单位和分包单位。

（2）它不属于分包工程再分包的合同。分包工程再分包，是我国《建筑法》和《合同法》明令禁止的行为。该行为使施工主体发生变更，干扰着正常的承发包管理秩序。

（3）它也不属于转包合同。工程转包是一种明显的违法行为。这是由于转包方可以擅自更换施工主体，利用所揽到的工程谋取私利，破坏着承发包管理秩序。

总之，尾遗工程合同属于相关建设工程施工合同的从合同，与工程质量保修书具有同类的法律性质。它是合同法制的原则性与灵活性相结合精神的具体体现，既解决了施工单位在某一具体时刻的困难，又保证了工程质量和进度，维护了合同的法律尊严。它既是委托合同，又是工程施工合同，是一种合乎建筑法制精神的合同。

三、回访保修制度

回访保修制度是指在工程项目竣工验收后的一定期限内，由施工单位对建设单位和用户进行回访，并对由本方责任造成的项目成果功能不良甚至不能使用等弊病进行修复，直至功能正常的制度。

1.回访分类

（1）季节性回访。不同的季节进行回访，都有与该季节相适应的回访内容。例如多雨的季节回访，考察屋面、墙面防水情况；冬季回访，考察锅炉房的布局、使用状况和供暖功能的发挥状况等。

（2）技术性回访。了解项目施工中所使用新材料、新技术、新工艺、新结构的技术性能和使用效果。

（3）保修期期满前的回访。这种回访指在最后听取用户的意见和建议，解决已经出现的问题，落实修复责任，或对用户提出注意维护和正确使用建筑物及其设备等方面的忠告。

（4）应发包方的召唤而进行的回访。倾听发包方陈述，查明问题症结，划清责任比例，落实修复办法和其他相关事项。

3.回访方式

（1）看——在质量保修期间组织人前往本方施工竣工的工程项目场所进行考察，如考察小区功能发挥、设备运转状况、问题症结等方面。

（2）谈——承包方邀请发包方或与用户举行座谈会，就本方参与施工的工程项目，广泛听取他方的意见、评价和要求，解答有关的质问和咨询，对所出现的问题分析成因，商谈解决办法。

（3）定——对于事实清楚、证据确凿的问题，应当立即明确责任归属，落实解决办法；对于混合责任，要协商确定责任比例；对于责任落实存在争议的问题，可提交当地建设行政主管部门调处；调处无果，可由原承包方自行修复或动用质量保修金聘用他人进行修复，双方争议留待通过仲裁或诉讼等方式处理。

（4）算——对于工程项目功能效果所发生的问题，要参照定额计算工费和料费，或计算赔偿款额；对超过质保金数额的部分，要商定资金解决办法。

（5）修——确定承担修复任务的责任人，限定修复期限，按正规工序实施操作，把好质量验收关。

（6）结——双方商定的缺陷责任期期满，应及时结清质量保修金和其他账项，总结经验教训。

4.质量保修程序

(1)建筑工程质量保修书应在工程项目竣工验收后一周内签订,因为缺陷责任期或质量保修期的计算与竣工验收日密切相关。

(2)缺陷责任期内建设单位或用户发现有关的建筑工程发生质量问题,应按质量保修书上给出的联系方式通知施工单位的保修部门,要求修理。

(3)施工单位的保修部门应迅速作出反应,派人回访检查,并会同建设单位共同作出鉴定。确定是本方责任内的事,应及时提出修理方案,尽快组织人力、物力投入修理工作。对责任确定有不同意见,也应及时书面提出,纳入行政或法制处理轨道。

(4)施工单位保修部门修理完毕,应做好施工记录,并经建设单位验收签认。

5.保修费用的承担

(1)建筑工程的质量问题是由施工单位的责任造成的或遗留隐患表现出来的,由施工单位承担全部检修费用。

(2)有关的质量问题是由建设单位和施工单位的混合责任造成的,由双方商定某种比例,各自承担相应的修理费用。

(3)有关的质量问题是由建设单位提供的物料设备质量造成的,由建设单位承担全部检修费用。

6.不属于质量保修的情况

(1)由用户在使用中蓄意造成的建筑工程质量问题或因使用不当致建筑工程功能不良或功能丧失的;

(2)设计单位的设计理念错误、设计操作失误和计算误差导致建筑工程功能不良或质量缺损的;

(3)建筑物料、设备的质量存在缺陷致使建筑标的物的质量在使用中变差变坏或功能不良的。

以上各类情况如需要由原施工单位进行修理和完善,须由原建设单位或用户与其另行签订施工合同。

四、工后对主体工程事务的分析

此处的主体工程事务指工程项目的工期、质量和工程成本的控制。工后特指工程项目竣工验交之后,包括质量保修期在内的一个合理期限。

1.工期分析

(1)分析依据。建设工程施工合同、施工总进度计划和实际完工工期。

(2)分析内容。

①计划工期与实际工期的对比分析。包括:总工期;单项工程或单位工程工期;分部工程或分项工程工期;各主要施工阶段控制工期实施情况。

②通过对施工方案实施情况的分析,核查该方案的优缺点,特别对保证计划工期及实际工期的合理性、经济性和有效性所发挥的作用。

③分析工法、技术是否满足工程施工的需要,特别要分析是否满足新结构、高耸性、大跨度、重型构件、深基础等具有代表性的施工需要。

④分析项目工程均衡施工情况、土建施工与水暖电卫及其他设备安装等分项工程的工期

控制和协作配合情况。

⑤分析劳务组织构建基础的合法性、工种结构的合理性和劳动定额水平的适宜性。

⑥分析各种施工机械配置的合理性、实际台班台时产量水平与标准定额的误差值及形成原因和改进办法。

⑦分析安全保障措施实施情况。

⑧分析各种原材料、半成品、预制构配件(含发包方承诺供应的部分)的计划、加工订货与供应情况。

⑨其他与工期有关的分析。包括施工前的准备工作、工序搭接、扫尾工作进度等。

2.工程质量分析

(1)分析依据。项目设计要求和工程质量国家检验标准。

(2)工程质量的基本要求。

①坚固耐用,安全可靠。

②保证使用功能。

③建筑物造型、布局及室内外装饰要美观、协调、大方。

(3)分析内容。

①对照国家标准质量等级(优良、合格)核查是否达标。

②进行隐蔽工程质量分析。

③进行地基、基础工程质量分析。

④进行主体结构质量分析。

⑤进行水暖电卫和设备安装质量分析。

⑥进行装修质量分析。

⑦进行重大质量事故的分析。

⑧核查质量保障措施的实施情况。

⑨核查工程质量责任制执行情况。

3.工程成本分析

(1)分析依据。建设工程施工合同、国家核算制度、企业核算办法。

(2)工程成本分析的重要性。

①它是对成本控制的总检验。

②对规模较大、工期较长或建筑群项目,往往分栋号核算,缺少综合成本分析。现在进行工程成本分析,弥补了以往分析的不足。

③它是考察已完工程项目经济效益的方式之一。

(3)分析的内容。

①总的收支对比。

②人工成本分析和劳动生产率分析。

③物耗水平和管理效果分析。

④机械利用的费用收支分析。

⑤各类费用收支分析。

⑥计划成本与实际成本比较。

(4)评定绩效等级。

五、工程项目的其他善后工作

工程项目的其他善后工作主要有：

(1)提炼、升华认知。在对工程项目的质量、工期和成本进行系统分析的同时，提炼、升华开展建筑活动的经验和知识，甚至收纳为本单位的知识产权予以特别保护。

(2)参与评奖。如有可能，推动本方所承建的工程参与建设工程鲁班奖和国家优质工程奖的评审活动。

(3)疏导退场。工程竣工后，应尽快组织劳务人员、机械设备、剩余物料全部退场。

(4)及时结算账项，包括与建设单位、各分包单位及运输、物资设备单位间的账目要抓紧时间进行结算，能结算的结算，不能结算的做成备忘录或报告交由有关方面另行处理。

(5)与发包方签订质量保修书，并办理其他相关手续。

(6)资料归档。应分门别类的把有关文件资料进行组卷，并分送至企业档案室或城市建设档案馆，甚至在特别需要的时候，送交国家档案馆。

(7)项目经理部解体。项目部成员应对项目实施期间的工作做好自我总结和评价，由项目经理牵头对项目部整体工作进行评价总结，然后宣布项目部解体。必要时，可报请企业领导同意，设定留守人员，处理尾遗事项。

综合练习题

1.什么是立项和代建公司？立项审批权限是怎样规定的？项目建议书如何编制？

2.什么是工程项目可行性研究报告？该报告的内容有哪些？该报告如何报批？

3.什么是环评？如何开展环评工作？如何审批环境影响报告书？什么是震评？震评的内容有哪些？

4.什么是项目评估？项目评估的作用和原则是什么？项目评估的五步骤是怎样的？

5.项目开工的条件和手续各有哪些？什么是会审图纸和技术交底？会审图纸的阶段是如何划分的？其重点是什么？技术交底的方法和分类是怎样的？

6.什么是报建？报建的相关事项和资料各有哪些？

7.什么是竣工验交？竣工验交的范围、程序和条件是怎样的？

8.什么是工程质量保修书？其内容和形式近年来有什么变化？

9.竣工验收报告的内容是如何规定的？竣工图的编制和绘制要求是怎样的？建筑标的物和技术档案如何交接？

10.什么是甩项验交？甩项验交的条件是什么？

11.什么是尾遗工程？其特点是什么？

12.什么是回访保修制度？回访的分类和方式是怎样的？

13.质量保修程序是如何规定的？保修费用如何承担？

14.什么是主体工程事务？工期分析、质量分析和成本分析的内容各是什么？

15.工程项目其他善后工作包含哪些事项？

第十章
工程项目招投标管理

教学目标

知识目标

本章在了解招投标概念的基础上,要求掌握招标、投标、开标、决标和中标的实质性内容,要求熟悉相关的机构设置和程序操作,本章还在论述强制招标的范围、投标须知、标底等招标文件的现状及其变化的同时,比较了几类招标方式的优劣,强调了投标事务的操作及招投标事务间的工作对应。

能力目标

本章要求学生了解招投标的作用和意义,学会科学确定招标方式,规范招投标行为,学会组织招标、评标和投标,学会计算标底、防止废标、处理违规操作和维护本方合法权益。

案例引入

过度分包的危害性分析

在建筑市场中,承包商最不规范的交易行为集中在转包和分包问题上。过度分包,往往是造成巨大亏损的主要原因。例如某一施工单位在一项仅 4100 万元的工程中,各类分包队伍多达 35 家,而经劳务管理部门确认合格的仅有 5 家。该工程项目实施的结果,使工期延续 19 个月,亏损高达 1917 万元,亏损率达 48%。事实说明,转包和过度分包,危害极大。杜绝转包,解决过度分包,是亟待解决的现实问题。

过度分包使工程质量低劣,安全事故频发及工期拖后,使承包商的市场开拓蒙上阴影;过度分包会失去企业员工的信任,特别是对劳动密集型的企业,会使大批员工生活下降,滞留企业,导致企业不稳定。此外,分包越多,管理难度越大。特别是选择了不合格的分包队伍,等于给企业套上了连带责任的枷锁。过度分包会使企业失去建设方的信任和牺牲未来本方的建筑市场份额。

如何严格控制工程分包呢? 首先,要坚持"三看",一看分包是否是建设方的要求,二看分包后对工程项目的总体效益是否有利,三看有关项目在专业施工实际上是否需要。其次,对分包队伍实行严格审查制度,实行淘汰管理。第三,对分包执行项目领导回避制度,项目经理不能直接指定分包单位。经企业和建设方审定批准后,项目经理才能签订分包合同,并由企业承担管理责任和连带责任。

第一节　招投标基本知识

本节从商业买卖角度给出招投标定义,进而明确工程招投标、采购、招标等概念,强调招标的范围和投标、联合投标的界定,并从招标人的招标申请,招投标各方的互动准备,给出开标、评标、中标的实质性内容。

一、招投标概述

招投标是由唯一的买方采购大宗货物、接纳工程承揽和各种服务,而由多家卖方投标竞价以获取交易资格的商务活动。

招投标是一种商事交易活动,一家买方采购,多家卖方竞价销售,通常买方只选择性地购买一家或几家的商品或者接纳一家或几家的工程承揽及服务,这与拍卖主体的行为表现正好相反。

1. 工程招投标

工程招投标是指建设单位或其委托的代理机构以工程项目的标底和其他综合考虑为尺度,在参加竞标的多家投标人中择优确定施工等单位的活动。

2. 采购

按我国《政府采购法》的规定,采购是指政府部门以签订合同的方式取得货物、接纳工程承揽或服务的活动,包括购买、租赁、委托、雇佣等方式。

3. 招标

招标是指招标人或其代理机构依照法定程序择优采购符合招标条件的卖方的大宗货物、工程承揽或其他服务的承包人的活动。

根据我国《招标投标法》对强制招标的规定,从 2000 年 1 月 1 日起,在我国境内的下列工程项目,包括该项目的勘察、设计、施工、监理以及与工程建设有关的重要设备、材料等项的采购,必须进行招标。

(1)大型基础设施、公用事业等关系公共利益、公共安全的项目。

(2)全部或者部分使用国有资金投资或者国家融资的项目。

(3)使用国际组织或者外国政府贷款、援助资金的项目。

以上具体项目和规模标准由国务院发展与改革委员会同有关部门制定,任何单位不得化整为零、规避招标。

根据住建部《建筑工程施工招投标管理办法》的规定:房屋建筑和市政基础设施工程的施工单项合同估算价在 200 万元以上,或者工程项目总投资在 3000 万元以上的,必须进行招标。省一级政府建设行政主管部门报经同级政府批准,可以根据实际情况,规定本地区必须进行工程施工招投标的具体范围和规模标准,但不得缩小有关办法确定的必须进行施工招标的范围。

4. 投标

投标是指符合招标文件规定条件的投标人(或称卖方)依照法定程序参加投标竞价,以获取交易资格的活动。

5. 联合投标

联合投标是指两个以上的法人或者其他组织联合起来,以一个投标人的身份参加投标的行为。联合投标需注意以下两点:

(1)联合投标人各方均应具有独立承担项目工作的资质和能力;

(2)相同专业的联合投标人按其中资质等级较低的单位确定资质。这一规定实际上为强强联合奠定了基础。

二、招投标基本程序

1. 招标人申请招标及确定招标方式

（1）招标人做好招标准备工作。招标人对经过批准已经纳入当年建设计划的工程项目，如果自身有能力、有条件，则自行申办招标事务；否则，须另行委托招标代理单位实施招标。招标工作正式启动之前，应当备齐招标文件和部分设计文件，计算出标底，并落实评标委员会的成员。

（2）招标人申报招标。准备工作就绪后，招标人应向政府主管招投标事务的机构申报招标准备状况，接受对自身建设资金是否落实、主要建材的采购和机械设备的筹备是否到位、前期各项准备工作进展情况等项的审查。招标方式一般由招标人与招投标管理机构最后商定。

2. 招投标各方的互动准备

（1）招标人设定招标范围。招标人申报招标获准后，设定投标时间段，在一定范围内或面向社会宣传本方的工程项目，号召甚至邀请合条件的单位或个体或潜在的投标人（已表达投标意向，尚未正式报名的单位或个体）投标。

（2）招标人接受报名，对报名者实施初步资质审查。投标人必须是具有某类企业资质的法人组织，不允许越级承包。在招标人规定的时间范围内，报名者进行报名登记并领取招标文件和初步设计文件后就成为合法的投标人。

（3）招标人举办招标会议（又称标前会议）。招标工作开始后不久，招标人立即邀请投标人、潜在投标人、设计单位、招标管理部门、建设银行等方面的人员参加本方举办的招标会议。在会议上，由招标人介绍工程情况，解答有关的咨询，补充完善招标文件（如有较大更改，应另行印制，当场发文）。

（4）投标人编制投标函和相关的施工组织设计。标前会议后，投标人成立投标班子，研读招标文件和初步设计文件，并进行现场踏勘，给出施工组织设计，按期将投标函件交付招标机构。

3. 开标

开标是指招标人在招标文件规定的时间和地点相继开启各个投标人的投标书，宣读投标人的名称、投标报价和有效修改等主要内容的活动。

（1）开标程序。

①招标人邀请所有投标人参加，并由各投标人推举代表检查所有投标书的密封情况。

②招标人聘请公证人员或有关权威部门人员临场监督。

③开标当场可以宣布标底。

④开标过程应着人记录，由监督人员签字后存档备查。

（2）开标方式。

①在开标会议当场，招标人可以宣布中标候选人，一般是投标报价距标底值最近的前三位；对于比较复杂的工程项目，招标人也可以不宣布中标候选人，经评标委员会评定后再行公示。

②对于受邀请投标者，招标人可以根据投标人的投标报价距离标底值的远近在开标当场就拍板宣布中标人。

4.评标

评标是指招标人组织的评标委员会根据招标文件的规定,对各个投标人的投标函及相关资料进行审查,择优确定中标候选人的过程。

(1)评标委员会的组成。

①评标委员会由招标人的代表和有关技术、经济等方面的专家组成,人员为5人以上单数,其中技术、经济等方面的专家不得少于成员总数的三分之二。

②评标委员会专家人选应经建设行政主管部门从省部级专家库名单中确定。

③评标委员凡与某投标人有亲友关系或利害关系,不得参与相关的评标活动。

④评标委员名单在中标结果确定前应予保密。

(2)评标方法。

①全面评比,综合分析。

②由评标委员最后按各项指标打分,以得分高者为中标候选人。

③以满足标底条件,即进入标底范围(简称入围)为首要条件。

5.中标

中标是指招标人根据评标委员会书面评标报告推荐的中标候选人确定中标人选的活动。确定中标人的方法主要有:

(1)对于只选择单一中标人的评标活动,评标委员会推荐的中标候选人限定1~3人,并标明排列顺序。排名第一的候选人放弃,或因遭遇不可抗力事件或其他事件致使不能履行合同,或不能按招标文件规定交纳履约保证金,以及其他原因造成不能签订合同或使所签合同不能生效的,可以确定排名第二的中标候选人中标。排名第二的中标候选人不能签订合同或不能使所签合同生效的,则可确定第三中标候选人中标。

(2)招标人也可以授权评标委员会直接确定中标人。

(3)评标委员会认为所有投标人均应被否决的,招标人应当依法重新招标或宣告本次招标作废。

第二节　招标事务操作

本节首先对法定的公开招标方式中的决标分类及内容进行论述,接着对比了邀请招标、议标和两阶段招标的优劣,本节还阐述了招标书、工程设计资料投标须知等文件内容,特别介绍了标底的法律性质和社会运转现状,论述了废标的分类和条件。

一、招标方式

1.公开招标

公开招标是指招标人通过新闻媒体和其他方式向社会公开招标项目,吸引符合规定条件的单位或个体都来投标,以便招标人从中择优确定中标人的活动。

决标是指在招标文件规定的时间和地点开标,公布标底和其他中标条件后,所进行的一系列用以择优确定中标人的活动。它是公开招标的主要业务活动之一。决标主要包括以下几种:

(1)现场决标。现场决标是指在开标现场,根据投标报价是否有进入标底范围的情况而当场确定中标人的决标活动。它适用于标的较小、内容较简单的工程项目。

(2)通知决标。通知决标是指在规定的时间和地点开标后,由评标委员会优选1~3名中标候选人交给招标人,最后由招标人书面通知中标人和其他落选者,并处理投标保证金或投标保函的活动。

对于中标人,由招标人在与之签订相关工程合同的同时,将投标保证金转为履约保证金的一部分,或让中标人用履约保函置换投标保函;对于落选者,招标人应当及时地、一次无息地退还投标保证金或投标保函。

(3)复数决标。复数决标是指开标后,根据投标报价值排列的某种顺序确定一系列中标人的活动。其中某种顺序指投标报价值从高到低的排列,或者按距离标底中心值的远近进行的排列等。由于中标人不止一个,故称为复数决标。这是港澳台地区常用的一种决标方式。在我国的铁路修建、航道清淤等过程中,也常常将工程划分成不同的标段,确定一系列投标人中标。

(4)非复数决标。非复数决标是指确定唯一中标人的决标活动。这也是港澳台地区常用的一种决标方式,其中涉及一些特别的操作。例如,开标现场公布标底后,只对投标报价进入标底范围的标书进行评价合议;如果开标后,发现所有的投标报价都在标底范围之外,则允许各投标人降价一次,招标人对入围的投标书必须接受,称为投标人的一次优先降价权;一次降价后若仍无入围者,经招标人提议,可最多再进行两次降价活动;如还无入围者,可由招标人对比降价幅度确定中标人,也可由招标人宣告该次招投标活动作废。

入围,指招标人以标底值为中心,上下浮动一定比例所形成的标底范围,投标人的投标报价进入这一范围则称入围。

(5)采用性价比法决标。开标后,将所有的投标书及相关资料分为技术标书和商务标书两类,先由评标委员会对技术标书打分评议,再由招标人审议商务标书并打分,并按约定的方式将技术分和商务分组合成综合得分,最后经招标人使用性价比(公式综合得分/投标价)确定中标人。

公开招标在我用应用得比较多,其优点是依法公开进行,有利于平等竞标,优中选优。其缺点是一些投标人压价竞标,不择手段,增加了招投标管理的难度;投标人众多,标书资料也很多,使招标工作量很大。

2.邀请招标

邀请招标是指招标人根据工程项目的特点,有选择性地邀请3~10家有实力的投标人参加竞标,经评标委员会的评审,最后由招标人确定中标人的招标活动。

邀请招标也是一种常用的招标方式,其优点是:被邀请参加竞标的投标人选往往资质可靠,能力出众,招标人心中有底或早已心仪;且因投标人数目有限制,大大减轻了招标工作量。其缺点为:不论企业实力强弱,未被邀请,就没有机会参加竞标,这种限制竞争的做法缺乏公正性,不利于社会进步。此外,邀请招标往往报价较高。

3.议标

议标是指招标人经有关建设主管部门同意,直接向承包人发出招标通知书,双方经过谈判确立承发包关系的招标活动。

议标适用于专业性较强的工程项目,紧急或抢险的工程项目,其他较小的工程项目;适用于某类复合连带式工程项目。例如,某施工单位在有关项目的一期工程施工中表现优异,赢得了建设方和社会有关方面的广泛好评,则其可能在相关工程项目的二期、三期工程的招标中被优先确定为施工议标主体。

议标操作简单,施标快捷;但是缺乏竞争,难以比选。

4.两阶段招标

两阶段招标是指先对按公开招标方式吸引来的投标人进行资格预审,评审他们对项目工程的初步安排及其自身资质条件,遴选出 3~10 个优秀的中标候选人,再按邀请招标的方法进行操作,直到最后确定中标人的招标方式。其中,第一阶段称为资格预审阶段,第二阶段称为竞价阶段。两阶段招标吸收了以上几种招标方式的优点,克服了它们的不足之处,摒弃了盲目竞标,大大减轻了评标负担,现在看来并无明显不足之处,在国内外被广泛应用。

二、招标文件

招标文件是指招标人自行编制或委托编制,据以开展招标、评标、定标(开标和决标的统称)以及签约活动的法律、技术及财务等类文件的汇编。

1.招标文件的内容

(1)招标书。

①工程综合说明。要求简明扼要地说明有关情况,如工程名称、有权部门批准文号、建设地点、日历工期、结构类型、特点、工程主要内容、设计标准、准备情况等。

②工程范围,即发包内容,如一次发包、单项或单位工程发包、专业发包等。

③承包方式。总价承包、单价承包、固定单价承包(如 x 元/m^2 或小区综合造价)、成本+酬金承包等。

④材料供应方式。包工包料(指标划拨或自行采购)、招标人统配(计划供给)且由承包人筹备当地材料、招标人全供等,各种方式均应明示材料涨价解决办法。

⑤合同价款结算。包含预付款的比例或请求约定的数目,进度款分期支付办法,竣工结算办法等。

⑥工期。包含总工期、单项或单位工程工期及工期计算办法(按日历工天或按工作日计算等)。

⑦质量要求。包含设计标准、有关技术规范、质量评定办法及事故处理规定等。

⑧奖惩办法。一般单从经济角度作出给予奖励或处罚的办法,又称为激励机制。

⑨给出召开标前会议、现场踏勘(或称勘察)的时间和地点。

(2)工程设计及资料。一般包括施工图纸、有关资料和说明书。招标人应向投标人成套分发并收取资料费和押金。

(3)投标须知。投标须知是指导投标人参加投标和编制标书的注意事项,通常包括以下内容:

①建设单位或其委托单位的联系人、通讯方式、业务范围等。

②设计单位及其联系方式。

③对编制标书的基本要求、递交标书的时间和方式、开标的时间和地点及提醒不参加开标的后果等。

④投标担保,即投标保证金或投标保函的交付与退还的相关事项。

⑤投标人针对招标文件进行咨询或提出建议的方式。

⑥招标人的权利,如拒绝废标、特殊情况下可以推迟接受标书和开标的日期等。

⑦招标人的公正和保密义务等。

（4）其他事项。

①招标人建议采用的合同文本，可能是我国住建部和工商总局合编的建设工程合同示范文本，也可能是招标人推荐的或自行起草的合同式样，还可能是一些仅供投标人参考的主要合同条款等。

②招标人建议通过约定来解决常规合同事务之外的其他事情，例如建设方向施工方请求向施工方项目部派遣一个挂名项目副经理，目的在于为建设方培训人才。

2.标底

标底是招标人对开展招标工作的工程项目的预期价格。

（1）标底的性质。

①标底属于不公开的招标文件。公开的招标文件包括招标说明、工程设计资料、投标须知和其他事项。

②标底的不公开性主要限定在标底被计算出来之后到公布中标人这一时间段之内。

③特定时间段内对标底的保密是招标人及其他有关人的法定义务。我国《招标投标法》第22条第二款和第52条第一款规定，对招标人及有关人在招标中违反保密义务、泄露标底的，可以给予警告、罚款1万至10万元，甚至追究刑事责任的处罚。

（2）标底的作用。

①核定工程项目的建设规模和作为概、预算及投资的依据。

②反映当前建筑市场平均价格水平，作为评标的主要依据。

（3）标底的编制。

①一般可聘请设计单位、监理单位或咨询机构在设计方给出初步设计和工程概算的同时，计算出有关工程项目的标底。

②编制标底应当依据中央和省级有关部门的计价办法和市场价格信息来确定。

③计算标底应当给出工程量清单，就选择合理的施工方法和标准定额予以说明。

（4）标底的变化形式。

目前在招投标实践中，出现了一些变化形式。总的趋势是：把标底产生的时间推迟到开标以后、决标之前。未经开标即使是招标人也根本无从掌控具体的标底值。这就从制度和技术的层面上杜绝了泄露标底的可能性。归纳起来，标底产生的新方式大体有以下两类：

①有向标底。招标人要求各位投标人在某一中心数上下一定区段内选值作为本方的投标报价。开标后，招标人按约定取3～5个表征数，然后在诸多的投标报价中按与中心数的某种联系规律选择3～5个投标报价值，再据以上数值计算加权平均数取整作为标底值。最后按各投标报价值与标底的距离确定中标候选人，最后评审出中标人。其中标底计算公式为：

$$B = \frac{1}{n} \sum_{i=1}^{n} a_i \cdot b_j$$

其中，B 取整数，$i, j = 1, 2, 3, \cdots$，且 $n = \sum a_i$。

例如某次招投标选中心数为1000万，其他参数如表10-1所示。

表 10 - 1

所取投标报价（b_j）	1001 万	998 万	995 万
表征数（a_i）	4	3	2

则 $n=4+3+2=9$，$B=1/9×(1001×4+998×3+995×2)=999$(元)

即 999 元为决标现场勘定的标底值。

②无向标底。招标人不对投标人依据工程量清单计算投标报价值做任何提示和限制。开标会议后，投标人按某种规律在投标报价值中取五组数，分别设置五个权数，然后求出加权平均数，即为标底。最后按各投标报价值与标底的距离确定中标候选人，最后评审出中标人。其中标底计算公式为：

$$B = \frac{1}{n}\sum_{i=1}^{n} f_i \cdot a_i$$

其中，$n = \sum f_i$。

三、废标

废标是指违反法定或纪律约束条件、在内容与形式上存在严重错误应当予以作废的投标书。

1. 废标分类

(1)法定废标。法定废标是指违反法律法规规定的招投标活动或标书、文件。

(2)约定废标。约定废标是指符合某种约定作废条件的招投标活动或标书、文件。

2. 废标条件

根据住建部有关招投标的文件规定，投标书具有下列内容之一者，为废标：

(1)投标书未密封；

(2)投标书未盖本单位公章及未经本单位法定代表人签章(签字或盖章)；

(3)投标书未按规定的格式、内容和要求填写；

(4)投标书书写潦草或印刷粗糙，字迹模糊，难以辨认；

(5)一个投标人递交两份以上的投标书或在一份投标书上有两个以上的报价，且未声明哪一份或哪一个有效；

(6)投标人无故不参加开标会议；

(7)投标书寄达日期以邮戳为准，超过了规定时间。

第三节　投标事务操作

本节叙明投标企业应建立一个精干的投标班底，拟定投标策略，做好投标准备工作。本节给出了投标书的内容，包括投标报价、初步施组计划、施工建议和本方预列合同条款，本节还总结了招标的对应性工作。

一、投标准备工作

投标的准备工作，主要包括：

(1)投标企业应当建立一个精干的投标班子。

①企业的经理或业务经理应当参加决策。

②企业总工程师负责组织编制施工组织设计方案和制定其他技术措施。

③企业总经济师组织预算部门将投标函件编制成册,给出投标报价。

④其他人力资源、财务、物设、技术等部门予以配合。

(2)企业决策层应当拟定一份详尽的投标策划提纲。

(3)参加投标事务的人员应当认真研究招标文件。

①用本方理解的方式概括工程全貌。

②从"细节决定成败的"的深度搞清技术细节。对图纸中不清楚或矛盾错误之处,准备在审图交桩会议上提请澄清。

其中,审图交桩是指当设计方按《供图协议》提供第一批施工图后,由建设方组织施工方和监理方在事先审查的基础上参加设计交底和审查会议。经设计方交底,主要是施工方对施工图中的明显错误提请纠正,对某些概念模糊、表意晦涩的地方提请澄清,对一些问题进行咨询。设计方能解答的当场解答,否则承诺事后书面解答。该会议由设计方或监理方向施工方指认施工的基点和基线。建设方负责整理出会议纪要,由各方与会人员签字以备存档。

③研究合同主要条款,明确本方权利与义务,重点是承包方式、工期及奖惩、物料设备供应及计价、预付款支付和工程款结算、停工窝工处理等。

④熟读投标须知,防止产生废标。

(4)调查了解建设单位和竞争对手。

①了解建设单位对工期和质量的要求及安排。

②分析竞争对手的状况,重点要了解威胁最大的竞争对手的状况。

(5)调查了解工程项目的环境状况。

①现场条件。主要是地理位置和地形、障碍物、地下水、水电气供给、路况、物料堆放地等。

②自然条件。风霜雨雪状况、年气温变化状况、洪水期、地震设防烈度等。

③器材供应条件和租赁状况。

④劳务来源及工资水平。

⑤生活必需品的采购条件和价格。

6.确定投标策略。

①对照已知对手状况,掌握我方底数。

A.对我方技术与管理的优势和劣势应当了然于胸,尽力采用先进设备,精心采购物料,安排合理紧凑的进度,实施可靠的分包,争取实现高速、高质量、低成本。

B.广泛征求合理化建议,以新工艺、新技术、新材料、新结构来保证质量,提高工效。

C.实施低利润策略,为打入新市场而争取低价取胜。

D.着眼索赔。实施低报价,在施工中,充分利用时机进行索赔取证。

E.制订未来发展策略。如宁可当前少盈利或不盈利,也要争取中标。

②做出本方决策。包括采用何种策略投标和给出具体报价。

二、编制投标书

投标书要求汇编成册,内容精当,装帧精美,捆扎牢实。其内容包括:

1.投标人近况

(1)单位概况。包括名称、法人地址、联系方式,并附近期办公主楼彩照。

(2)人事状况。包括董事长、总经理的彩照及简介,人事规模、主要生产部门设置和技术职务构成等。

(3)设备状况。附彩照和简介。

(4)证照资料。包括营业执照、资质等级证书、涉外资质证明文件、往届典型工程、获奖情况,特别是近三年内所完成的与投标项目工程相似的工程,以上须附彩照和简介;另附近两年经过审计的财务报表,下一年度财务预测报告等。

2.工程项目造价测算

(1)投标人欲承揽的工程项目或其单项工程、单位工程的概况。

(2)利用招标文件中提供的工程量清单逐项填写,其计算依据与标底计算依据应当一致,并算出投标报价。

(3)工程量清单所衍生出的报表和相关计算依据。包括:工程项目总价表、单项工程费用汇总表、分部或分项工程量清单计价表、分部或分项工程量清单单价分析表、其他项目清单计价表、零星工作项目计价表、项目费用分析表、主要材料报价表等。

3.初步施工组织计划

(1)明细给出时间段、用工安排、应完成的工作量等。

(2)其他保证措施,如工艺方法、设备、各项应急措施等。

4.对工程项目施工的建议

如为了解决施工单位较多,容易发生互相影响或冲突的事件,或为了协调其他纵横及周边关系、维护施工秩序等问题给出对策。对招标文件所给出的建设工程施工合同文本及主要条款提出看法和建议,重点在于维护投标人的合法权益以及方便施工的运作。

三、招投标互动总结

以下根据招投标的阶段性划分,一一对应地给出招投标各方的有关活动。其中的公证或鉴证属于选用步骤。

表 10-2 招投标双方互动表

阶段	准备阶段				招投标运作阶段						定标或分阶段						
招标人	制订招标计划	委托招标机构	编制招标文件	计算标底	发布招标公告	进行资格预审	发售招标文件	组织现场考察	解答招标质疑	接受投标文件	组织开标会议	实施评标活动	决标运作	发中标通知书	商签合同		选择实施公证或鉴证
					↓	↑	↓	↓	↓	↑	↓	↓	↓	|		→	
投标人	→				索购资格预审文件	填报资格预审报表	购买招标文件	参加现场考察	提出招投标质疑	编制投标文件	参加开标会议	实施有效修改	解答相关询问	交履约保证金或履约保函	商签合同		

表10-2描述的程序性工作互相衔接,且以两阶段招标为基础进行安排。

其中定标的标准是:报价合理,工期紧凑,质量有保证,企业信誉好。

综合练习题

1.什么是招投标、采购和工程招投标? 强制招标的范围是什么? 招投标各方的互动准备包括哪些内容?

2.什么是开标? 开标的程序和方式是怎样的? 什么是评标? 评标委员会如何组成? 评标的方法有哪些?

3.什么是公开招标和决标? 决标的分类和内容是怎样的?

4.简述公开招标、邀请招标、议标和两阶段招标的优劣。

5.什么是招标文件? 它包含哪些内容?

6.什么是标底? 它的性质和作用各是什么? 目前在招投标实践中,标底都有哪些变化形式?

7.什么是废标? 如何防止废标?

8.什么是投标? 投标准备工作有哪些? 如何确定投标策略?

9.编制投标书时,投标人的近况包括哪些内容?

10.招投标的阶段如何划分? 定标的标准是什么?

第十一章
建设工程合同管理

知识目标

合同是具有法律意义的文书,本章从合同法及合同法律制度、建设工程合同及其示范文本、建设工程合同管理体系及其运行机制、合同事务处理及纠纷处理、FIDIC 合同准则等七个方面,向学生介绍了合同相关知识,使学生熟悉合同的特点和作用,增强合同知识功底和不断创新的素质,为在今后的工作中奠定基础。

能力目标

使学生学会签订和执行有关的工程合同,掌握各类合同资料的收集整理和应用,使建筑活动围绕合同约定展开修正和处理,并且学会调查研究,正确处理合同纠纷,维护本方合法权益。

案例引入

表见代理和缔约过错责任

2003 年的春天,位于甘肃酒泉的西北某钢铁公司的王总经理携秘书来到西安。他突发奇想,想去看看近年来经营状况一直不好的陕西某钢厂。

某天上午,陕西某钢厂曹厂长陪同王总和秘书参观了主要的生产车间和办公场所,中午还设便宴招待了他们。席间,王总表达了愿意并购该钢厂的想法。下午,厂里部分干部职员同王总二人进行座谈。大家对王总并购钢厂的想法很感兴趣,并希望王总的公司能带领他们走出困境。王总侃侃而谈,神采飞扬。他表达的主要意见是:钢厂地理位置优越,本公司有意并购。但在并购前,对钢厂的现状提几条改进意见:一个重工业厂子,女工竟然占了三分之一,应大力裁减;厂纪比较松弛,闲杂人等奔走频繁,必须加强纪律性;厂区环境较差,枯树荒草较多,应遍植杨柳鲜花,布局也应适当调整;请静候佳音,本公司会组团前来验收和谈判签约。

此后,陕西某钢厂的干部按照王总的要求裁减了女工,严肃了厂纪,美化了厂貌,并向有关公司多次电话和书面汇报。后来厂里还专门派人去询问。奇怪的是,只有秘书在接待,总是翻来覆去地述说着"领导很忙,请耐心等待"的话。陕西某钢厂的干部工人盼星星盼月亮,望穿秋水,却再也听不到王总的只言片语。

时光匆匆,又是一年春天来到了。陕西某钢厂曹厂长下定决心要见到王总,誓言"哪怕挖地三尺,非找到不可。"他在有关公司专候一周,终于见到了王总。王总尴尬地一笑,声明那只是他个人意见,代表不了公司决策层。

曹厂长回厂后,组织人进行了分析讨论,认为:王总的特殊身份,构成了他对有关公司的表见代理,钢厂的干部工人没有理由不相信王总的有关言行。而这些言行对钢厂方面造成了精神打击和财产损失,理应由王总所代表的公司承担缔约过错责任。因王总的行为发生地和致损地均在西安,所以曹厂长代表钢厂一纸诉状将有关公司告上了法院。案件经调查取证和开庭审理,最后双方达成调解协议,由有关公司向钢厂赔偿2000万元。

第一节　合同及合同法律制度

本节论述了合同主体和合同的法律特征,申明合法性是合同的基础,介绍了我国合同法的不足,讨论了债权合同的法学分类,并阐明了我国合同法的特点、结构和基本原则。本节重点论述了合同生成过程、无效和可撤销合同内涵,合同当事人的抗辩权、撤销权和代位权,以及不再抗力等特别规定。

一、合同的概述

1.合同的定义

合同概述,也称为契约或协议,是指平等主体的自然人、法人、其他组织之间就具体事项设立、变更、终止民事权利义务关系,表达协商一致意见的表述方式。

合同有广义和狭义之分。广义的合同泛指以确定主体民事权利、义务关系为内容的协议,除经济和其他民事合同外,还包括行政合同、劳动合同等。狭义的合同一般指经济合同及与经济事务相联系的其他民事合同。本书以狭义的合同为主要的表述形式。

2.合同的法律特征

合同是反映交易关系和物权转换关系的一种法律形式。它具有以下法律特征:

(1)合同主体的法律地位平等。其中的自然人包括中外公民、多国籍人和无国籍人。

(2)合同以设立、变更或终止某种民事权利义务关系为目的。

(3)合同是当事人意思表示一致的一种表述方式。

由于合同反映的只是正常的、典型的交易关系和物权转换关系,而实践中还可能存在一些非正常的、特殊的上述关系,如不当得利和侵权行为所产生的债等,都不能为合同内容所概括。

3.合同的合法性

合法性是合同的基础。它包括以下内容:

(1)内容合法。合同当事人不得就法律和行政法规所禁止的事项签订合同。

(2)形式合法。法律法规对某类合同作出要式规定的,或当事人对具体合同有要式要求的,则不满足要式的合同应视为不生效的合同。

(3)签约过程合法。签约过程应当经过要约和承诺两个法定环节,以尊重有关当事人的自由和意愿。

二、合同的分类

就总体而论,合同可以划分成物权合同和债权合同两大类。1999年制定现行《合同法》的时候,因我国尚无明确的物权方面的法律规定,致使分则中缺少了物权方面的有名合同。2007年我国《物权法》公布,有关规定未能在《合同法》中很好体现,物权合同的缺失成为《合同法》先天不足的部分。现就债权合同作如下分类:

1.双务合同与单务合同

根据合同当事人各方权利义务的对应方式,合同可划分为双务合同与单务合同。

(1)双务合同。双务合同是指合同当事人各方均享有权利和承担义务,一方的权利和另一方的义务互相对应的合同。各方都要认真履行本方义务以保证对方权利的实现。

典型的双务合同有买卖、租赁、借款、运输、财产保险等合同。

建设工程的各类合同均为双务合同。如施工合同中,甲方享有获得合格的建筑产品的权利和按时支付工程进度款的义务,乙方则享有获得工程进度款的权利和按施工图纸及相关标准规范提供合格建筑产品的义务。

(2)单务合同。单务合同是指合同当事人一方只享有权利而不承担义务,另一方当事人只承担义务而不享有权利的合同。

典型的单务合同有赠与合同、无偿保管合同和归还原物的借用合同。

(3)区分单务合同与双务合同的意义,主要在于确定两种合同的不同效力。

①是否行使抗辩权。双务合同或多务合同中存在行使抗辩权(含同时抗辩权、先后抗辩权和不安抗辩权)等法律问题,单务合同中,不存在此法律问题。

②在风险负担上不同。单务合同中不发生双务合同中的风险负担问题。

③因过错违约可导致合同执行的后果不同和违约责任的承担有区别。在双务合同或多务合同中,如果一方违约,可导致合同执行逾期、变更或解除,违约方应承担违约责任;如果双方违约,也可导致合同执行逾期、变更或解除,各方承担自身的违约责任,在部分情况下可以互相折抵。在单务合同中,也会有合同执行逾期、变更或解除的问题,但只能由义务方承担违约责任。

双务合同占合同总量的95%以上,此外除单务合同外,还有三务合同和多务合同。例如委托培训合同,就存在委托方、培训方和受培训方三方主体,规定他们之间权益关系的合同是三务合同;又如信用证联合作业合同有时会涉及七方或更多主体,是典型的多务合同。

2.有偿合同与无偿合同

根据当事人是否可以从合同中获取某种利益,可以将合同分为有偿合同与无偿合同。

(1)有偿合同。有偿合同,是指一方通过履行合同规定的义务而给对方某种利益,对方要得到该利益必须支付相应代价的合同。

有偿合同是商品交换最典型的法律形式。在实践中,绝大多数交易合同都是有偿的。

(2)无偿合同。无偿合同,是指一方给付对方某种利益,对方取得该利益时并不需要支付任何代价的合同。

无偿合同并不是反映交易关系的典型形式,它是等价有偿原则在实践中的例外,一般很少采用。

各类建设工程合同均属有偿合同,而借用合同、赠与合同等则属无偿合同。

3.有名合同与无名合同

根据法律上是否规定了某类合同的名称,可以将合同分为有名合同与无名合同。

(1)有名合同。有名合同,是指法律文件上已经确定了一定的名称及基本内容的合同。如我国合同法分则中所给出的15类合同,都属于有名合同。

(2)无名合同。无名合同,是指法律文件上尚未确定一定的名称的合同。需注意的是,无名合同产生以后,经过一定的发展阶段,其基本内容和特点已经形成,则可以由合同法或其他有关法律文件予以规范,使之成为有名合同。

(3)有名合同与无名合同的区分意义主要在于两者适用的法律规则不同。

对于有名合同,应当直接适用合同法或其他有关法律文件的规定。但在确定无名合同的适用法律时,首先是合同法的一般规则;其次,应当比照类似的有名合同的规则,参照合同的经济目的及当事人表达的意思等进行处理。例如旅游合同,因其包含了运输合同、服务合同、房屋租赁合同等多项有名合同的内容,因此可以类推适用这些有名合同的规则。

4. 诺成合同与实践合同

(1)诺成合同。诺成合同,是指当事人各方意思表示一致,合同即告成立的合同——"一诺即成"的合同,并不需要当即交付合同标的物。

根据法律规定,具有救灾、扶贫等社会公益、道德义务性质的赠与合同,属于诺成合同。赠与人在赠与财产的物权转移之前不能撤销赠与。

(2)实践合同。实践合同,是指除当事人意思表示一致外,尚须交付标的物才能成立的合同。例如寄存合同,寄存人必须将寄存的物品交保管人,合同才能成立并生效。

5. 要式合同与不要式合同

根据合同是否应以一定的形式为要件,可将合同分为要式合同与不要式合同。

(1)要式合同。要式合同,是指在具备书面形式的前提下,根据法律法规或章程规定以及约定须经办理某种手续才能成立的合同。

对于一些重要的交易合同,法律法规常要求当事人必须采取特定的方式订立。例如,中外合资经营企业合同,只有获得地方政府商务管理部门的批准才能成立。抵押合同依法应登记而不登记的,则合同不能产生对抗第三人的法律效力。我国《合同法》第270条规定:"建设工程合同应当采用书面形式。"其实质是在规定我国建设工程合同的要式性。

(2)不要式合同。不要式合同,是指当事人订立的合同并不需要采取特定的形式就能成立的合同。当事人可以采取口头方式,也可以采取书面形式。

合同除法律法规有特别规定者外,均为不要式合同。

6. 主合同与从合同

根据合同相互间的依附关系,可以将合同分为主合同与从合同。

(1)主合同。主合同,是指不需要依附其他合同而可独立存在的合同。

(2)从合同。从合同,是以依附其他合同的生效为存在前提的合同。

如建设工程施工合同为主合同,质量保修书为施工合同的从合同。

(3)主合同未成立,从合同也不能成立。主合同被宣告无效,从合同不一定无效。例如合同争议仲裁协议是有关合同的从合同,它的效力并不受主合同无效或被撤销的影响。

三、我国合同法概述

在我国,广义的合同法是指调整合同关系的所有法律法规的总称,狭义的合同法仅指1999年3月15日通过并于1999年10月1日开始实施的《中华人民共和国合同法》。

1.《合同法》的特点

我国《合同法》具有以下特点:

(1)统一性。《合同法》的颁布和施行,结束了我国《经济合同法》、《涉外经济合同法》和《技术合同法》三足鼎立的模式,形成了统一的合同法律制度。

(2)合意性。当事人通过自由协商,决定他们相互之间的权利义务关系,并可根据自身意志协议修正或废止他们之间的合同关系。

(3)强制性。《合同法》中规定:"当事人订立、履行合同,应当遵守法律、行政法规,尊重社会公德,不得扰乱社会经济秩序,损害社会公共利益。"

2.《合同法》的结构

我国《合同法》分为三则二十三章共四百二十八条。其中总则包括一般规定、合同的订立等八章,主要叙述了《合同法》的基本原理、原则和其他概括性规定。分则分别阐述了买卖合同等十五种列名债权合同,共计十五章。因立法时我国的《物权法》尚未问世,故该《合同法》中尚缺少关于列名物权合同方面的规定。附则仅有一条,即第 428 条,规定了《合同法》生效日期和原有的三部合同法废止。

3.《合同法》的基本原则

《合同法》的基本原则主要有:

(1)平等原则。在合同法律关系中,当事人之间的法律地位一律平等。

(2)意思自治原则。只有合同各方当事人协商一致,合同才能成立。

(3)公平原则。在合同的订立和履行过程中,应当公平合理地调整合同当事人之间的权利义务关系。

(4)诚实信用原则。在合同的订立和履行过程中,合同当事人应当诚实守信,达成维护当事人的利益与维护社会公共利益之间的平衡。

(5)遵守法律与公序良俗原则。当事人订立、履行合同应当遵守法律和行政法规规定及尊重社会公德。

四、我国《合同法》所确定的合同法律制度

1.要约和承诺

要约和承诺,是订立合同的两个基本环节。

(1)要约。要约是指一方当事人希望和他人订立合同的意思表示,俗称"报价",在外贸上又称为"发盘"。

①要约的条件。一般向特定的或不特定(现货交易)的相对人发出;以订立合同为目的;要约内容具体确定;一经相对人承诺,要约人应受承诺的约束。

②要约的效力,取"到达主义",即要约必须到达相对人时才生效。

③要约的约束力。

A.要约人对特定的相对人往往设定承诺期限,在此期间内要约人不得撤回要约,除非撤回要约的通知先于要约函件到达相对人。

B.在承诺期间相对人不是承诺而是还盘,即就要约的实质性条件进行商榷,例如讨价还价,则这种还盘成为新要约。

C.逾期(承诺期)承诺为新要约。

④要约的失效。相对人明示拒绝承诺;要约人依法撤销要约;相对人还盘(主体转移,标的名称、数量、质量、价格等项变更);相对人期满未承诺。

(2)承诺。承诺是指相对人同意要约的意思表示。

①承诺生效。以通知方式明示接受要约;按要约要求,通过银行或邮局给要约人汇款。这

两种方式均实行到达生效,即有关合同成立。

A.通知承诺的方式包括数据电文承诺,只要该电文进入指定系统或要约人的任何系统,即视为通知承诺到达。

B.相对人对要约内容作了非实质性变更,不与要约硬性冲突或未遭要约人及时反对,则该承诺有效。

C.由于邮路受阻、交通工具延误等其他原因致承诺误期送达,未经要约人及时通知拒收,则该承诺有效。

②承诺失效。相对人逾期承诺的;其他原因致承诺误期送达或相对人对要约内容作了非实质性变更,该两项被要约人及时拒收的;有关承诺属于实质性的变更还盘的。

(3)要约邀请。要约邀请,又称要约引诱,是指特定人就本方的具体事项通过新闻媒体或其他方式希望有人能向本方发出要约的意思表示。需注意的是,边宣传边进行现货交易的要约邀请方式应被归类为要约;寄送的价目表、拍卖公告、招标公告、招股说明书、商业广告等,属于要约邀请;而网购节目、电视购物节目属于要约。因为它们有售货地址、商品价格、送货费用等,应视为要约。

2.无效合同和可撤销合同

无效合同与可撤销合同需注意以下几点:

(1)当事人一方以胁迫、欺诈手段或乘人之危订立合同,为可撤销合同;前项加上损害国家利益则为无效合同。

(2)订立合同显失公平为可撤销合同;而恶意串通损害国家、集体和第三人利益的合同则为无效合同。

(3)因重大误解订立的合同为可撤销合同;以合法形式掩盖非法目的、损害公共利益、违反法律和行政法规的强制性规定的合同为无效合同。

(4)无效合同和已撤销的可撤销合同自始无效;合同部分无效,不影响其他部分效力的,其他部分仍有效。

(5)合同无效后,各方当事人因合同取得的财产应予返还或折价补偿;双方都有过错的,应各自承担赔损责任。因合同致损国家、集体和他人的财产,应分别向国家、集体和他人补偿返还。

(6)合同被撤销,不影响已成立的争议解决条款的效力。

3.合同当事人的撤销权和代位权

(1)撤销权。撤销权是指债务人放弃到期债权或者无偿及超低价转让财产,已经严重影响到对债权人的偿债,且为债权人查知的,则债权人可以请求人民法院撤销债务人的行为。关于撤销权,需注意以下几点:

①已被债务人放弃的到期债权,债权人可以请求法院宣告债务人的放弃无效;

②已被债务人无偿或超低价转让的财产,债权人可以请求法院宣告转让无效,判令受让方及时返还或折价返还;

③撤销权的行使范围以债权人的债权为限;

④撤销权应自债权人知道或应知之日起1年内行使;债权人自债务人行为发生5年内未行使撤销权的,该撤销权消灭;1年或5年期限属于除斥期间,不因法定节假日而顺延。

(2)代位权。代位权是指债务人无力偿债,却又怠于行使他对第三人的债权,则知情的债权人可以以自己的名义直接向该第三人主张债权。

①债权人可以请求人民法院判令债务人的债务人直接向本方履行债务。

②债权人的知情应当以合法的调查或侦探为手段。

③代位权的行使范围以债权人的债权为限。

4.合同履行中的抗辩权

(1)抗辩权。抗辩权,又称异议权,指合同一方对抗或否认合同对方向本方提出履行债务的主张的权利。

(2)抗辩权的分类。

①同时抗辩权是指双务合同当事人在未约定履约顺序,即实施"一手交钱一手交货"式的交易时,一方可因合同对方未履约而拒绝履约。

②顺序抗辩权,又称先后抗辩权,是指双务合同当事人约定了履约的先后顺序,先方未履约或履约不合约定,则后方有权拒绝先方针对本方的履约请求。

③不安抗辩权,是指双务合同中负有先履行义务的当事人一方在确知合同对方不能履约或无法正确履约时,享有先行中止履行义务的权利。

A.行使不安抗辩权的条件。合同对方经营状况严重恶化,有转移财产、抽逃资金等逃避债务的表现;合同对方有严重丧失商业信誉的表现,甚至有丧失或可能丧失履行债务能力的其他情形。

B.对行使不安抗辩权者设置的两项义务。第一,通知义务。先方提出中止履行,应及时通知合同对方,以供合同对方提供担保;第二,举证义务。先方要举出确切证据,证明合同对方不能履约或无法正确履约。

需注意的是,不当行使不安抗辩权,要承担违约责任。

5.表见代理和缔约过错责任

(1)表见代理。表见代理是行为人虽无代理权(含越权、权限终止后的代理),但善意的第三人有理由相信其具有代理权,因而可向被代理人主张代理效力的代理形式。法人或其他组织的法定代表人、负责人无代理权或越权签约、处理涉公事务,除相对人明知外,有关的法定代表人、负责人的表见代理行为视为有效。

(2)缔约过错责任。缔约过错责任指在协商签署具体合同过程中,因一方当事人的过错及行为给对方造成损失的,应当承担损害赔偿责任。双方都有过错的,各自按过错程度分担责任。其包括:

①假借订立合同,恶意进行磋商;

②故意隐瞒与订立合同有关的重要事实,或者提供虚假情况;

③签约中侵犯或泄漏对方商业秘密、技术信息或经营信息,或者不正当使用以上资料信息,致损对方的;

④其他违背诚信原则的行为:擅自撤回要约;缔约之际未尽通知义务致损对方;缔约之际未尽保护义务,致使对方人身权、财产权受到侵害。

缔约过错是合同无效或被撤销的原因之一。

6.不可抗力和情事变更

(1)不可抗力。不可抗力是指不能预见、不能避免并且不能克服的客观情况。需注意以下几点:

①某种意义上不可抗力可等同于天灾人祸。其中天灾指的是自然灾害,例如地震、火山爆发、泥石流和洪水等;而人祸指的是社会灾难,例如战争、政治暴乱、社会动荡等。介于两者之间的还有某些意外损害,例如火灾、事故、失窃等。

②我国《合同法》第117条规定:"因不可抗力不能履行合同的,根据不可抗力的影响,部分或者全部免除责任,但法律另有规定的除外。当事人迟延履行后发生不可抗力的,不能免除责任。"

③我国《合同法》对遭遇不可抗力的合同一方当事人请求责任减免设置了以下三项义务:

A.通知义务:应及时将遭遇不可抗力受害情况告知合同对方。

B.尽力抢救义务:在遭遇不可抗力时不是放任不可抗力致害情况自由发展,而是尽力积极组织人力物力实施抢救,除非有不需要或不可能的特定事由。

C.举证义务:应能证明当事人遭遇不可抗力情况属实并且实施了积极的救助。

(2)情事变更。情事变更是指在当事人履约中发生了尽管合同各方皆无过错但无法防止的有害客观情况,致使继续履约对合同一方或各方当事人没有意义或者将造成重大损害,这种有害客观情况就称为情事变更。

7.合同附随义务和负担合同

我国《合同法》规定:合同当事人应当遵守诚信原则,根据合同性质、目的和交易习惯履行通知、协助、保密等项义务。这些义务统称为合同附随义务,是法律强制附加给合同当事人的义务。合同当事人只要签约,就必须履行这些义务。因违反这些义务致损对方或他人的,应承担违约或赔损的责任。

负担合同是指合同当事人约定由第三人履行合同各项义务(含合同附随义务)的合同。《合同法》规定:第三人不履行有关合同义务,或者履行不符合约定的,合同债务人应承担相应的违约责任。

第二节　建设工程合同

本节论述了建设工程合同的特点,讨论了相关主体、合同的订立和分类等,本节还介绍了总包企业条件和分项承包、分包、联合承包及专业承包的类型,本节重点介绍总价合同、单价合同和成本加酬金等三类计价合同,总结了违规承发包的各种情形。

一、建设工程合同概述

1.建设工程合同的特点

建设工程合同是约定由承包人实施工程建设、发包人支付工程价款,并明确规定承发包人各项权利义务关系的合同。

建设工程合同的特点可以概括为"特、长、多、广、严"。以施工合同为例。"特"是指合同标的物,即建设工程的特殊性。产品固定且单一、受自然和社会环境因素影响大等特点。"长"是指施工合同的履行周期长、合同纠纷处理时期长。"多"是指施工合同与其他类型的合同内容相比,合同条款内容多。"广"是指施工合同涉及面广,不但涉及双方当事人、法律法规,还涉及地方政府住建部门、其他单位和个人的利益等。"严"是指施工合同对承包人的要求非常严。如应具有营业执照、资质证书、安全生产许可证、外地企业进驻当地施工的有关备案手续等。

2. 建设工程合同的主体

(1)发包人。发包人,可以是建设单位,也可以是建设单位委托的具有组织开展工程建设资质和能力的单位。而建设单位一般为投资建设该项工程的单位或其所委托的管理机构,如代建公司。

(2)承包人。承包人,是实施建设工程的勘察、设计、施工、监理和物料设备供应等业务的单位。每种承包人只能签订具有特定内容的合同。各承包人的工作如表 11-1 所示。

表 11-1

	勘察合同	设计合同	委托监理合同	施工合同	物料买卖合同
主要建设事务	查明、分析、评价建设场地地质、地理、岩土条件,编制勘察报告,为选址、设计、建筑安装和施工提供科学依据	确定建设规模,做出工程概预算,给出初步设计、技术设计和施工图等设计方案,编制主要的物料设备计划及工程量清单	可对勘察、设计、特别是施工单位的全部建设活动实施监管,进行项目质量、成本和工期控制,协调建设主体各方的关系	配备适度劳务和施工机械,落实建设工程的进度、质量和成本计划,确保安全实现施工目标,并认真进行工后服务	依照约定或竞标宣示以合理价位向承发包各方保质保量保安全地供应建材、燃料和设备,并提供相关优质服务

3. 建设工程合同分类和性质

(1)建设工程合同是诺成、有偿、双务、要式合同。

①建设工程合同以当事人意思表示一致为合同成立要件,并不需要当即实施合同标的物交付,故为诺成合同。

②我国《合同法》规定:建设工程合同应当采用书面形式;国家重大建设工程合同应当按照法定程序、国家批准的投资计划、可行性研究报告等文件订立;委托监理合同应当依照本法、有关法律和行政法规签订。因此,建设工程合同为要式合同。需注意的是,建设工程主、从合同以及相关的资料均需具有书面形式,并应当具有环节执行记录。

③建设工程合同是建设单位以向承建单位支付报酬为对价的合同,故为有偿合同。

④建设工程合同当事人双方分享权利与承担义务,互相对应,故为双务合同。

(2)建设工程合同所涉及的工程项目的立项和实施具有严格的计划性和程序性,受到国家的严格监管。

①工程项目的实施应当以获得国家或地方工程项目审批机关批准的立项和投资为前提,并以经过严格的报建为要件。

②工程项目的实施需要得到规划、土地、环保、市政、消防等部门的审查批准,并领取施工许可证和其他证照。

③工程项目交付使用必须经过竣工验收并要达到合格以上的水平。

(3)建设工程合同的标的是基本建设工程和技术改造工程,属于固定资产的范畴。

(4)建设工程合同的当事人应当具有法人组织形式,承包人从业资质受到严格限制。我国《建筑法》第13条规定:"从事建筑活动的施工企业、勘察单位、设计单位和工程监理单位,按其拥有的注册资本、专业技术人员、技术装备和已完成的建筑工程业绩等资质条件,划分为不同的资质等级,经资质审查合格,取得相应的资质证书后,才可在其资质等级许可证的范围内从事建筑活动。"

（5）合同主体间具有严密的协作性和连带性。这是基于建设工程项目投资规模大、建设周期长、技术要求高的特点而做的特别规定。

二、建设工程合同的承包类型

1. 总承包

总承包，简称总包，又称为"一揽子承包"或"交钥匙承包"，是指工程项目立项后，总包单位受建设单位的委托，对建设项目从筹备到完成实施全过程组织、管理并承担主体施工的一种承包方式。

（1）总包公司的条件。

总包公司应有施工总包企业的资质；必须亲自实施有关项目主体工程的施工，非主体工程可以有条件的分包。

其中，施工总包企业的资质共分 12 个品类：1～7 类设特级和Ⅰ、Ⅱ、Ⅲ级；8～9 类设特级和Ⅰ、Ⅱ级；10～12 类只设Ⅰ、Ⅱ级。

（2）总包公司与代建公司的比较。

总包公司必须亲自实施主体工程，代建公司不必实施有关工程项目的具体施工任务。二者都承担着组织管理项目工程、最后交钥匙的任务。

（3）总包公司的分类。

总包公司可分为一体化总包公司和联合总包公司两类。

一体化总包公司是指完全靠自身实力完成勘察、设计、土建施工、设备安装、物料设备采购等项主要工作，只实施少量分包的公司。

联合总包公司是以土建单位为龙头，由设计、物料供应及设备生产厂家、咨询公司等单位组成的集团，所有涉及具体项目的建设事务均可在集团内部消化殆尽。

2. 分项承包

分项承包是指建设单位与各分项工程承包商分别签订分项工程承包合同，以明确有关各方权利义务关系的承包方式。各承包商分别在自己承包的标段内开展工作，各自通过履行和遵守合同约定向建设单位负责；对整个工程项目可以指定或约定由建设单位或一个主要的承包商负责协调管理。

3. 分包

分包是指承包商依照与建设单位的约定，将所承揽工程的一部分非主体结构施工任务通过签订分包合同交由分包商完成的承包方式。需注意以下几点：

分包商要具备独立完成有关项目所要求的资质条件。

分包商除可以实施劳务分包外，不得将所承揽的工程再行分包。

我国《建筑法》第 29 条规定：分包商依照分包合同对承包单位负责，承、分包单位就分包工程对建设单位承担连带责任。

4. 联合承包

我国《建筑法》第 27 条规定："大型建筑工程或结构复杂的工程可由两个以上承包单位联合共同承包，共同承包的各方对承包合同的履行承担连带责任。"

联合总包指不同的专业单位组成一个总包公司，而联合承包指相同专业的不同单位组成

一个承包联合体。关于联合承包,需注意以下几点:

(1)建设单位对联合体按一个承包人对待,取有关各方的最低资质为联合体资质。

(2)联合体内各单位独立核算,按各方投资份额分享利润、分担风险。

(3)联合体共同使用的临时设施,按各方使用频次或其他数量比例摊付租金。

5.专业承包

专业承包是指许多专业性较强的工程施工任务,如大型土石方、结构吊装、打桩工程、高级装修等,可由有关专业公司直接从建设单位处承包实施的承包方式。需注意的是,专业承包各方应符合报建时所确定的对具体工程项目实施方的资质要求。

专业承包与分项承包之间既有联系,又有区别。两者的区别为:分项承包是承包方在具体的标段内实施操作,而专业承包的施工对象是整个工程项目内的某类工作;分项承包一般不得实施分包,而专业承包可以实施分包。

两者的共性是:实施主体所实施的工作都是与工程项目有关的部分工作。

三、建设工程合同的合同条件

1.概念

建设工程合同的合同条件,又称为订立建设工程合同的组合惯例,是指工程承发包双方选择某种组合惯例签订建设工程合同,用以确定双方利益分配,特别是承包方利益获得的组合套餐方式。

2.意义

建设工程合同的当事人选择了具体的合同条件,实际上是确定了合同各方履约的着力点和利益分配方式,对承包方的利益获得具有特别的意义。

3.建设工程所涉及合同的类型

工程项目建设过程涉及多种多样的合同。如立项阶段涉及的合同类型主要有:立项事务委托合同,包括完成投资意向书、项目建议书、可行性研究报告和评估报告等单项委托合同、土地开发征用合同、建筑物拆迁补偿合同、土地使用权出让合同、借贷融资合同等。又如项目准备阶段和实施阶段涉及的合同类型主要有:勘察合同、设计合同、招标代理合同、施工合同、装饰合同、材料设备买卖合同、担保合同、保险合同、技术开发合同等。

建设工程合同按照不同的方式有不同的类型,主要有:

①按合同的计价方式来划分,主要有总价合同、单价合同、成本加酬金合同等。

②按运作方式来划分,主要有咨询合同、监理合同、运输合同、加工合同、租赁合同等。

③按承发包方式划分,主要有勘察、设计或施工总包合同、施工分包合同、劳务分包合同、工程项目总包合同等。

以上所列的各种合同中,直接与合同条件相关联的是按计价方式来划分的合同和按承发包方式划分的合同。

4.承发包类合同条件

(1)工程概算包干,是指以建设项目的初步设计或扩大的初步设计总概算或综合概算为依据,由施工企业就工程项目的建设规模、工期、施工质量、材料设备订购与消耗等方面对发包人实行总承包。

(2)施工图预算包干是根据工程项目的施工图,汇总项目人、机、料等项预算额,确定建筑

安装工程总造价,由施工企业实施承包的方式。这种合同条件是我国多年来的习惯做法,具体分为:

①可调施工图预算包干,以施工图预算为基础,将施工中发生的设计变更、材料代换、基础工程量增减按实际发生情况在竣工结算时一并调整或补充,并由此确定工程造价和实施结算。

②施工图预算加系数包干是指以单位工程施工图预算为依据,另按规定的地区包干系数增加包干费,一次包死,超支或结余都不做调整。国家规定,一般民用建筑按建筑总价的3%增加包干费,工业建筑按建筑总价的5%增加包干费。

5. 计价类合同条件

(1)总价合同。

总价合同是指合同当事人就具体工程项目在合同中约定一个总价(合同条件),由承包商据此完成工程项目全部工作的合同。总价合同可以分为以下几类:

①固定总价合同。固定总价合同是指合同期间为一年之内,合同总价一次包死,不因环境因素(如通货膨胀、政策调整等)的变化而调整的合同。其适用性与基本要求如下:

A.适用性。采用这种合同一般要求工程设计图相对比较确定,项目范围及工程量准确,合同履行过程中不会出现较大的设计变更;适用于工期不长,工程条件稳定,施工技术不太复杂的中、小型工程项目。

B.基本要求。在合同履行过程中,不能提出对合同总价调值的要求,承包人承担全部的工作量和价格风险。由于此类合同的价格中不可预计的因素较多,故承包商报价一般比较高。

②可调总价合同。可调总价合同是指合同总价可因工期、工资、法律等因素的变化而调整的合同。这种合同适用于工期较长(通常工期在一年以上)的项目。

③固定工程量总价合同。固定工程量总价合同是指合同双方对事先商定的工程总价,如工程量不发生变化则不予调整,而在施工中发生设计变更、增加工程量、增加新项目才予以调整的合同。该合同适用于在具体施工中工程量变化不大的项目。

(2)单价合同。

单价合同是指合同当事人就分部或分项工程按招标文件所列工程量清单和单价计算合同价款的合同。单价合同可分为以下几类:

①估算工程量单价合同。估算工程量单价合同是指通常发包人委托咨询单位按分部、分项工程列出工程量清单,由承包人以此为基础填报约定单价,汇算出合同总价,按月计算工程款,至竣工验交时按竣工图最终结算工程总价的合同。

该合同适用于在一个较长时期内开展工作,而在不同的时段内工程量变化较大的工程。

②纯单价合同。纯单价合同是指合同双方当事人只对合同单价的选择作出约定,工程量按实际完成数量作为依据,由此来计算合同价款的合同。

此类合同适用于工程基本情况尚不够明朗,却又急于开工的工程,例如抢险救援工程。

③单价与包干混合式合同。单价与包干混合式合同是以单价合同为基础,对项目工程中不适宜计算的部分,如小型设备购置与安装调试、施工导流等采用包干办法来解决,从而给出合同价款的合同。

(3)计量定价承包。计量定价承包是指某些工程单价固定,工程量可按实际数量调整,据此计算有关工程项目承包总价的承包方式。

①适用性。该方式一般适用于工程量可能发生较大变化的工程项目,国内外应用比较

广泛。

②基本要求。承包商应注意在有关合同中约定一个单价调整系数,以应对工程量发生变化时的单价不合理。

(4)成本加酬金承包合同。

成本加酬金承包合同,也称为成本补偿合同,是指工程合同当事人双方约定,发包人在向承包人支付工程结算款时,按照工程的实际成本再加上一定的酬金进行计算的合同。

①适用性。

A.工程较复杂,工程技术、结构方案不能预先确定,或者尽管可以确定,但是不可能开展竞标活动,并以总价合同或单价合同的形式确定合同价款的工程项目,如研发项目等。

B.时间特别紧迫,如抢险、救灾工程,来不及进行详细计划和商谈的工程项目。

②成本加酬金合同的表现形式。

A.成本加固定酬金合同。承包商的工程费用(含劳务费、机械使用费、材料费等)由发包人实报实销,另由发包人按事先约定的标准给付一笔固定酬金的承包合同。其总包费用等于实际成本加上酬金。这种承包方式使承包商为尽快得到酬金,势必用心关注工程相关情况。

B.成本加固定百分比酬金合同。结算时承包商除了从发包人处收到工程直接费外,另按双方约定的实际成本的固定百分比收取酬金。在这种合同条件下,承包商对加快进度和降低成本兴趣不大。

C.成本加浮动酬金合同。双方约定工程成本的预期水平或计划成本,给出一个经过测算的酬金增量,并约定奖罚办法:若预期成本与实际成本持平,则不给奖惩;若实际成本大于预期成本,则扣除酬金增量;若实际成本小于预期成本,则奖励酬金增量。

在这种合同条件下,尽管酬金增量相对较小,但对承包商有一种激励作用。

四、建设工程合同所涉及的违规承发包行为

(1)发包方对单一施工主体可以完成的工程项目实施肢解发包。

肢解喻指不是出于工作实施的客观需要,而是出于某些不正当的人为考虑,将一项工程分割为若干小项作为承包标的。

(2)承包商将自身承揽的工程部分或全部转包给第三人。

(3)承包商将自身承揽的工程项目肢解后以分包的名义转包给第三人。

(4)总包单位将应由自身完成的主体工程施工分包给其他单位完成。

(5)假借资质承揽。假借资质承揽是指施工企业或其下属单位允许其他单位或个体使用本企业的资质和营业执照等证照承揽工程。

(6)挂名下属施工。挂名下属施工是指企业或其下属单位允许其他单位或个体以本企业下属单位的名义参加工程项目的施工等项活动。

(7)承包商在实施分包时将工程分包给不具备相应资质的单位。

(8)分包商将自身所承揽的分包工程实施再次分包。

一个具体的工程项目一般分为主体工程和辅助工程两类。承包商所以要实施分包,是因为许多辅助工程往往具有较高的技术含量或特别的施工工艺,承包商不一定是没有时间干,有可能是拿不下来。分包商实施再次分包,就像承包商实施转包一样,属于私自非法更换施工主体,这是建设法律法规严格禁止的行为。但有一点例外,分包商也可以进行劳务分包,雇佣合

格的操作人员。

(9)总包方、承包商和分包商不顾劳务方有无资质和资质状况(如资质证书已过期或被吊销等)而与之签订劳务分包合同或进行非合同劳务用工。

(10)政府有关部门或其工作人员滥用职权,限定发包方将工程项目发包给指定的承包商。

(11)政府有关部门或其工作人员、发包方、承包商分别指定相对人在固定的生产厂家或供应商处购买建筑材料、建筑构配件或设备。

(12)发包方与承包商或承包商与分包商之间签订黑白合同。

黑白合同是指对同一项目工程当事人之间签订两套合同文件,一套用于应付官方检查,一套用于实际操作和结算。

(13)招投标活动中招标人与招标代理人勾结,以窃取某类商业秘密为目的,实施暗箱操作。

(14)招投标活动中投标人采取行贿、盗窃或其他手段窃取标底或谋求非法中标。

(15)招投标活动中招标人以敛财为目的作虚假广告宣传,进行欺骗性招投标。

(16)有关建设主体在建设项目进程中以各种手段侵犯其他单位的知识产权。

知识产权是指权利人对其所创造的智力成果在有限的时段内所享有的专有权利。该专有权利涉及荣誉、人身和财产利益获得等项权利。知识产权被粗略地划分为版权和工业产权两类。在我国知识产权保护被集中反映在著作权法、商标权法、专利权法和反不正当竞争法等几部法律中。因此,我国知识产权的范围是:著作权、商标权、专利权和商业秘密。其中专利权和商业秘密是被侵犯得最为频繁、最需要着力保护的两类。专利权包括发明、实用新型和外观设计三类。而商业秘密指不为公众所知悉,能给权利人带来经济利益,具有实用性,并经权利人采取保密措施的技术信息和经营信息。例如施工组织设计就属于建筑企业的商业秘密。

(17)有关建设主体在投标签约中违背诚信原则,主观上具有恶意,客观上实施了散布虚假信息、泄露或窃用他方商业秘密等行为致损他方的,应承担缔约过错责任。

第三节 建设工程合同示范文本

本节列示了几种制式建设工程合同示范文本,重点讨论了建设工程施工合同的结构内容,还介绍了工程质量保修书的使用现状,并举例要求学生会填制施工合同协议书部分,还就其他建设工程合同的结构和内容进行了介绍。

一、建设工程合同示范文本概述

1.合同示范文本

合同示范文本是指由某些国际组织、国内有关经济、行政主管部门、行业协会等权威机构组织编写,供有关合同当事人协商选用的合同模本或合同格式。

建设工程合同示范文本是指主要由住建部和国家工商总局组织编制的用于规范和指导建筑行业签订合同、供当事人协商选用的合同模本或合同格式。

2.几种较重要的建设工程合同示范文本

(1)建设工程施工合同(示范文本)(GF—2013—0201);

(2)建设工程施工专业分包合同(示范文本)(GF—2003—0213);

（3）建设工程施工劳务分包合同（示范文本）（GF—2003—0214）；

（4）建设工程设计合同（一）（民用建设工程设计合同）（GF—2000—0209）；

（5）建设工程设计合同（二）（专业建设工程设计合同）GF—2000—0210）；

（6）建设工程勘察合同（一）（GF—2000—0203）；

（7）建设工程勘察合同（二）（GF—2000—0204）；

（8）建设工程委托监理合同（GF—2012—0202）；

（9）建筑装饰工程施工合同（甲种本）（GF—1996—0205）；

（10）建筑装饰工程施工合同（乙种本）（GF—1996—0206）；

（11）国家科学技术部监制的合同示范文本《专利申请权合同书》；

二、《建设工程施工合同》示范文本（GF—2013—0201）简介

《建设工程施工合同》示范文本（GF—2013—0201）是住建部和国家工商总局对1999同名示范文本进行修订而发布的。合同文本由三部分组成。

第一部分为协议书。包括工程概况、工程承包范围、合同生效等十三个条款。其中，合同文件构成、承诺等两条是强制性条款，文字固定。合同双方当事人既然约定使用该示范文本，就必须接受这两个强制性条款，不得改变。

第二部分为通用条款。共分20大项。该条款给出了文本所有概念的唯一性解释，结合了我国《合同法》、联合国合同公约和FIDIC准则（红皮书——土木工程合同施工准则）的内容。事实上该通用条款也是对我国《合同法》内容的完善和增补。例如其中关于索赔程序的规定，是我国《合同法》和其他法制文件尚未作出规定的部分，在该通用条款第十九大项列出，内容更加详尽和连贯，便于操作。通用条款的特点是：文字固定，不得在本条款上进行改动。

第三部分为专用条款。其特点是：与通用条款完全对应，也分为20大项，是对通用条款原则性约定的细化、完善、补充、修改或另行约定的条款。但是只有部分条款或小项设定空格，允许填写对通用条款对应内容的具体意见，表达当事人协商一致的结果。当事人也可就文本中未涉及的内容或对较复杂的事务、当事人特别强调的问题另行约定，在专用条款中列出或加附页列出。凡在专用条款中未表明意见进行具体阐述、又未按另行约定列出者，双方必须按通用条款的有关规定办理。

该合同示范文本还给出了十一个附件：

（1）附件1：承包人承揽工程项目一览表（专用合同条款附件）。

（2）附件2：发包人供应材料设备一览表。

（3）附件3：工程质量保修书。

（4）附件4：主要建设工程文件目录。

（5）附件5：承包人用于本工程施工的机械设备表。

（6）附件6：承包人主要施工管理人员表。

（7）附件7：分包人主要施工管理人员表。

（8）附件8：履约担保格式。

（9）附件9：预付款担保格式。

（10）附件10：支付担保格式。

（11）附件11：暂估价一览表。

该附件还特别修订了工程质量保修书,该工程质量保修书属于原合同的从合同,应由当事人双方共同填写。

但 2000 年原建设部发布了使用《房屋建筑质量保修书》(简称房建质保书)取代原示范文本附件中的质量保修书的文件。房建质保书共有五条。第一,工程质保范围和内容,包括:地基基础、主体结构、屋面防水防渗漏、供热供冷、电器管线、给排水管道、设备安装、装饰装修等。第二,质保期的约定。其他三条分别为质保责任、保修费用和其他。鉴于我国质量法规中关于质保期的原则性规定很不便于实施,建设部发文用质量异议期的形式将房建质保期限定在 1 年以下,特殊情况可约定 1~2 年。在这种情况下,先后出现了多种专项工程质量保修书,致使前述附件中质量保修书已经名存实亡。为增加本示范文本的权威性,经修订,又将质保书列于附件中。

该合同示范文本在具体使用时,还可根据合同当事人的一致意见,在附件中增加其他事项,例如签订保险、公证、代理等从合同。

该示范文书为非强制性使用文本,适用于房建工程、其他土木工程、线路管道和设备安装工程等建设活动的承发包活动。

三、建设工程施工合同示范文本的填写

在这里结合具体实例仅要求学生会填写第一部分(协议书),其他部分由大家在实践中逐渐掌握。

事实上任何建设工程合同的条款都可以分成商务条款和技术条款两部分。如果把它们简单地排列在一起,会使合同文本本身变得复杂而混乱。大量技术条款的存在,严重影响了人们对有关合同目的性的认识,而商务条款的穿插,也会影响人们对相关技术条款的系统掌握。鉴于此,某些法学专家把凸显有关合同目的性和交易性的条款汇集在一起,命名为《协议书》,而把技术条款中体现原则性、体现原则性和灵活性相结合以及必须附带的部分分别称为通用条款、专用条款和附件。

实例:A 市出资 5000 万元计划在彩霞河谷修建一所公园(资金缺口由承包方垫资解决),工程情况如表 11 - 2 所示。

表 11 - 2 公园的工程情况

建筑	曲桥	楼房	绿地	水面	假山	林地
数 量	11×25m	16×500m²	7 万 m²	3.6 万 m²	9 座	2 万 m²
单价	7000 元/m	1450 元/m²	450 元/m²	360 元/m²	3 万元/座	180 元/m²

A 市成立彩霞谷公园筹建处。经招标,筹建处与中建 W 公司签订施工合同,工期为 2011 年 6 月 1 日至 2013 年 3 月 31 日,乙方利润率为 12%,垫资月利率为 1.5%,请计算合同价款和竣工验交后三个月内偿还的垫资本息数额,并填写一份建设工程施工合同的协议书。

1. 计算

(1)日历工天。2011 年 6 月 1 日至 2013 年 3 月 31 日,共计 2 年,多算 4、5 两个月,而 2012 年系闰年,从而日历工天 $= 365\times2+30-31+1=670$(天)。

(2)合同价款 $= (7000\times11\times25+1450\times16\times500+450\times70000+360\times36000+30000\times9+180\times20000)\times(1+12\%)=69277600$(元)。

(3)发包人偿还所欠承包人垫支本息 $= (69277600-50000000)\times[1+1.5\%\times(670+90)/30]=26603088$(元)。

2.填制协议书

协议书

发包人(全称):A市彩霞谷公园筹建处。

承包人(全称):中建W公司。

依照《中华人民共和国合同法》、《中华人民共和国建筑法》及其他有关法律、行政法规,遵循平等、自愿、公平和诚实信用的原则,双方就有关建设工程施工事项协商一致,共同达成如下协议。

一、工程概况。

1.工程名称:A市彩霞谷公园。

2.工程地点:A市彩霞河谷。

3.工程立项批准文号:陕建(2010)019号。

4.资金来源:由发包人投资5000万元,其余资金缺口由承包人垫支,待有关工程竣工后三个月内由发包人按月息1.5%一并还付。

5.工程内容:如表11-2所列,修建全部曲桥、楼房、绿地、水面、假山、林地。

群体工程应附承包人承揽工程项目一览表。

6.工程承包范围。由承包人对有关工程施工部分实行成本加固定百分比酬金总承包;且承包人可以对曲桥、楼房之外的工程实施分包;全部建筑材料和设备都由承包人组织采购。

二、合同工期。

计划开工日期:2011年6月1日。

计划竣工日期:2013年3月31日。

合同工期:总日历工天670天。

三、质量标准。

1.建筑工程施工质量验收统一标准。

2.建设工程施工工艺指南。

3.建筑装饰装修工程验收规范。

4.建设工程评优标准。

四、签约合同价与合同价格形式。

人民币(大写):陆仟玖佰贰拾柒万柒仟陆佰元整(¥:69277600元)。

其中:

(1)安全文明施工费。人民币(大写):陆佰万元(¥:6000000元)。

(2)材料和工程设备暂估价金额。人民币(大写):肆仟捌佰万元(¥:48000000元)。

(3)专业工程暂估价金额。人民币(大写):玖佰贰拾柒万柒仟陆佰元(¥:9277600元)。

(4)暂列金额。人民币(大写):陆佰万元(¥:6000000元)。

五、项目经理。

承包人项目经理:_____。

六、合同文件构成。

本协议书与下列文件一起构成合同文件。

(1)中标通知书(如果有);

(2)投标函及其附录(如果有);

(3)专用合同条款及其附件;

(4)通用合同条款;

(5)技术标准和要求;

(6)图纸;

(7)已标价工程量清单或预算书;

(8)其他合同文件。

在合同订立及履行过程中形成的与合同有关的文件均构成合同文件组成部分。

上述各项合同文件包括合同当事人就该项合同文件所作出的补充和修改,属于同一类内容的文件,应以最新签署的为准。专用合同条款及其附件须经合同当事人签字或盖章。

七、承诺。

1.发包人承诺按照法律规定履行项目审批手续、筹集工程建设资金,并按照合同约定的期限和方式支付合同价款。

2.承包人承诺按照法律规定和合同约定组织完成工程施工,确保工程质量和安全,不进行转包及违法分包,并在缺陷责任期及保修期内承担相应的工程维修责任。

3.发包人和承包人通过招投标形式签订合同的,双方理解并承诺不再就同一工程另行签订与合同实质性内容相背离的协议。

八、本协议书中有关词语含义与第二部分通用合同条款中赋予的含义相同。

九、签订时间:2011年2月10日。

十、签订地点:本合同在陕西省A市天一宾馆签订。

十一、补充协议。

合同未尽事宜,合同当事人另行签订补充协议,补充协议是合同的组成部分。

十二、合同生效。

本合同自最后一方签字盖章后立即生效。

十三、合同份数。

本合同一式十二份,均具有同等法律效力,发包人执6份,承包人执6份。

发包人　　　　　　　　　　　　　　承包人

(公章)　　　　　　　　　　　　　　(公章)

日期　　　　　　　　　　　　　　　日期

其他双方都要填写的事项还有住所、法定代表人、委托代理人、电话、传真、开户银行、账号、邮政编码,此处暂略去不填。

四、几种重要的建设工程合同示范文本简介

为了规范管理合同事务,多数国家或地区、社会团体和国际组织都制订了合同示范文本。如FIDIC编制的《客户/咨询工程师(单位)协议书范本》、世界银行的《世界银行借款人选择和聘用咨询顾问指南》以及世界银行《标准建议书征询文件(SRFP)》;国内的合同示范文本有:除《建设工程施工合同》示范文本外,还有《建设工程勘察合同》、《建设工程设计合同》、《建设工程

委托监理合同》、《建设工程造价咨询合同》以及中国工程咨询协会编制的《工程咨询服务协议书》等示范文本。在这里仅对建设工程合同系列的几种常用的合同示范文本做一些概略性介绍。

1. 工程勘察合同

建设工程勘察合同是为查明、分析、评价建设场地的地质地理环境和工程条件,实施有关勘察工作的协议。

(1)建设工程勘察合同(一)(GF－2000－0203)。本合同适用于为设计提供勘察工作的委托任务,包括岩土工程勘察、水文地质勘察(含凿井)等勘察。

主要条款为:工程概况;发包人应提供的资料;勘察成果的提交;勘察费用的支付;发包人、勘察人责任;违约责任;未尽事宜约定;其他约定事项;合同争议的解决;合同生效。

(2)建设工程勘察合同(二)(GF－2000－0204)。该范本的委托工作内容仅涉及岩土工程,包括对项目的岩土工程进行设计、治理和监测工作。

除了上述条款外,还包括:合同变更及工程费的调整;材料设备的供应;有关报告、文件及对治理工程的检查和验收等。

2. 建设工程设计合同

设计工作分为三个阶段。第一阶段,给出初步设计或扩大的初步设计方案,并给出工程项目概算,以供开展优选施工单位的招投标工作;第二阶段(主要针对大型建设工程),给出技术设计方案,并对原有的概算进行修正;第三阶段,按与建设单位签订的《供图协议》分批供应施工图,并给出施工图预算,用以推动项目施工工作的开展。

建设工程设计合同的示范文本,是原建设部、国家工商总局于 2000 年 3 月 1 日发布的。

(1)《建设工程设计合同》(一)(GF－2000－0209)。

该范本是适用于民用建设工程的设计合同,其主要内容为:

①工程概况:工程名称、工程规模、工程特征、设计阶段和内容、设计费估算等。

②技术资料管理。

A. 双方明确约定发包人应向设计人提交的资料、文件份数及提交的时间。

B. 设计人应向承包人(指施工方)提交的资料、文件份数:初步设计、整体设计 10 份;施工图设计、非标设备设计 8 份;要求增加份数,另行支付印制费。

C. 工程设计中需要购买国家或地方标准设计图的,由发包人支付费用。

③工程设计收费和义务。

A. 基本设计收费事项:提供初步设计文件、施工图设计文件,进行设计技术交底,解决施工中的设计技术问题,参加试车(机械设备安装就位后所进行的试运转)、考核和竣工验收等项服务。

B. 其他设计收费事项:提供总体和主体设计协调,采用标准设计或复用设计,编制非标设备设计文件,编制施工图预算,编制竣工图。其中编制施工图预算的,按基本设计费的 10% 另行收费。

除以上条款之外,还有:订立合同依据的文件;委托设计任务的范围和内容;双方责任;违约责任;其他。

(2)建设工程设计合同(二)(GF－2000－0210)。

该范本是适用于专业工程的设计合同,除了上述设计合同应包括的条款内容外,还增加有：设计依据，合同文件的组成和优先次序，项目的投资要求、设计阶段和设计内容，保密等方面的条款约定。

①工程概况，与《建设工程设计合同》（一）的相关内容相同。本合同为条件合同，发包人在向设计人支付定金（设计费的10%～25%）后，合同才生效。

②收费。以国家收费标准或以"预算包干"、"中标价＋签证"、"实际完成工作量"等方式核定收费。

③有关义务。

A.发包人变更设计或提供资料错误等，致使设计人返工，发包人应支付返工费。

B.设计人变更设计或违约，按日支付应收设计费的2‰作为违约金并双倍返还定金。发包人中途解除合同，设计未过半，按一半收费，设计已过半，按全部收费。

施工图完成后，发包人应及时结清设计费，不留尾数。

C.发包人应按合同约定支付定金，逾期则按日加收滞纳金。逾期超过30日的，暂停下阶段工作。

D.设计人不得指定建材设备生产厂家及供应商。发包人负责购买标准图和支付所聘外国专家的接待费。

E.设计人有权对超过一年才施工的设计项目，核收咨询费。设计人有义务在设计范围内对设计事项按有关方面的请求做出纠差和修改。

3.工程监理合同

工程监理合同指委托人与监理人就委托工程项目管理事宜所签订的明确双方权利、义务关系的协议。

建设工程委托监理合同示范文本（GF－2012－0202），由3个部分组成，即协议书、通用条件、专用条件。

①协议书。用以列明工程概况（名称、地点、规模、总投资）、付酬的期限和方式、签约、生效、完成时间。

②标准条件（相当于工程施工合同中的通用条款）。包括：词语与解释；监理人的义务；委托人的义务；违约责任；支付；合同生效、暂停、解除与终止；其他；争议解决。

③专用条件。合同当事人结合地域特点、专业特点和工程项目特点，对标准条件中某些条款进行补充修正或特别约定。补充是对相同序号的标准条件中的实体部分进一步明确具体内容；修改是对标准条件的程序部分进行明确细化。专用条款分为九条，前八条与通用条款一一对应，第九条为补充条款。

合同系格式条款，经双方协商一致进行填写，签章生效。

4.工程造价咨询合同

（1）建设工程造价咨询合同是指委托人与咨询人就委托的建设工程造价咨询业务签订的明确双方权利、义务的协议。

委托人在选聘咨询人与实施咨询合同时，要求咨询人操守清廉、诚信可靠。若发现咨询人在竞标或合同实施中有腐败或欺诈行为，应立即取消有关合同。咨询人应能提供专业的、客观的、公正的意见和建议，忠诚于委托人的委托和利益。

①咨询人应向委托人提供与工程造价咨询业务有关的资料。

②咨询人在履行合同期间，向委托人提供的服务，包括正常服务、附加服务和额外服务。

③咨询人应明了编制技术建议书和财务建议书注意事项。

④如果培训是一项主要任务,咨询人应详细说明建议的培训方法、人员配备和监控。

⑤双方应在合同中约定仲裁条款,以保障发生争议时,可尽快纳入处理程序,节约争议处理时间。

(2)建设工程造价咨询合同示范文本(GJ—2002—0212)包括3个部分,即同名商务条款、合同标准条件、合同专用条件。

①在示范文本中提供了合同使用说明。

②标准条件包括:词语定义、适用语言和法律、法规;咨询人的义务;委托人的义务;咨询人的权利;委托人的权利;咨询人的责任;委托人的责任;合同生效、变更与终止;咨询业务的酬金;其他;合同争议的解决。

③同名商务条款和合同专用条件的内容和作用分别相当于《建设工程施工合同》示范文本中的协议书和专用条款。

5.建设工程施工劳务分包合同(简称劳务合同)

劳务合同是指工程承(分)包方和劳务方双方为完成具体的工程施工任务,就提供具有相应资格证书的熟练或技术工人投入施工工作而达成的书面协议。

《建设工程施工劳务分包合同(示范文本)》(GF—2003—0214)由文本主体和三个附件组成。

(1)文本主体内容:劳务分包人资质情况、劳务分包工作对象及提供劳务内容、分包工作期限、质量标准、合同文件及解释顺序、标准规范、图纸、项目经理、工程承包人义务、劳务分包人义务、安全施工与检查、安全防护、事故处理、保险、材料、设备供应、劳务报酬、工时及工程量的确认、劳务报酬的中间支付、施工机具、周转材料供应、施工变更、施工验收、施工配合、劳务报酬最终支付、违约责任、索赔、争议、禁止转包或再分包、不可抗力、文物和地下障碍物、合同解除、合同终止、合同份数、补充条款、合同生效,共35条,98款。

(2)三个附件。

①工程承包人供应材料、设备、构配件计划。

②工程承包人提供施工机具、设备一览表。

③工程承包人提供周转、低值易耗材料一览表。

6.工程物资买卖合同

随着市场经济的发展,世界各国立法强调合同自由,合同采用什么形式,由当事人决定,一般不加干涉。但是工程物资采购活动具有一定的特殊性,有关合同宜采用书面形式。

书面形式,指合同书、信件和数据电文(即电子数据交换和电子邮件)等可以有形地表现所载内容的形式。物资采购合同通常采用标准合同格式,其内容可分为三部分:

第一部分,包括项目名称、合同号、签约日期、签约地点、双方当事人名称或者姓名和住所等条款。

第二部分,即合同的主要内容。包括合同文件、物品及数量、合同金额、付款条件、交货时间和地点及合同生效等条款。其中合同文件包括合同条款、物品规格及价格一览表、技术规范、履约保证金、买方授权书等;合同金额指合同的总价。若当事人要求鉴证、公证或设定其他条件的,则经有关机关签章或完善其他条件后方可生效。

第三部分,包括双方的签章及签字时间、地点或文本分配等。

第四节　建设工程合同管理体系及运行机制

本节首先介绍了企业与合同管理相关组织建制和一系列合同管理制度,如分层对口管理制度、合同归档制度,接着分别列举了立项、项目实施准备、其他阶段对应合同种类,还介绍了EPC、BOT、BT等特类合同,讨论了合同管理的使命和职责、企业签订重大合同的"三先三后制"、合同管理禁忌事项、重要合同条款的基本外延、工程控制权和合同保全等。

工程项目在实施中有一系列的合同需要签订。这些合同独立来看,每一个都有很丰富的内容,印证着工程项目进程中的分工与阶段特色。把这些合同串接起来,则形成合同链,表现着工程项目沿着法定轨道从计划走向现实的历程。

一、企业合同管理机构

1.企业决策层

对企业决策层应当明确法律事务的管理责任,特别是对负有管理合同事务职责的领导人员——四老总的责任。

企业决策层,又称企业的上层领导,是对国有企业行政机构的董事长、正副经理和四老总(总工程师、总经济师、总会计师、总法律顾问),党群机构的正副书记、纪委书记和工会主席的统称。

2003年以前,多数企业在行政领导体制方面,除了设有董事长、正副经理之外,一般实行三总师(副经理级的干部)制,即总工程师、总经济师、总会计师。总工程师(简称总工),负责企业承揽的所有工程项目的技术运作、成本和进度管理、安全质量控制及员工培训等业务。总经济师(简称总经),负责企业计划开发、工程招投标事务、定额测算、各项经济制度的建立、修改、废止、ISO贯标等项业务。总会计师(简称总会),负责企业财务管理、成本控制与督察、平衡收支与分配等业务。

2003年以后,在国家发展与改革委员会的推动下,国有大中型企业普遍实行四总制,即在以前三总师的基础上,增设总法律顾问一职,主管企业法律事务,包括合同管理、处理各类纠纷、实施知识产权保护等项业务。

2.企业设立法律事务部

(1)法律事务部的任务。具体管理合同事务、主持索赔操作、参与各类纠纷处理、处理合同尾遗事项及其他法律事务。

(2)对法律事务部成员的要求。

①要有法律、经济大学专科以上的学历。

②应当取得企业法律顾问资格,其中骨干人员要求具备律师资格。

特别提示

在发达国家,企业普遍设有法律顾问机构,其成员一般称为企业律师。要求他们既懂法律,又懂生产技术。企业设置法律顾问机构,这也是我国企业目前正在走的一条新路。未来企业的总法律顾问应当具备法律顾问和律师两种资格。

3.企业各业务部门和各项目经理部配备合同管理员

(1)合同管理员的要求。

①要有大专以上的文化水平。

②应当经过专门的法制培训并获得合同管理员证书。

(2)项目部合同管理人员的配备。Ⅰ级项目部应当由具有法律顾问资格的人员来管理合同和其他法律事务;Ⅱ、Ⅲ级和等外项目部可配备合同管理员来管理合同,配合企业法律事务部来完成其他法律顾问业务。

二、合同管理制度

企业应建立一套完善的施工项目合同管理制度,使管理人员有章可循。

1.合同分类对口管理制度

为了保证合同的全面履行,应实行分类对口管理制。各部门负责管理与所涉业务相关的合同,再由单位的法律事务部实施综合平衡、协调及处理纠纷,使各部门分工协作,各司其职,使合同的风险降到最低。

2.合同审批制度

要保证合同的合法性;签约要保证所签合同形式合法、内容合法、签约过程合法;对拟定的合同条款,签约中应以谈判取得协商一致;履约中要指定专人管理,密切关注双方的履约步调,注意抗辩权的使用。以上过程应经上级主管及法律顾问审查,确保合同内容无遗漏,无错误,符合法律要求,以维护企业的合法利益。

3.合同专用章管理制度

企业对合同专用章登记、保管、使用等应有严格的规定。合同专用章应当由合同管理员保管、专用。合同专用章不能超越范围使用;不得加盖空白合同文本和未经审查的合同文本;严禁利用合同专用章谋取个人私利。出现上述情况,要追究有关管理人员的责任。凡外出签约,应由两人以上携章前往。

4.对各级合同管理人员的考核、奖励制度

对各级合同管理人员要完善合同统计考核,实施奖优罚劣的制度,这是运用科学的方法,利用统计数字,反馈合同订立和履行情况的重要手段。通过统计数字的分析,总结经验教训,为企业经营决策提供重要依据。

5.合同归档制度

工程交工后,合同管理员应具体实施合同后期管理。一般工程中的合同资料原件要送交档案室保存,重点工程的合同资料甚至要在地方档案馆乃至国家档案馆存放。工程合同资料数量大、种类多、变更频繁,应注意平时将合同资料分门别类存储到计算机中。某些合同文本、技术变更资料、图纸图片和许多信函都可以进行档案式资料管理,也可以通过网络进行存储和传递。

三、合同管理所涉合同的种类架构

根据工程项目进展,合理地安排应签订的合同,把合同管理与相应的项目阶段管理对应起来,是合同管理的方法之一。

1.**立项及报建管理阶段**

建设方可签订投资合同、融资合同、委托项目可行性研究合同、委托项目评估合同、委托代理操作立项事务合同、委托代建合同、委托报建合同等。

2.**项目实施准备阶段**

建设方可签订勘察合同、设计合同、图纸分期供应协议、委托监理合同、甲供物料买卖合同、非甲供物料买卖合同、委托招标合同、仲裁协议等。

3.**其他阶段**

施工方可签订施工合同、工程变更协议、施工分包合同、联合承包合同、劳务分包合同、专项分包合同、商业秘密保护协议、专利许可使用合同、工程机械租赁合同、工程尾遗事项处理协议、施工配合事项处理协议、工程质量保修协议等。

4.**特别建设合同**

改革开放以来,形成了一些使用特别支付手段或营运方式的合同。例如:

(1)BOT(Build—Operate—Transfer)合同——又称为建造—营运—移交合同——指由我国政府或所属机构与外国公司就在我国实施基础类的工程建设而签订的一种特许协议。由本国公司或者外国公司进行融资,实施工程建设;待工程竣工后允许融资方在约定的时间段内开展经营活动以获取商业利润;最后根据协议将该项目无偿交给我国政府。

(2)BT合同——BOT合同的变形——指我国政府通过特许协议引入外资或私人资本,并由投资方实施基础设施等方面的建设,竣工后由我国政府对有关工程项目按协议实施赎买,然后纳入营运的合同。

四、合同管理制度的实施

1.**合同管理员的任命**

(1)由企业(最好是集团公司一级的企业)发文规定,凡工作涉及合同管理事务,未经专门的法制培训,不能取得合同管理员证书,一律不得再从事有关工作。

(2)企业每年对企业有关部门和各项目部的有关人员至少进行一次集中培训考核,比选优胜者,并颁发合同管理员证书。对于一次考核不能通过者,适当留补考机会。

2.**合同管理员的职责**

(1)参与本部门、本项目部相关合同的谈判与签订。

(2)负责管内所用各类合同模本的购买、印制、使用和登记、保管。

(3)密切监控管内各类合同的执行。发现合同对方不履约或不完全履约的情况,随时向有关领导和企业法律事务部报告,并提出书面处理意见。

(4)及时向企业法律事务部报送《合同签订与执行统计表》,并附重要合同的副本。每年7月初或下年元月初向企业法律事务部报送阶段性合同管理总结。

(5)组织并参与与项目部有关的合同纠纷处理活动。

(6)按时参加上级单位组织的合同培训班和合同事务研讨会。

3.**签订重大合同,可以实行"三先三后制"**

重大合同是指那些合同标的大、履行周期长、或含有涉外等特殊因素、对企业的现在和将来有重要影响的合同。

"三先三后制"的内容包括:

(1)先论证后决策。遇有签订重大合同的事项,可聘请专家学者,至少是行内专家充分论证签订这种合同的可行性,进行利弊分析,最后确定是否签约。

(2)先框架、后内容。谈判双方可就某些共识先达成框架意向书,再互相协调,完善内容,最后形成协议书。

(3)先协议书后合同。先签订协议书,并在条文中约定,待协议书执行某个时间段后再对相关条款进行全面修订,形成正式合同。经过某个时间段后,双方发现原协议书并无不当之处,也可以不再修订。

4. 熟练地实施合同抗辩制度

(1)同时抗辩制。合同双方负有一方给付价款、另一方满足标的要求的义务。有一方不履行义务,或履行义务不合约定时,另一方享有拒绝对方履行请求的权利。

(2)先后抗辩制。合同双方负有的义务有先后顺序,先方未履行合同或履行合同不合约定的,后方有拒绝先方履行请求的权利。

(3)不安抗辩制。负有履行合同义务的先方有充分的证据证明合同对方转移财产、抽逃资金、严重丧失商业信誉或债台高筑、濒临破产、经营态势相当险恶时,可以中止履行合同,并在对方提供担保或经营状况好转时恢复履行。

5. 合同管理的分层对口制

(1)不同部门及各类项目经理部合同管理员负责各自管内相关合同事务的具体管理,不允许互相包揽或取代。

(2)企业的法律事务部负责对各部门和各项目部的合同管理提供指导、服务和监督检查。

(3)项目经理部的合同管理不再分部门进行,由合同管理员统一保管相关合同的正副文本,并与有关部门协同掌控合同履行及相关事务。

(4)企业各有关部门和各项目部应建立合同台账。合同台账应当具有如下内容:序号、对方单位名称、合同编号、签约日期、标的名称、总额、执行期限和执行现状,特别要及时记录下有关合同的走向,即合同标的变化情况。

6. 合同管理禁忌事项

在具体的合同管理事务中,有些事务所涉及的法律关系比较复杂,操作不当常会给企业带来不应有的损失和严重的负面效应。鉴于此,企业往往对企业各有关部门和各项目经理部作出强制性的禁止或限制规定。

(1)一般不允许使用企业部门和项目部的名义对外签订合同。

(2)未经公司董事长或总经理的批准,一律不得使用企业的名义对外签订合同。

(3)未经企业授权,一律不得开展对内或对外的担保活动,不得擅自增减企业利益和变更合同条款。

(4)实施合同管理,不得泄露企业的商业秘密,不得越权对企业已经拥有的专利技术开展特许使用活动。

7. 严格合同管理责任追究制

对于各级合同管理人员由于工作上的失误、失职等表现,给企业造成一定的经济损失和恶劣的社会影响的,企业要视情节和后果,追究有关人员的行政责任,给予经济处罚和行政处分;情节恶劣,达到一定程度的,要提请有关司法机关追究相关人员的刑事责任。

五、合同重要条款及其他

(1)以下合同条款属于重要合同条款：

①合同标的、数量和质量要求；

②付款方式、合同条件、合同价格的调整范围和调整方法；

③履行合同的期限、地点、方式和合同双方风险的分担；

④建设方对承包商的激励和约束措施；

⑤违约责任、解决争议的法律依据以及实施仲裁的地点、机构名称和仲裁程序等。

(2)建设方对工程的控制是通过合同实现的，在合同中应当约定建设方（或通过监理方实施）的控制权有：变更工程权；进度计划审批权；进度监督权；对承包商下达追赶进度命令的指令权；对工程质量的检查权；对工程付款的控制权；在特殊情况下的临时处置权，如将承包商逐出现场等。

(3)合同双方应当约定的合同保全措施有：

①工程中的履约保函、保证金和其他担保措施。

②承包商的材料、设备进入现场后，没有建设方（或工程师）的同意不得移出现场。

③合同中应约定双方的特别处置权。例如在国际工程中，承包商严重违约时，建设方可以将其逐出现场；建设方严重违约时，承包商可以退出承包等。其有关损失分别由对方承担。

第五节　合同实务处理

本节给出签订建设工程合同的法定条件，谈判确定合同条款的方法，讨论了对非主链合同的要式要求，意向书转化为合同的途径，评价了14种不规范的合同约定，本节还申明了履行合同的一般原则，着重讨论了建设工程合同解除的原因及法律后果，重点讨论了违约责任的归责、分类和承担形式。

合同实务是指对合同的签订、履行、变更、废止及合同纠纷的处理。这里的合同，重点指建设工程类合同。

建筑企业及其项目部在实施建设任务时，必然要同外部的劳动力及人才市场、资金市场、物料设备市场、技术市场、机械租赁市场和生活与后勤社会化服务市场发生密切的联系，而联系的纽带就是合同。一个较大的项目部为维持正常运转，签订数百份经济事务合同应是很正常的事。事实上，工程项目就是在一个立体交叉的巨大合同网络中实施和运转的，而有关的工程建设类合同则形成了这个网络中的一条主合同链，各有关合同又称为主链合同。

一、合同文本及条款的确定

1. 在签订建设工程合同时，应符合相应法定条件

例如签订建设工程施工合同应当符合以下法定条件：

(1)初步设计已经批准；

(2)工程项目已经列入年度建设计划；

（3）有能够满足施工需要的设计文件和有关技术资料；

（4）建筑资金和主要建筑材料设备的来源已经确定；

（5）招投标工程的中标通知书已经下达。

2.通过谈判确定合同条款

有关的工程建设合同应当使用相应的合同示范文本来签订。但建设单位（甲方）是形成主链合同的主导方，若它不同意使用有关的合同示范文本，并且希望合同对方（乙方）能同它一起围绕招标文件所给出的合同文本或主要合同条款签订一份相对简单一些的合同，乙方一般很难拒绝。这也是有关合同示范文本使用率低的原因之一。在这方面，有待政府有关部门加以积极的引导和控制。

使用甲方提出的合同文本或主要的合同条款，必然涉及乙方的实体利益。乙方一般会用两种方式来应对：一是对有损本方利益的条款提出修改意见，否则不予接受；二是本方直接拿出一份合同文本或主要的合同条款，提请甲方取舍。不管怎样，合同条款的最终确定必然是在双方的谈判协商中实现的。

3.非主链合同的要求

非主链合同也应当是要式、完整的，既便于履行，也便于监管。

（1）主链合同的要式性决定了非主链合同的要式性。

非主链合同大量存在，从某种意义上来说，它是为主链合同的运作服务的，地位相当于从合同或合同资料。如前所述，主链合同法定要式，包括其从合同及合同资料的要式。因而，非主链合同也应当是要式的，即至少应当具备书面形式。

（2）严格按照我国《合同法》第12条的规定签订合同。

非主链合同门类众多，不可能有统一的格式或模本。只有按《合同法》第12条的规定签约，才能保证有关合同在基本项方面不致有缺失。

《合同法》第12条规定："合同的内容由当事人约定，一般包括以下条款：㈠、当事人的名称或者姓名和住所；㈡、标的；㈢、数量；㈣、质量；㈤、价款或者报酬；㈥、履行的期限、地点和方式；㈦、违约责任；㈧、解决争议的方法。"符合该法条精神的条款称为框架条款，此外的合同条款则称为非框架条款。

（3）非主链合同的完整性还表现在应当为它设置若干非框架条款。

设置非框架条款的目的是保障和促进有关合同的履行，有利于及时解决合同纠纷和其他相关问题。

这些非框架条款主要有：担保条款、仲裁条款、激励与约束条款、合同生效条件条款、定金条款（担保条款的一种，因其重要性而单列）、公证条款、鉴证条款、委托中介条款、委托代理条款等。

需要提请注意的是，有关合同无效或被撤销，非框架条款未必失效。

（4）将（2）（3）两种情况总结归纳于表11-3中。

表 11 - 3

条款 内容	当事人		标 的				价款和报酬的结算				履约办法	违约责任	纠纷处理	非框架条款
	甲方	乙方	名称	数量	质量	其他	单价	总价	时地	办法				
要求	不可或缺		必须明确									应当明确		可明确
档次	必要充分		必要									充分		辅助
缺失后果	合同不成立		合同成为意向书									增加纠纷处理难度		不影响合同成立
救济	无法救济		按《合同法》第 61、62 条补充完善								通知履约	和解、调解、仲裁、诉讼		增补或另行协议

其中意向书是指两方及以上的社会主体就开展某种活动达成初步一致的意见而形成的书面材料。一般认为意向书并不具有法律效力。它大体上可以分为四种类型：

①粗放型。书面材料中只有两方或以上主体及活动的名称，其他事由和内容都存疑的意向书。

②承诺型。一方向他方承诺某种必然会出现的事物出现时，他将会采取哪些举动的意向书。

③通知型，又称活话型。一方与他方有比较精确的约定，但前提是接到某种通知才能付诸行动的意向书。

④条件型。一方事实上已同他方达成了某种协议，但该协议的生效必须等到某种具有或然性(有可能成立，有可能不成立)的条件成就的意向书。

②③④类意向书在条件具备时都可以转化为合同，有关当事人应当用书面合同表达这种转变。该合同或协议一定要吸收原意向书中记载的各方的一致意见。但在某种情况下，意向某方因本方过错可能给他方造成一定的损失，应负缔约过错责任。

通知履约是指无论单务合同，还是非单务合同，各方合同当事人未就何时何地以何种方式履约进行约定，或者约定义务方接到合同对方的通知才能付诸行动。这两种情况实际上是同一个问题，合同转成了意向书，通知生效，不通知则不生效。

4. 不规范或错误合同约定

(1)直接在其他文本的复印件上修改形成新合同。

(2)使用过时的合同文本或提法。

(3)搞不清甲方和乙方。

(4)标的额不确定。

(5)某些合同前言中充斥着废话和不当言论。

(6)多数合同文本缺项严重。

（7）部分合同质量标准不清。

（8）合同文本签章不完备。

（9）对签章完备的空白合同文本管理混乱。

（10）合同纠纷处理方式约定有误。

（11）关于违约金的约定不合规定。

（12）部分合同约定对承包方过分苛刻。

（13）劳务分包合同中包含一些不合理或非法的内容。

（14）技术合同与商务合同混杂。

二、建设项目进程中的合同事务处理

1.合同履行的一般原则

围绕工程项目进程所签订的各类合同，不管是主链合同，还是非主链合同，一经生效，就必须坚决执行。无效合同和被撤销的可撤销合同，不存在履行问题。就建设工程合同而论，履行的目的是"承包人进行工程建设，发包人支付价款"。合同履行的原则是：

（1）全面履行的原则。全面履行的原则是指合同当事人应当按照合同约定全面、正确履行自身的义务，即在合同约定的地点、期限和价款内，用适当的方式保质保量地实现合同标的。

①合同变更的，合同各方应当按照明确的变更协议履行义务，替代对原合同中被变更部分的履行。

②原合同约定不明确的部分经签订补充协议予以明确的，合同各方应当按照明确的补充协议履行义务。

③原合同约定不明确的部分无法签订补充协议予以明确的，可以按照我国《合同法》第61、62条的规定执行：

A.质量要求不明确的，按照国家标准、行业标准履行；没有国家标准、行业标准的，按照通常标准或者符合合同目的的约定标准履行。

B.价款或者酬金不明确的，按照订立合同时履行地的市场价格履行；依法应当执行政府定价或政府指导价的，按照规定履行。

C.履行地点不明确，给付货币的，在接受货币一方所在地履行；交付不动产的，在不动产所在地履行；其他标的，在履行义务一方所在地履行。

D.履行期限不明确的，债务人可以随时履行，债权人也可以随时要求履行，但应当给对方必要的准备时间。

E.履行方式不明确的，按照有利于实现合同目的的方式履行。

F.履行费用不明确的，由履行义务一方承担。

④交付价格调整办法。

A.合同价已经确定，当期市场行情的波动不应影响合同价。

B.执行政府定价或政府指导价的，在合同约定的交付期限内政府价格调整时，按照交付时的价格计价；逾期提取标的物或者逾期付款的，遇价格上涨时，按照新价格执行；价格下降时，按照原价格执行。总之，取最不利于违约方的方式执行。

（2）实际履行的原则。

①合同实施主体和实施行为具有不可替代性。

A. 合同实施主体必须亲自完成合同标的所规定的实施任务。例如，建设工程施工合同的承包方必须亲自实施有关主体工程的施工操作，这一部分工作不允许分包，更不允许转包。

B. 不允许任何一方合同当事人以支付违约金和赔偿金的形式取代合同的履行。违约方在支付了违约金和赔偿金后，如果对方当事人仍要求履约的，违约方还必须履行。

②合同实施主体应当制定严密的实施计划和技术保证措施。例如，建设工程施工合同的承包方在投标前就应当编制施工组织设计，并进行完善。该设计实际上是承包方开展有关项目实施工作的一种严密计划和技术保证措施。

③合同实施主体必须按照法定和约定的程序及环节展开合同履行活动。

以建设工程施工合同的履行为例。建设方必须及时组织"审图交桩"工作；提供"三通一平"的施工场地；办理施工证照；实施甲供料的采供；及时向承包方拨付预付款和进度款；组织和确认设计变更；组织竣工验交；处理其他有关问题。承包方可以实施分包；组织按期开工；完成非甲供料的采供；完成人机料的进场检验或送检；实施临时设施建设；组织中间或隐蔽验收；组织竣工验交；签订质量保修书；处理其他有关问题。

（3）协作履行的原则。

协作履行的原则指合同各方在履行合同过程中，出于对共同利益的认识和期待，应当互谅、互助，尽可能为合同对方实现权利、履行义务创造条件。

①协作履行原则的内容。

A. 合同各方严格履行自身义务。

B. 合同各方为了共同的经济利益，互相之间进行必要的监督检查，及时发现和平等处理问题，使有关合同得以顺利实施。

C. 当合同一方遭遇困难时，合同对方在自身能力许可且不违反法律和社会公共利益的前提下给予必要的帮助和谅解，使其渡过难关。

D. 当合同一方违约给项目进展带来不利影响时，合同对方可以帮助他认识错误，协助他及时进行补救。

E. 合同各方共同或分别受到某种冲击时，应互相鼓励、互相支援，为维护共同及各自利益而尽力防止和减少损失。

F. 合同各方发生合同争议时，应顾全大局、努力平等协商解决；不是迫不得已，不要轻易提起仲裁或诉讼，更不要采取其他极端化的处理方式。

②合同各方在履约的过程中，应自觉履行法定的附随义务，为合同对方实现权利和履行义务提供支持。附随义务包括以下几种：

A. 通知义务是指当合同一方因客观情况必须变更合同或因不可抗力致使无法履约时，应及时通知合同对方。

B. 协助义务是指合同各方在履约中要互相合作，在严格履行自身合同义务的基础上，还要为对方履约创造条件，进行配合。

C. 保密义务是指合同各方在履约中要对合同对方的商业秘密、其他知识产权和重要信息不泄露、不传播。

D. 提供必要的条件义务是指协助义务的延伸和具体化，主要指落实协助资源的具体化问题。

E. 防止损失扩大义务是指合同一方在履约过程中遭受损失的，合同各方在有条件的情况下都有积极采取减损措施、防止损失扩大的义务,而不论这种损失的造成是否与自身有关。

3.合同的变更和解除

(1)合同变更的起因。

合同内容频繁的变更是工程合同的特点之一。一个较为复杂的工程合同,实施中的变更可能有几百项。合同变更一般主要有以下几种类型:

①经合同各方协商一致确定的变更。

A.设计错误引发的变更。审图交桩阶段或施工中发现设计错误,引起工程量的较大变化,必须对设计图纸作修改。

B.不可抗力和施工技术条件的变化引发的变更。工程环境的变化,预定的工程条件不准确,推行应用新技术、新材料和新结构,特别是不可抗力事件的影响,迫使对原合同的部分内容作出协议变更。

C.经济政策或政治形势引发的变更。政府部门对有关工程提出新的要求,如国家基建计划变化、环境保护要求、城乡规划变动等。

②由当事人一方请求引发的变更。

A.通知变更。建设方发布变更指令,对建设工程提出新的要求。如修改项目总计划,增减概预算等。

B.合同一方因重大误解订立合同。该误解是个人认识上的错误,与签约行为有直接的因果联系。

C.订立合同时显失公正。

D.一方以胁迫、欺诈的手段或乘人之危使对方在违背真实意思的情况下订立合同。

其中 B、C、D 三种情况可由一方当事人依照法律规定直接向法院或仲裁机构申请变更合同。

③其他需要变更合同的情况。

A.由于合同实施出现问题,必须调整合同标的,或修改合同条款。

B.合同一方当事人由于倒闭或其他原因合法转让合同,造成合同主体的变化。

a.合同权利的转让。当事人一方可以将合同权利部分或全部转让给第三人享有,但应当通知合同对方,未经通知转让不生效。

b.合同义务的转让。当事人一方在不改变合同内容的前提下,将部分或全部合同义务移转给第三人承担,但必须经合同对方同意,不经同意转让不生效。

c.合同权利和义务的概括转让。合同当事人一方将自身拥有的合同权利和义务一并移交给第三人接受的现象。

合同权利和义务的转让可以有多种组合方式(全部权利和义务、全部权利和部分义务、部分权利和全部义务、部分权利和义务),分为商定(协商确定)和法定概括转让两种形式。其中转移全部合同权利和义务实际是更换了一方合同主体,多属于商定概括转让;而单位的合并和分立基本都属于法定概括转让。

概括转让分别适用权利转让和义务转让的法律规定,概括转让的权利转让和义务转让分别有效,概括转让才具有法律效力。

(2)合同终止的原因。

合同的终止是指合同事务停止运作、合同法律关系不复存在、合同效力归于消灭的状态。

①合同的解除。

合同的解除是合同终止的主要原因之一,是指合同生效后、履行完毕前,基于当事人双方的协商一致或一方基于法定事由,使合同权利和义务归于消灭的法律制度。

A.解除合同。

单方解除是指合同一方当事人在法定或约定合同解除条件成立时行使解除权利的活动。

单方解除合同如果没有充分的法律依据,则要承担违约责任,赔偿给合同对方造成的经济损失,甚至还要受到其他方面的法律追究。

协议解除是指合同各方在不违背法律规定和社会公共利益的前提下,就各方之间已存在的生效合同关系协商一致实施解除的活动。

法定解除是指合同当事人(一方或各方)或有权机关(法院或仲裁机构)应当事人的请求,在法定合同解除条件成立时实施解除有关合同的活动。

约定解除是指合同当事人依据已经成立的约定解除条件实施解除生效合同的活动。

B.法定合同解除条件。

a.因不可抗力致使不能实现合同目的的;

b.在履行期限届满之前,当事人一方明确表示不履行主要合同义务的;

c.当事人一方迟延履行主要合同义务,经催告后在合理期限内仍未履行的;

d.当事人一方迟延履行主要合同义务或者还有其他违约行为致使不能实现合同目的的;

e.国家取消某类基建计划,而该计划恰好是本合同所涉项目的立项依据的;

f.法律规定的其他情形。

C.合同解除权的行使。

a.合同解除权的行使期限。在法定或约定的期限内不行使解除权,则该权利自行失效;没有法定或约定的合同解除权行使期限,经合同对方催告后的合理期限内仍不行使的,则该权利也自行失效。

b.合同解除权的行使方式。合同的解除条件成立时,行使解除权的合同当事人应及时通知合同对方,有关合同从通知到达合同对方时起解除。

c.对解除合同存有异议的合同当事人可在诉讼时效期内向法院或仲裁机构申请确认解除合同的效力;法律法规规定解除合同应经批准、登记的,有关当事人必须执行;因不可抗力事件影响,合同各方当事人都享有合同解除权。

②合同终止的其他原因。

A.合同因履行而终止。合同各方当事人按约定履行了各自的合同义务,实现了对方的合同权利,合同目的已经实现。

B.合同因当事人各方的合同之债互相抵消而终止。

C.合同因提存而终止。提存是指享有合同债权的一方当事人不知所踪或多人同时主张债权,由法院裁定将履债标的物提存,即交由公证部门存放管理。经5年期仍无合格人选领取的,该标的物将被收归国有。

D.合同因免除债务而终止。免除债务的确认方式可以是:明示、默示、口头、书面均可。

E.合同因混同而终止。混同是指债权债务同归一人,涉及第三人利益的除外。混同的原因有:债权人继承债务,债务人继承债权;债权、债务单位合并;债权人承担债务,债务人受让债权。

F.法律规定或当事人约定的合同终止的其他情形。

（3）合同变更与终止的法律后果。

①合同变更后果的确认和处理。

A.所有的合同变更都是部分变更。

a.合同的主体和标的的名称不得发生变更，其中之一发生变化就形成了新合同。因此，合同的转让应视为新合同。

b.合同条款和合同标的的数量的变化量达到40%及以上的，必须签订或编制新的合同文本。

c.合同文本上少量文字次要内容的修改，可由各方在文本上直接修改并签章；大段文字重要内容的修改必须另辟纸页并签章；凡设计变更、指令变更、文件变更，应当一律另签补充协议作为从合同。

B.合同变更不具有追溯既往的法律效力。

a.合同变更时已经履行的部分，按未变更时的合同计量计价；尚未履行的部分，按新规则执行和计量计价。

b.合同变更必须经过特定职权部门登记批准才能纳入执行的，必须经批准才能执行。

c.合同的变更和解除，不影响当事人要求损害赔偿的权利。

②合同解除后的处理。

A.我国《合同法》第97条规定："合同解除后，尚未履行的，终止履行；已经履行的，根据履行情况和合同性质，当事人可以要求恢复原状、采取其他补救措施，并有权要求赔偿损失。"

B.建设工程合同解除后，不能恢复原状的，要折价补偿；因一方过错致合同解除，过错方应承担违约责任；双方都有过错的，应各自承担违约责任，在一定条件下可以互相折抵。

三、违约责任的归责和处理

违约责任是指合同当事人一方不履行合同义务或者履行合同义务不符合约定的，应当承担的继续履行、采取补救措施或者赔偿损失等项责任。

1.违约责任的归责

违约责任的归责是指确定违约责任承担者的活动。

（1）归责基本原则。对追究违约责任实行的是严格责任制，即适用客观要件，没有主观要件，只要有不履行合同义务或者履行合同义务不符合约定的事实，就必须承担责任。

（2）归责条件。一方不履行合同义务；履行合同义务不符合约定，包括：迟延履行、不当履行、履行标的的数量不足或质量有瑕疵、履行的地点和方式不适当、不完全履行（即部分履行）等。

2.违约的分类

（1）预期违约。当事人一方明确表示或者以自己的行为表明不履行合同义务的，对方可在履行期限届满之前就要求其承担的违约责任。

（2）金钱债务违约。以逾期支付价款或酬金为内容的违约责任。

（3）非金钱债务违约。以动产、不动产或某种服务等项的不规范交易流转为内容的违约责任。

（4）质量违约。当事人一方所交付的标的不符合质量约定而应当承担的违约责任。

(5)双方违约。合同双方都违反合同,应当各自承担的违约责任。

(6)合同一方因第三人引起的违约。包括:连环合同导致迟延履约;对方代理人声称代理履债却不践行;当事人一方的上级施加影响,导致违约;第三人侵权造成当事人违约等。

(7)竞合违约。一种行为构成了侵权和违约两个以上责任。

3.违约责任承担形式

违约责任设置目的主要在于规范违约方赔偿可能给合同对方造成的经济损失。

(1)违约金和赔偿金。

违约金和赔偿金的约定以能够覆盖可能给合同对方造成的损失为宗旨。这种损失以直接损失(一方违约行为直接带来的合同对方在标的方面的损失)和间接损失(标的能够带来的可预见的利益损失)为标准。

①违约金的比例。

A.强制违约金比例。由最高人民法院规定,按日加罚违约标的总值的万分之二点一;在合同当事人没有约定违约金数值和比例的情况下适用这一标准。

B.约定违约金比例。有关机构掌握标准,按年计算为违约标的总值的 $3\%\sim50\%$,按月是 $2.5\%\!\!\!\!\!\!\!\raisebox{0pt}{o}\sim41\%\!\!\!\!\!\!\!\raisebox{0pt}{o}$。如果合同当事人约定的违约金是具体数值,只要换算比例落在了前述比例范围内,就认为是合理的。

②赔偿金的计算。令 M 为约定的违约金数值,N 为统计出来的实际损失值,如果 $M\geqslant N$,则无须计算;如果 $M<N$,则赔偿金 $=N-M$。

③违约金的意义。违约金具有惩罚性和补偿性的双重意义。其补偿性永远都是第一位的,用以维护合同事务的公平。其惩罚性当且仅当 $M>N$ 时才能表现出来,而 M 的值已被限定,不可能无限增大,并有可能降低。所以说违约金的惩罚性是第二位的。

④违约金与定金并存。

合同当事人一方向对方给付定金作为履约担保。给付定金一方履约后,定金一般抵作合同价款或者收回;如不履约,则无权要求抵作合同价款或者收回。收受定金的一方不履行合同义务的,应当双倍返还定金。

我国《合同法》第116条规定:"当事人既约定违约金,又约定定金的,一方违约时,对方可以选择适用违约金或者定金条款。"

⑤违约金的调整。

约定违约金低于或者过分高于(最高法院解释:违约金高于违约致损额的30%)一方违约行为给合同对方造成的实际损失,受损方可以请求人民法院或仲裁机构分别予以适当地调高或调低违约金。

(2)其他违约责任形式。

①采取补救措施。采取补救措施是指为避免或减少违约行为造成的损失而采取的各种措施。

②实际履行。实际履行是指按照合同所约定的标的履行。

③赔偿损失。赔偿损失是指按照违约致损额的数量进行实际赔偿。

④继续履约。继续履约是指违约方就违约致损额进行了损失赔偿、定金或违约金处理后,合同对方要求继续履约的,违约方仍需履约。

(3)违约处理中的特殊事务。

①因不可抗力导致不能履约或履约不符合约定的,根据不可抗力的影响,应当部分或者全部免除有关方面的违约责任。

②合同当事人一方遭遇不可抗力事件,负有尽力抢险救援、及时通知合同对方和报告有关情况的义务。

第六节　建设工程合同纠纷处理

本节首先给出工程承包合同争议分类,包括价款支付争议、审价争议等,再给出解决合同纠纷的和解与调解方式的内容、特点和技巧,进而讨论了经济仲裁的特点和基本原则、仲裁协议及其作用,接着本节介绍了与处理合同争议相关的诉讼管辖、诉讼时效,并给出合同争议途径的选择方式。

合同纠纷,又称合同争议,是指合同当事人之间因具体合同的签订和履行所引发的权属利益之争。

建设工程合同纠纷是指签订具体建设工程合同的主体之间因订立和履行有关合同所引发的权属利益方面的争议。

对于合同争议,可通过和解、调解、行政处理甚至仲裁或诉讼来解决。

一、工程承包合同争议

工程承包合同争议占建设工程合同纠纷的绝大部分,现分别作一些介绍。

1.工程价款支付争议

工程发包人往往并非建设单位,通常不具备支付工程价款的实际资格。此时承包人为保障自身合法权益,可向发包人主张权利,由发包人在作出赔偿后向建设单位追索;也可向发包人和建设单位一并主张权利。

2.审价争议

审价是指工程师或建设方根据工程进展是否符合约定的形象进度而确定是否批准向施工方付款的活动。

(1)积累审价争议。施工合同中的工程量,在实际施工中会发生很多变化,包括设计变更、变更指令、现场条件变化以及计量方法等引起的工程量增减。某些已完的工程因未达到规定的形象进度而未获得付款机会。日积月累,在施工后期款项可能会增到一个很大的数字,发包人不愿或难以支付,因而形成审价争议。

(2)拖延审价争议。工程师或建设方往往在资金尚未落实的情况下就着手实施工程建设,致使发包人千方百计要求承包人垫资施工、不支付预付款、尽量拖延支付进度款、拖延工程结算及工程审价进程,致使承包人的权益得不到保障,最终引起争议。

3.工期拖延争议

工期延误往往是多方面原因造成的。属工程师或建设方的责任,除按约定承担违约责任外,还应给予施工方工期延长;属第三方或客观条件方面的原因,应给与施工方责任减免和适度工期延长,向有关责任方追偿损失或补助;建设方(含工程师)和施工方的混合过错,要分清责任,根据过错比例确定工期延长、责任减免和损害赔偿;纯属施工方过错和行为致损,即使承担了违约责任,也不得给予工期延长。

4. 安全损害赔偿争议

安全损害赔偿争议包括安全责任事故、相邻关系纠纷、施工环节不当等引发的人员和财产损害、安全事故责任等方面的赔偿争议。其中,工程相邻关系纠纷发生的频率越来越高,牵涉主体和财产价值的问题也越来越多。《建筑法》第39条规定:"施工现场对毗邻的建筑物、构筑物和特殊作业环境可能造成损害的,建筑施工企业应当采取安全防护措施。"

5. 工程质量及保修争议

质量争议包括工程材料不符合法定或约定的技术标准,有关设备性能和规格不合要求,工程交付使用后产品的质量或数量达不到设计要求,施工和安装有严重缺陷等。这类争议主要表现为:工程师或发包人要求清除违规材料和更换不合格的设备,或者返工重做,或者修理后予以降价处置。特别对于设备质量问题,甚至发生要求退货并赔偿经济损失的事。而承包人则认为缺陷是可以改正的,或者也已改正;对生产设备质量则认为是性能测试方法错误,或者认为产成品的原料不合格或者是发包人操作有问题等,质量争议往往会转变成为责任问题争议。

保修期内的缺陷修复往往是发包人和承包人争议的焦点,特别是承包人对保修期内通知维修拖延修复,或发包人未经通知承包人就自行委托第三人对工程缺陷进行了修复。在这些情况下动用质量保修金都会引发争议。

6. 合同中止及终止争议

合同中止造成的争议有:承包人因中止致损严重而得不到足够的补偿,发包人对承包人提出中止合同的补偿费用计算有异议;承包人因设计错误或发包人拖欠支付工程款造成困难提出中止合同,发包人不承认承包人提出的中止合同的理由,也不同意承包人的责难及其补偿要求等。

合同终止一般会给某一方或者双方造成损害。除不可抗力外,任何终止合同的争议往往是难以调和的矛盾造成的。如何合理处置合同终止后双方的权利和义务,责任和利益的配比往往是这类争议的焦点。合同终止可能有以下几种情况:

(1)承包人的责任引起的合同终止。例如,发包人认为并证明承包人不履约或不能正确履约,已经严重地使工期滞后,且已无法改变这种局面。

(2)发包人的责任引起的合同终止。例如,发包人不履约或不能正确履约、严重拖延应付工程款;发包人破产并被证明已无力支付欠款;发包人严重干扰或阻碍承包人的工作等。在这种情况下,承包人可能宣布终止合同,并要求发包人赔偿其因合同终止而遭受的损失。

(3)非合同方责任引起的终止合同。例如,由于不可抗力使任何一方不得不终止合同,某些政治因素引起的履约障碍属于此类。尽管一方可以引用不可抗力宣布终止合同,但如果另一方有不同看法,或者合同中未约定这类问题处理办法,双方应通过协商处理,若协商无果则应提起仲裁或诉讼。

(4)单方终止合同。例如发包人因改变整个设计方案、改变工程建设地点或者其他任何原因而通知承包人终止合同,承包人因其总部的某种安排而主动要求终止合同等。这类单方终止合同的事件,大都发生在工程初期,要求终止合同的一方通常给予对方适当补偿,但仍然可能在补偿范围和金额方面发生争议。例如,发包人要求终止合同时,承诺给承包人的补偿往往只限于其直接损失,而承包人还会要求补偿其失去承包其他工程机会而遭受的间接损失。

二、合同纠纷的和解和调解

为尽可能减少建设工程合同纠纷,合同双方首先应对合同内容进行认真的协商,其次在履约中,双方应当及时交换意见,及时处理所发现的的问题,尽量将争议解决在履约过程中。

根据我国《合同法》第 128 条的规定,当事人可以选择四种方式解决合同争议,即和解、调解、仲裁和诉讼。遇到合同争议,合同一方应当认真考虑对方的态度、双方之间的合作关系等因素,经认真权衡选择对自己最为有利的解决方式。

1. 和解

和解是指在合同争议发生后,当事人在自愿基础上,依照法律、法规的规定和合同的约定,自行协商解决合同争议的一种方式。它是解决合同争议最常见、最简便、最经济的方法。

(1)和解原则。

①合法原则。当事人在和解合同纠纷时,所达成的协议内容不得违反法律法规的规定,也不得损害国家利益、社会公共利益和他人的合法权益。

②自愿原则。自愿原则指和解是合同当事人自己选择或愿意接受的,双方协议的内容也必须是出于自愿,决不允许任何一方给对方肆意施加压力,迫使对方接受。

③平等原则。双方在解决合同争议中的法律地位是平等的,不允许以强凌弱,得理不让人。互谅互让和借助工程惯例处理是实施这一原则的具体体现。

(2)和解应当注意的几个问题。

①坚持原则。在和解进程中,双方既要互相谅解,以诚相待,又不能进行无原则的和解,要杜绝损害国家利益和社会公共利益的行为。对于违约责任,违约方应当主动担责,受害方也应当积极主张,决不能以协作为名,假公济私、慷国家之慨。

②分清责任。和解合同争议的基础是分清责任。当事人要实事求是地分析争议原因,应当以证据材料作依据,以法条和合同条款作为标准,始终坚持实事求是的态度。

③及时解决。及时是和解的灵魂。由于和解不具有强制执行力,易出现当事人反悔。如果当事人在协商中出现僵局,就不应该继续坚持和解的办法。特别是一方当事人有故意不法侵害行为时,更应当及时采取其他方法解决。

④注意把握和解的技巧。首先要以礼相待,处处表现出宽容和善意;其次,要求当事人要恰当使用协商语言,不使用过激的或模棱两可的语言;再次,在协商过程中,要摆事实、讲道理,抓住主要问题。对非原则问题,可以作一些必要的让步,促使问题及早解决。

谈判陷入僵局可委托与双方都有关系的第三人"牵线搭桥"。谈判达成谅解,应及时形成书面文件,转成协议书,并设定合理期限,以利实施。如果谈判破裂,无法妥协时,应当为使用其他解决争议的方式作好准备。

2. 调解

调解是指发生合同争议后,在第三人的主持下,促使合同当事人在互谅互让的基础上达成协议,从而解决争议的活动。

(1)调解原则。

①自愿原则。调解过程,实际是一个分清是非、明确责任、协商一致的过程。只有合同当事人自愿接受调解,调解人才能进行调解,双方才能达成调解协议。调解人应充分尊重当事人的意愿,并对双方耐心劝导,促使双方互相谅解,达成协议。

②合法原则。合同当事人协议的内容必须合法,不得同法律、法规和政策相违背,更不允许损害国家利益、社会公共利益和第三人的合法权益。

③公平原则。调解人应采取权利和义务对等、责权利一致的态度,取得双方当事人的信任,促使他们自愿达成协议。决不能采用"各打五十大板"等无原则性的方式或偏袒一方压服另一方的方式,否则只能引起当事人的反感,不利于争议的解决。

(2)调解分类。

①行政调解。行政调解是指发生合同争议后,在有关行政主管部门主持下,合同当事人自愿达成解决合同争议的方式。行政调解人一般是一方或双方当事人的行政或业务主管部门。这样既能满足各方的合理要求,维护其合法权益,又能使合同争议得到及时解决。

②法院调解或仲裁调解。法院调解或仲裁调解是指在审理合同争议的诉讼或仲裁活动中,由法院或仲裁机构人员主持,合同当事人平等协商,自愿达成协议,并经法院或仲裁机构认可的活动。调解书经双方当事人签收后,即发生法律效力。调解未果或者调解书签收前当事人一方或双方反悔的,调解即告终结,法院或仲裁庭应当及时判决或裁决而不得久调不决。调解书发生法律效力后,如果一方不履行,另一方当事人可向人民法院申请强制执行。

③民间调解。民间调解是指合同争议发生后,当事人共同协商,请有威望、受信赖的第三人,包括人民调解委员会、企事业单位或其他经济组织、公民个体以及律师、专业人士等作为中间调解人,双方合理合法地达成解决争议的协议。民间调解靠当事人自觉履行,以双方当事人的信誉、道德,以及主持人的人格魅力、威望等来保证履行。律师或专业人士参与和主持调解有关合同争议,可以在一定程度上弥补我国目前调解队伍力量不足的现象。

三、合同争议的仲裁

合同争议仲裁大多称为经济仲裁,是指合同当事人根据合同中的仲裁条款或另外达成的仲裁协议,选定仲裁机构对合同争议依法进行具有法律效力的调解或裁决的活动。

在我国境内履行的建设工程合同,合同当事人依据仲裁协议或条款申请仲裁的,适用我国于 1995 年 9 月 1 日起实施的《仲裁法》。

1. 仲裁的特点

仲裁具有如下特点:

(1)仲裁当事人享有广泛的选择权。

①合同当事人可以约定提交仲裁的争议范围、适用的法律、仲裁机构、仲裁规则和仲裁地点及仲裁程序所使用的语言等。

②合同当事人可以自己选择仲裁员。许多仲裁机构备有仲裁员名单,多为法律方面的专家、律师、技术专家、教授、知名人士等。

③合同当事人在仲裁事项的选择和仲裁员的选择上争执不下的,可由仲裁委员会主任指定或自任审理。

(2)仲裁程序具有保密性和排他性。

①仲裁案件的审理一般都是保密的,案件审理一般不允许旁听或者采访。但是,除涉及国家机密、个人隐私或未成年人的案件以外,当事人协议仲裁公开进行的,可以公开。

②仲裁约定具有排他性。合同当事人一旦约定仲裁,则法院不得受理相关的诉讼请求。

③仲裁处理的法律效力等同于司法判决的法律效力。

（3）仲裁裁决质量可靠,效率较高。

①仲裁实行一裁终局制。仲裁从立案到最终裁决的持续时间一般为三个月。

②仲裁员多数具有高级职称,具体办案人员往往是有关方面的专家。

③仲裁机构没有级别管辖和地域管辖。仲裁时效等同于诉讼时效。

④国内仲裁机构所在地的中级人民法院有权裁定撤销错误的仲裁裁决书。

2．经济仲裁的基本原则

（1）独立办案原则。

仲裁机构多数以"地名＋仲裁委员会"来命名。仲裁委员会是由政府有关部门和商会统一组建的民间团体。仲裁委员会独立行使仲裁权,不受任何行政机关、社会团体和个人的干涉。它与行政机关、司法机关以及其他仲裁委员会之间不存在隶属关系和管理关系。

（2）自愿原则。

自愿原则体现在许多方面,例如,是否选择仲裁的方式解决争议,选择哪一个仲裁机构进行仲裁,仲裁是否公开进行,是否调解和裁决等,都是由当事人协商约定。仲裁庭对案件的管辖权来自合同中的仲裁条款或另行达成的仲裁协议。

（3）或裁或审原则。

《仲裁法》第5条规定:"当事人达成仲裁协议,一方向人民法院起诉的,人民法院不予受理,但仲裁协议无效的除外。"即争议双方不协议仲裁的,才可以提起诉讼。

（4）一裁终局制原则。

一裁终局制指仲裁裁决作出后,仲裁当事人应当执行,不存在上诉仲裁的机构和制度。如当事人有足够的理由、证据,可向仲裁机构所在地中级人民法院申请撤销仲裁裁决。

（5）先行调解的原则。

先行调解就是仲裁机构裁决之前,根据争议的情况或双方当事人的自愿而进行的说服和劝导工作,以便双方当事人自愿达成调解协议,解决合同争议。

3.仲裁协议

仲裁协议是指当事人自愿选择仲裁的方式解决他们之间可能发生的或者已经发生的经济纠纷的书面约定。它是仲裁机构对有关案件享有管辖权的依据。

（1）仲裁协议的内容。

①请求仲裁的意思表示,即双方当事人应当明确表示将合同争议提交有关仲裁机构解决。

②仲裁事项,即双方当事人共同协商确定的提交仲裁的在仲裁时效内发生的合同争议或其他经济纠纷。

③选定的仲裁委员会。双方当事人应明确约定仲裁事项由哪一个仲裁机构进行仲裁。

4.对仲裁的司法监督制度

对仲裁的司法监督的实现方式主要是允许当事人向仲裁机构所在地的中级人民法院申请,请求对错误的仲裁裁决裁定撤销或不予执行。

（1）撤销仲裁裁决。

当事人提出证据证明裁决有下列情形之一的,可以自收到仲裁裁决书之日起6个月内向有关法院申请撤销仲裁裁决:没有仲裁协议的;裁决的事项不属于仲裁协议的范围或者仲裁委员会无权仲裁的;仲裁庭的组成或者仲裁的程序违反法定程序的;裁决所依据的证据是伪造的;对方当事人隐瞒了足以影响公正裁决证据的;仲裁员在仲裁该案时有索贿受贿、徇私舞弊、枉法裁决行为的。

此外,法院认定仲裁裁决违背社会公共利益的应当裁定撤销。

(2)不予执行仲裁裁决。

在仲裁裁决执行中,如果被申请人提出仲裁违法的证据,经法院组成合议庭审查核实,裁定不予执行该仲裁裁决。

仲裁裁决被法院裁定不予执行的,当事人可重新达成仲裁协议申请仲裁,也可以向人民法院起诉。

四、合同争议的诉讼管辖与时效

合同争议的诉讼是指人民法院根据合同当事人的请求,在所有诉讼参与人的参加下,审理和解决有关合同争议的活动。

1.与处理合同争议有关的民事管辖

(1)因侵权行为提起的诉讼,由侵权行为地或者被告住所地人民法院管辖。

①侵权行为发生后,受害人既可以向侵权行为地人民法院起诉,也可以向被告住所地人民法院起诉。根据最高人民法院的司法解释,因产品质量不合格造成他人财产、人身损害提起诉讼的,产品制造地、产品销售地、侵权行为地和被告住所地人民法院都有管辖权。在涉外民事诉讼中,只要侵权行为地或者侵权结果地在中国领域内的,我国法院就依法享有诉讼管辖权。

②有些侵权案件的侵权行为实施地或结果地可以特别广泛。例如,在反不正当竞争案件中,不正当竞争行为地是国内任何一个地方市场,其所在地法院都有管辖权。知识产权以及网络侵权诉讼等也有同样的特点。

(2)海陆空交通工具运转事故致损他人人身和财产,按先达地原则和有关交通工具权属地原则确定民事管辖权。

①因铁路、公路、水上和航空事故请求损害赔偿提起的诉讼,由事故发生地或者车辆船舶最先到达地、航空器最先降落地或者被告住所地人民法院管辖。

②因船舶碰撞或者其他海损事故(触礁、触岸、搁浅、浪损、失火、爆炸、沉没、失踪)造成财产、人身损害,以下四个地方的人民法院都有管辖权:其一,碰撞发生地;其二,碰撞船舶最初到达地;其三,加害船舶最后被扣留地;其四,被告住所地,一般是加害船舶的船籍港所在地。

③因海难救助费用提起的诉讼,由救助地或者被救助船舶最先到达地人民法院管辖。

④因共同海损提起的诉讼,由船舶最先到达地、共同海损理算地或者航程终止地人民法院管辖。

(3)协议管辖,又称合意管辖或者约定管辖,指合同争议当事人在原告或被告居所地、合同签订地或履行地、标的物所在地同级法院中协议选定一个法院对相关争议事项享有一审管辖权。

①协议管辖,必须书面约定。一旦经首告(原告人向协议管辖的五个法院中的一个提起诉讼)选定,一般不允许更改。

②协议管辖,不得违反法律对级别管辖和专属管辖的规定。

(4)专属管辖,是指对某些特型案件,法律规定只能由特定的人民法院行使管辖权。专属管辖排斥其他类型的法定管辖,也排斥协议管辖。

①因不动产纠纷提起的诉讼,由不动产所在地人民法院管辖。

不动产,是指不能够移动或者移动后会引起性质、状态的改变,从而损失其经济价值的财产,如土地、山林、草原以及土地上的建筑物、农作物等。因不动产纠纷提起的诉讼,主要是因不动产的所有权、使用权、相邻权纠纷而引起的诉讼,以及相邻不动产之间因地界不清引起的诉讼等。

②因港口作业发生纠纷提起的诉讼,由港口所在地人民法院管辖。

港口作业中发生的纠纷主要有两类:一是在港口进行货物装卸、驳运、保管等作业中发生的纠纷;二是船舶在港口作业中,由于违章操作造成他人人身或财产损害的侵权纠纷。港口作业纠纷属于海事海商案件,应由该港口所在地的海事法院管辖。

③因继承遗产提起的诉讼,由被继承人死亡时住所地或主要遗产所在地人民法院管辖。

④根据最高人民法院的规定,铁路运输合同纠纷及与铁路运输有关的侵权纠纷,由铁路运输法院管辖。

(5)共同管辖,是指依照法律规定两个及以上的人民法院对同一诉讼案件都有管辖权。原告可以向其中任一法院起诉。如果原告向两个以上有管辖权的人民法院起诉,由最先立案的人民法院管辖。

(6)移送管辖是案件从无管辖权的法院向有管辖权法院的移送。移送管辖有以下两种情况:

①已经受理案件的人民法院,发现本法院对该案件没有管辖权,而将案件移送给有管辖权的人民法院审理。

②当事人向无管辖权的人民法院起诉的,该法院应当根据民事诉讼法的规定,将案件移送给有管辖权的人民法院。

(7)指定管辖,指上级人民法院根据法律规定,指定其所在行政区内的下级人民法院对某一具体案件行使管辖权。

①有管辖权的人民法院由于特殊原因,不能行使管辖权的,由上级人民法院指定管辖。

②人民法院之间因管辖权发生争议,表现为争抢管辖权和推辞管辖权等形式,由争议的双方法院协商解决;协商无果,则可报请它们的共同上级人民法院指定管辖。

2.民事诉讼或经济仲裁时效(以下统称诉讼时效)

诉讼时效是指法律规定有关权利人从知道或应当知道自身利益遭受某种损害的时刻起,可以提请人民法院或仲裁机构依法判明是非、予以保护的有效时间段。

(1)诉讼时效的权利属性。

通过仲裁、诉讼的方式解决工程合同争议的,应当特别注意在有关时效期内主张权利。诉讼、仲裁时效似乎是一种程序方面的规定,实际上它是一种实体权利,是《民法通则》第七章的内容。债权人的实体权利不因诉讼、仲裁时效期间届满而丧失,但其诉讼权利丧失了,致使其实体权利的实现依赖于债务人的自愿履行。

(2)几个相关问题。

①一般时效为二年,法律另有规定的除外。

②短期时效为一年,包括:身体受到伤害要求赔偿的;出售不合格的商品未声明的;延付或拒付租金的;寄存财物被丢失或者毁损的。

③涉外婚姻、继承、买卖争议诉讼时效为4年。

④海事特别诉讼时效为3~6年。

⑤诉讼时效的中止。时效期间的最后 6 个月内,债权人因不可抗力或其他障碍不能行使请求权的,时效中止。待有关原因消除后,继续计算时效期。

⑥诉讼时效的中断是指诉讼、仲裁时效进行中,因发生一定的法定事由致使已经经过的时效期间归于无效,待中断事由消除后,时效期间重新开始计算的规定。例如债务纠纷中,债权人每索债一次(在诉讼期内),诉讼时效就重新开始计算一次。

⑦最长时效。历次时效中断之和不得超过 20 年。

五、合同争议解决途径的选择

(1)有利有理有节,争取和解或调解。

自 2003 年以来,我国企业,主要是国有企业,设置并逐步完善了自己的内部法律顾问机构或部门,专职管理合同争议。发生争议后,法律顾问要深入研究案情和对策,处理争议时,要有理有礼有节。

①首先争取用和解、调解的方式解决争议。

②和解失效、调解无果,则可启动争议评审机制解决争议。

争议评审机制,指合同当事人在履行建设合同发生争议时,根据合同约定,将有关争议提交给临时成立的评审组,由评审组依据事实和法律给出结论性意见的纠纷解决方式。该机制类似于仲裁,也被称为"准仲裁",评审人员多由仲裁机构提供,是近几年来才出现的争议解决方式。它实际上奠定了诉讼和仲裁的判定基础。

③合同争议中有人对评审不服,则可在诉讼时效期内提起仲裁或诉讼。

(2)全面搜集证据,确保证据链的客观充分,切实维护本方合法权益。

(3)抓住时机,促成财产保全。

①向办案人员讲明债务人有转移财产等项异常表现,请求人民法院在必要时裁定采取财产保全措施。

②利害关系人因情况紧急,不立即申请财产保全将会使其合法权益受到难以弥补的损害的,可以在起诉前向人民法院申请采取财产保全措施。

(4)聘请专业律师,尽早介入争议处理。

合同当事人不论是否有自己的法律顾问机构,当遇到案情复杂、难以准确判断的争议时,应当尽早聘请专业律师,避免走弯路。工程合同争议的解决不仅取决于对行业情况的熟悉,在某种程度上还取决于诉讼技巧和正确的策略,而这些都是专业律师的专长。

第七节　FIDIC 合同准则

本节首先介绍了 FIDIC 的由来及其重要文件和合同示范文本,接着介绍了 FIDIC 准则的基本构成和红皮书的主要内容,进一步介绍了 FIDIC 准则的一些独立性规定和国际上常见的合同准则。

一、FIDIC 简介

FIDIC 是"国际咨询工程师联合会"五个法文单词的词首字母汇集,该组织于 1913 年创立,总部设在瑞士洛桑。该组织在各个国家或地区只吸收一个独立的工程师协会作为团体会员。创立时仅有 4 个团体会员,现在已经发展到 80 多个。我国由中国工程师咨询协会为代表于 1996 年 10 月加入了该组织。

该组织在国际工程界最具有权威性。它制定了许多重要的管理性文件和合同示范文本,例如:土木工程合同施工准则(红皮书);电气与机械工程合同准则(黄皮书);建设方——咨询工程师标准服务协议书(白皮书);设计、施工及交钥匙合同准则(橙皮书);以后又出现了适用于 BOT、BT 类型工程项目的"银皮书",即设计、采购及施工合同准则;还有适用于标价较低的小型工程的简短合同准则(绿皮书)。

以上所谓合同准则是指某类工程合同示范文本的基本结构形式,不但 FIDIC 采用,而且世界银行、亚洲开发银行、非洲开发银行等国际金融机构在其贷款的工程项目上和其他招标采购活动中也常常采用。

二、FIDIC 合同准则的构成及应用

1. FIDIC 合同准则的基本构成

各种形式的 FIDIC 合同准则都由通用条件和专用条件两部分构成。其中通用条件固定不变,专用条件由合同当事人协商一致在预留空格内填制形成。

(1)专用条件的作用。补充具体工程项目的信息资料;将通用条件中的一般性规定在具体工程项目中予以落实;依照工程类型、地理或人文环境以及所在地区的要求必须增加的条款;基于一国或地区的法律规定和特殊的环境要求,可以对通用条件的相关条款作适用性的变通、删除或替代的工作。

(2)FIDIC 合同准则的适用性。广泛适用于国内外各类土木工程合同;注重发包商、承包商和监理工程师的协商一致的关系,特别强调了监理工程师的地位和作用。

(3)适用于具体土木工程合同的前提是通过招投标的形式,依据竞价结果确定承包商;由发包商聘用工程项目的监理工程师;发包商按固定单价的方式编制招标文件。

(4)对合同文件的解释顺序为:合同协议书—中标函—投标书—专用条件—通用条件—规范—图样—标价工程量。

2. 红皮书的基本内容

红皮书是适用于各种土木工程(含房屋建筑工程)的合同准则。红皮书共分 25 大项、72 条、194 款。在通用条件中,还有一些可以考虑进行补充的条款,如贿赂、保密、关税和税收的特别规定等。

红皮书的特点:采用信用证方式付款,预付款比例比较大。红皮书规定预付款比例最大为 15%,从以后具体施工时的验工计价款中分次扣回。每次扣还额占当次验工计价款的 25%。

3. 管理制度的差异

在国内外工程承包项目中,管理制度、特别是合同管理制度存在一定的差异。如:

(1)在国际工程承包项目中,有咨询工程师的设置,他们专职负责监督管理有关合同的实施,其地位相当于国内的监理工程师,但职权更大、更集中。例如他们具有准仲裁员的职权,承包商不得跨越监理工程师直接就索赔事务申请仲裁。

(2)国际工程承包项目中更注重有效资料的积累。例如索赔,在施工中发生索赔事由的 28 天内,必须向工程师提报索赔菜单。工程竣工验收前的 28 天内还必须提报总索赔菜单。非经工程师许可,索赔将很可能落空。这一点已被我国的合同法制有条件地吸收,具体表现在

我国《建设工程施工合同》示范文本的"通用条款"中的索赔程序安排。

三、FIDIC 合同条件所独有的规定

FIDIC 合同条件所独有的规定：

(1)明确规定工程师监督管理合同类的事务,其职权是控制合同实施,审查索赔事项,核查批准验工计价等。其工作原则是:独立于承、发包方之外,严守监管职责,公正处理承发包双方之间的争议。

(2)管理 BQ 单(工程量清单)是指单价合同(用投标时所报单价或约定的可变单价乘以已完工程量来确定承包费用的合同)使用的工程量清单。其方法是:每个单项工程单价必须严格确定,不得更改;承包商应努力使履约金额大于签约金额。对于使履约金额大于签约金额事宜,其作法有下列三种:

①索赔。

②变更令。即根据市场整体涨价幅度或根据 1988 年制定的标准,工程量增减超过 15%时,合同单价可以适度提高。

③调价公式。即与涨价因素相关的兑换率,通过计算机测算比选,确定最佳方案。该公式一般在签约前确定,使承包商手中的权力比过去相对较大。

(3)搞好合同复测。依 BQ 单得出的合同总价仅为参考。项目实施时,发包商往往按实测工程量计算支付。

(4)发包商权利相对较大。他们有权选择总包商,还可在投标前或签约后指定分包商。此外,特殊情况下可直接付款给分包商。

(5)意外风险原则上由发包商承担。承包商在实施工程合同时遇到了意外事件,则要准备好索赔资料,以便随时按程序提报。

总之,FIDIC 合同准则的最大特点是程序公正、公平竞争、机会均等。

四、国际上常见的合同准则

1. ICE 合同准则

ICE 合同准则,又称冰则,是由英国土木工程师学会编写的,在英联邦成员国具有较高的权威性。它适用于道路、桥梁、水利工程和其他大型土木工程,与 FIDIC 合同准则有许多相似之处。

2. AIA 合同准则

AIA 合同准则在美国建筑业界及国际工程承包界,特别在美洲地区的私营房屋建设工程方面具有较高的权威性,它包括 6 个系列的标准:A(标准承包合同准则)、B(标准设计合同准则)、C(标准设计与咨询合同准则)、D(设计行业内部文件)、F(财务管理报表)、G(设计、施工及项目管理文件)。

3. 我国香港地区标准合同准则

其主要内容为:发包方要求建筑师事务所给出设计、计算标底并实施招标;承发包方签约后,该事务所又被委任作为甲方代表监理工程。该标准条件内容为:①《建筑工程合同标准格式》——主要适用于房建和其他土木工程。②《建筑工程协议书及合同准则》——适用某类房建工程。

综合练习题

一、名词解释

建设工程合同　　四总师制　　不可抗力　建设工程索赔　签证　尾遗工程　　回访保修制度　FIDIC　　反索赔　　非主链合同　BT 合同　BQ 单　信用证(L/C)　红皮书时效中断　　最长时效　　强制违约金　违约责任归责　　缺陷责任期

二、问答题

1. C 市计划在银盘江上新建一处旅游景点,2011 年 6 月 1 日动工,2013 年 3 月 31 日竣工,详细情况见表 11-4,限用成本＋固定百分比(12％)酬金方式承包。请计算日历工天,并计算合同标的值,最后拟制一份合同文本的协议书。

表 11-4

建筑	桥	楼	绿地	水面
数量	$5×30m$	$5×500m^2$	$40000m^2$	$30000m^2$
单价	2.8 万元/m	0.23 万元/m^2	0.085 万元/m^2	0.045 万元/m^2

2. 简述项目部合同管理员的资格要求、任命和职责。

3. 简述单价合同的构成和作用。

4. 简述合同管理的分层对口制。

5. 什么是非框架条款？它的构成、特点和作用有哪些？

6. 索赔程序是怎样规定的？索赔报告应当怎样书写？

7. 如何签订重大建设合同？合同管理的禁忌事项有哪些？

8. 签订尾遗工程合同的注意事项有哪些？

9. 对于回访保修制度,回访的方式和保修的程序各是什么？

10. 不属于质量保修的情形有哪些？

11. 为什么说办理签证是一项富有艺术性的工作？

12. 承包合同中应如何约定风险防范前移？施工方如何行使停工权？

13. 预估工程量与签约和索赔的关系是怎样的？

14. FIDIC 合同准则的文件主要有哪些？其适用性是什么？其独具的准则是什么？

15. 谈谈意向书的分类,它与合同文本的联系和区别是什么？

16. 一、二级建造师的专业取向各有哪些？

17. 建设工程合同的特点是什么？

18. 工后回访的分类和方式有哪些？

19. 合同管理制度有哪些具体类别？

20. 如何实施建设工程合同保全？

21. 工程设计三阶段各有哪些任务？

22. 我国法律对联合承包是如何规定的？

23. 简述缔约过错责任的具体表现。

24. 违约责任形式有哪些？违约金如何调整？
25. 工程承包合同的类型有哪些？
26. 合同附随义务有哪些？
27. 合同的变更和解除各有怎样的法律后果？
28. 成本＋浮动酬金合同是如何体现激励和约束的？
29. 简述仲裁的基本特点和原则。
30. 申请建设工程奖项的条件是什么？

第十二章
建设工程资料管理

▶ 教学目标

知识目标

使学生对工程项目各个阶段和环节所产生的资料有整体的认识，能辨析各种资料的特点和作用，具备投身建筑行业的知识功底，具备善于不断创新的素质。使未来的建筑从业者从起步时就对建筑资料的重要性充分认识，在以后的从业实践中养成尽职尽责地管理建筑资料的良好习惯。

能力目标

使学生学会制作、收集、整理和使用各类主要的工程资料，掌握工程资料的组卷和归档，并能从中判读工程项目的进程，从中敏锐地发现问题并及时地解决问题，使注重调查研究的行为习惯在建筑行业中得到根本性落实。

▶ 案例引入

"驴屎蛋"商业楼拆除记

在陕西的关中平原中部，西安、咸阳两市边界相连，两市市中心仅相距 25 千米。进入 21 世纪以来，西咸一体化的呼声越来越高。沿着连接两市的双向十车道的世纪大道，成片的高楼大厦拔地而起。建设西咸国际化大都市的口号，使许多人振奋不已。

隶属咸阳管辖的朝阳镇位于世纪大道旁。2005 年，镇上许多居民和农民看到了西咸之间商机无限，经人牵头，大家纷纷集资准备在镇上兴建一座商业楼。其中不乏文人学士，为未来的商业楼起名为"Lustan"，意思是绿色的地方。镇领导比较支持大家的想法，不久在镇上划出一块醒目的地方，并领取了施工许可证，其他证照一律未办。镇上原有几家作坊式的建筑队，此次合并成"Lustan"公司，承担了商业楼的修建任务。镇上一下子沸腾起来，夜以继日的施工打破了小镇往日的宁静。仅仅过了四个多月，一座外镶绿色瓷砖的五层大楼就耸立在人们的视野中。镇上到处都有人在宣传，"绿色的大楼，财富的源泉"，"时不我待莫观望，快来绿楼占摊位"……大喇叭在吼，小镇的墙和地被人重复地书写着关于绿楼的广告。没有多久，在一阵接一阵的鞭炮声中，"Lustan"商业楼居然开始营业了。白天，大楼的绿色外表在阳光下焕发出迷彩。夜来，"Lustan"霓虹灯在跳跃，不停地变换着色彩，还有轻音乐在风中流淌。婀娜多姿的绿楼吸引着四面八方的人们向这里赶来，其中有不少是家住市区的居民。进了绿楼，所有的人都大吃一惊：施工仍在进行。特别是夜晚，施工的人和经商的人都在挑灯夜战，所有的灯都是临时接的白炽灯，粉尘和锯石材的噪音在大厅里回荡。来此一观的人却成了多余者，有不少的人在湿乎乎的墙上蹭了不少泥污后愤愤离去。后来大家了解到，这种迫不及待搞经营的始作俑者竟是某几位镇领导。原来绿楼的建设经费严重不足,于是便有人出了这个主意,目的是收取个体经营户的摊位押金以解燃眉之急。此后绿楼便有了一个响亮的别称——"驴屎蛋",与"Lustan"的发音十分相近。在以后几个月中,也不知那些个体小老板是怎样怀揣发财的梦在那里坚持"巷战"的。这里发生了两起火灾,有一起是施工接线短路引起的;还有一位年龄稍长的商户从二楼下来时因扶手松动而摔坏了腰,住了20多天院。经查,扶手下的钢筋没有焊接结实。

后来市领导接到举报开始调查朝阳镇绿楼的事,要求质监站去查一查。不查不知道,一查吓一跳。负责绿楼建设的人来自河北,自称"泥瓦匠李三",没有任何建筑技术职称。施工图纸是由正规设计院给出的,但施工过程中除了若干购料单据外,几乎没有什么正规的施工资料。所有的施工安排都被密密麻麻地记在李三的绿皮本上。工作人员向李三问几个建筑法方面的问题,他的回答大都含糊其辞,如问他"工程未竣工能否使用",他耸肩缩脖,两手平摊,做了一个老外的动作。所谓"Lustan"公司,纯属宣传需要。实际是几个乡村建筑队各干各的活,各记各的账。不久市里发文(因为市辖区一般不管理建设事务),决定拆除朝阳镇"Lustan"商业楼。理由为:一是该楼系违规建筑,存在重大质量隐患;二是朝阳镇已纳入市区直辖,成立街道办,取代镇政府,"Lustan"楼的建设严重干扰了城区的市政建设整体规划。于是在2006年初夏,那幢"驴屎蛋"楼便永远从人们的视野中消失了。

第一节 工程项目招投标中的资料管理

本节给出《开标会议纪要》和《决标记录》两份范本供参考。

工程项目的移转进程,大致分成立项、施工准备、施工、竣工验交和工后(竣工后工程项目有关事务处理)五个阶段。每个阶段都有特定的事件或事实作为起止标志,从而确定了每个阶段的时间长度。最重要的是,每个阶段都有它特定的工作内容。这些工作内容应当用文件、报告、记录和其他书面形式组成的工程项目资料进行计划、约定或记载,用以实现对工程项目的科学管理和意义延伸。据统计,这些资料多达200种以上,大部分都要立卷存档,长期或永久保存。有的工程项目档案甚至要进入国家或地方档案馆保存。做好工程项目的资料管理工作,是在证明工程项目的合法性、工程质量的可靠性和项目进展的科学性,也为追究建筑违规责任奠定了资料基础。

一、开标会议纪要

以下给出一个《开标会议纪要》范本,供参考使用。

招标人: 　　　　　　工程名称: 　　　　　　招标代理机构:

会议时间: 　　　　　　　　　　会议地点:

一、招标人、招标代理机构、投标人代表及提供监督和见证服务的部门代表签到

1.招标人: 　　　　2.招标代理机构:

3.投标人:(1)　　　　(2)　　　　(3)　　　　(4)　　　　(5)

4.招标监督部门: 　5.见证服务部门: 　6.公证部门: 　7.纪检监察部门:

8.主持人: 　　　　工作单位: 　　　　9.记录员: 　　　　工作单位:

10.唱票人：　　　　　工作单位：　　　　　　11.监票人：　　　　　工作单位：

二、工程概况

本项目位于　　　　　　　　　　，面积（长度）为　m²（　　　　km），结构类型为

　　　　，栋数　　　栋，层数　　　　层。本工程预算造价为

万元。

三、会议纪律

1.为维护开标会场的秩序，保持会场安静，请与会人员自行关闭随身携带的通讯工具，并交由工作人员负责保管。

2.参加会议的所有人员未经许可不得离开开标会场。

3.与会人员不得有其他滋扰开标会场的秩序、不听工作人员劝阻的行为。

违反以上纪律者，取消本次投标资格，并视情节轻重给予相应处罚。

四、投标文件递交、签收与密封情况（见表12-1）

表12-1　投标文件签收表

投 标 单 位	与会代表	签 收 人	投标文件密封情况	备 注
			□ 完整	
			□ 不完整	
			□ 完整	
			□ 不完整	
			□ 完整	
			□ 不完整	

确认人（签字）：

____年____月____日

五、开标会议当场确定的废标情况（见表12-2）

表12-2　废标单位表

投标单位名称	参加人	确定废标原因	确 定 人	备 注

公证人：　　　　　　　　监督人：

年　　月　　日

六、在专家库名单中随机抽取专家组成评标委员会

1.评标委员会的组成

（1）专家成员名单：

（2）其他成员名单：

（3）评标委员会负责人：

2.评标纪律及报价注意事项

(1)评委成员必须独立开展投标评审工作,不得相互商量。

(2)评委成员或相关人员不得发表任何具有倾向性、诱导性的见解或意见,不得对评委成员的评审意见施加任何影响。

(3)评标委员会以无记名方式表决。

七、开标会议现场实施决标的特殊情况

1.现场决标的结果:

2.现场决标的理由:

二、决标记录

以下给出一份《决标记录》范本,供参考使用。

招标单位: 招标范围: 标底值:

1.评委成员签到情况

(1)   (2)   (3)   (4)   (5)

(6)   (7)   ……

2.投标报价情况(见表12-3)

表12-3   投标报价情况表

投标单位	投标报价(万元)	报价与标底值的差	排名

3.评审细目

(1)投标单位报价情况及报价平均值;

(2)评标委员会核定报价及报价平均值;

(3)标底平均值和中标下浮率;

(4)中标候选人的确定及其承包价格。

4.评标情况报告

(建设单位名称)兴建的   工程项目委托

对□施工、□监理、□勘察设计、□物料设备供应单位的专项招标,已经依照《中华人民共和国招标投标法》、《招标委员会和评标方法暂行规定》(国家XX等七部委第12号令)及有关法律法规于   年   月   日在   进行了评标。评标委员会成员   人,投标人共   家。

现推荐:①   ;②   ;③   三家为中标候选人。

特此报告。

评标委员会成员(签字):

公证员(签字):   监督人(签字):

第二节 工程准备阶段的资料管理

施工准备阶段一般以权威机构的批准立项为起点，以开工典礼的举行为终端。这一阶段工作特点是事情纷繁多头，但指向明确。

本节首先简介了报建资料和报建程序，接着给出工程计划任务书，同时给出地质勘查报告、初步设计和概算，进一步给出施工图设计、施工图预算和其他相关资料。

一、准备工程项目报建资料

工程项目报建是指建设单位或其代理机构在项目建议书（一般为中小项目）或项目可行性研究报告（一般为特型、大型、超大型项目）被批准后须向当地住建部门或其授权的机构实施报建，交验立项的批准文件、银行出具的资信证明以及建设任务书，特别须交验"一书两证"（选址意见书、项目规划许可证、项目土地规划许可证）。

二、制定工程计划任务书

工程计划任务书是指工程项目获准立项后，为科学管理工程项目各项活动而制定的项目目标和实施工程项目组织计划的文件，有时又称为项目规划。

1. 基本任务

（1）对招投标的环节作出安排。工程项目中的招投标应用最为典型、广泛。工程项目立项后，究竟在哪些环节招标或委托运作？这需要用工程计划任务书作出安排。

（2）首先，制定具体工程项目的总体目标，将其按照行政和财务规则实施分解，形成目标体系，并对各类资源的配备作出框架式安排。

其次，制定工程项目的目标、划分工程项目的各个阶段、安排各个阶段具体的目标和任务。

（3）对涉及工程项目的概算、预算、结算和决算给出大体的时间表。

2. 工程项目组织计划

招标或选择总包及分包单位计划（见图 12-1(1)、见图 12-1(2)）。

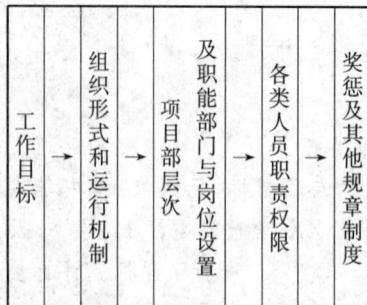

工作目标	→ 组织形式和运行机制	→ 项目部层次及职能部门与岗位设置	→ 各类人员职责权限	→ 奖惩及其他规章制度

（1） 工作项目组织计划

选择总分包单位原则	→ 专业分包单位管理办法	→ 劳务分包的选择和管理	→ 拟招标或委托的环节

（2） 招标或选择总包及分包单位计划

图 12-1

3. 工程项目经济计划

(1)合同预算成本分析(见图12-2)。

(2)责任成本分析(见图12-3)。

(3)施工预算成本分析(见图12-4)。

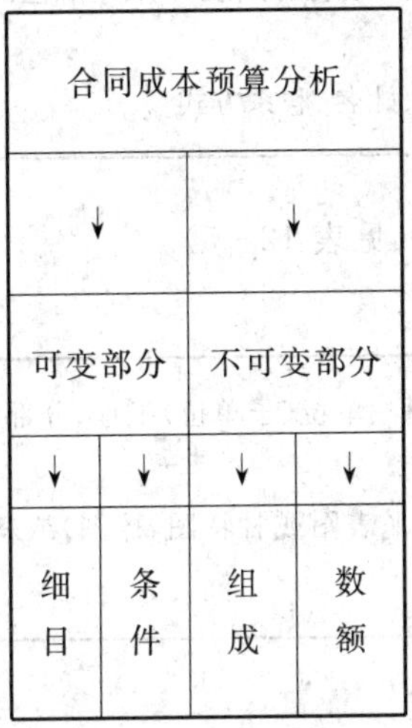

合同成本预算分析			
↓		↓	
可变部分		不可变部分	
↓	↓	↓	↓
细目	条件	组成	数额

图12-2

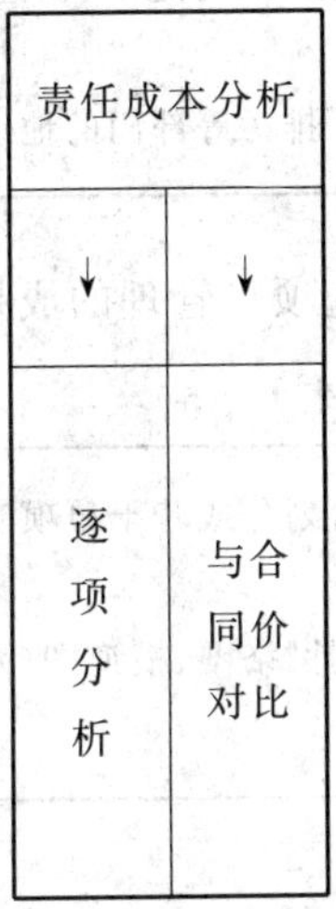

责任成本分析	
↓	↓
逐项分析	与合同价对比

图12-3

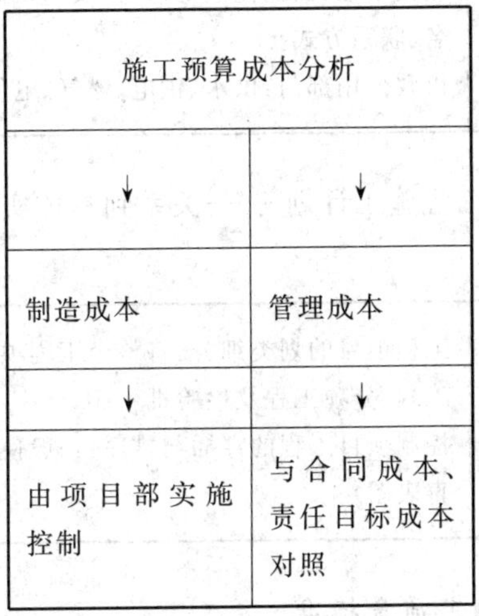

施工预算成本分析	
↓	↓
制造成本	管理成本
↓	↓
由项目部实施控制	与合同成本、责任目标成本对照

图12-4

(4)资金计划(见图12-5)。

(5)人力资源计划(见图12-6)。

(6)物料设备计划(见图12-7)。

(7)利润计划(见图12-8)。

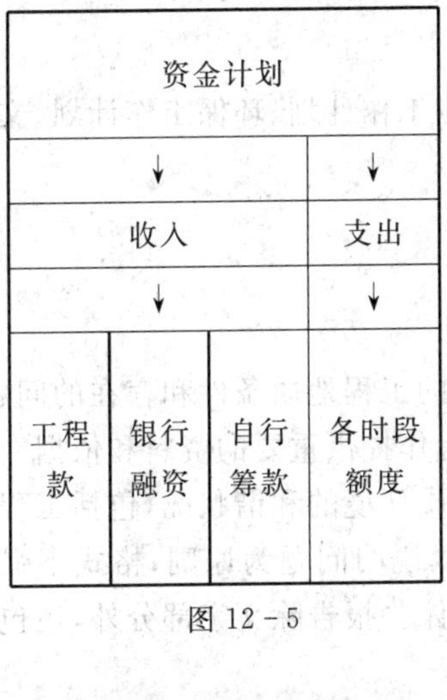

资金计划			
↓		↓	
收入		支出	
↓		↓	
工程款	银行融资	自行筹款	各时段额度

图12-5

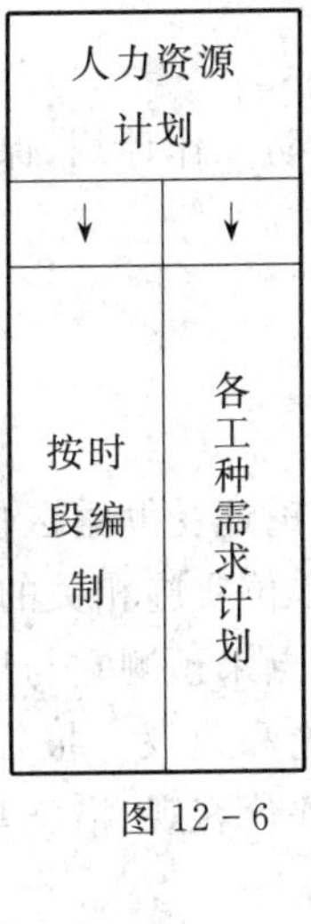

人力资源计划	
↓	↓
按时段编制	各工种需求计划

图12-6

物料设备计划			
↓	↓	↓	↓
各时段材料需求计划	各时段用设备计划	预制计划	施工机械使用计划

图12-7

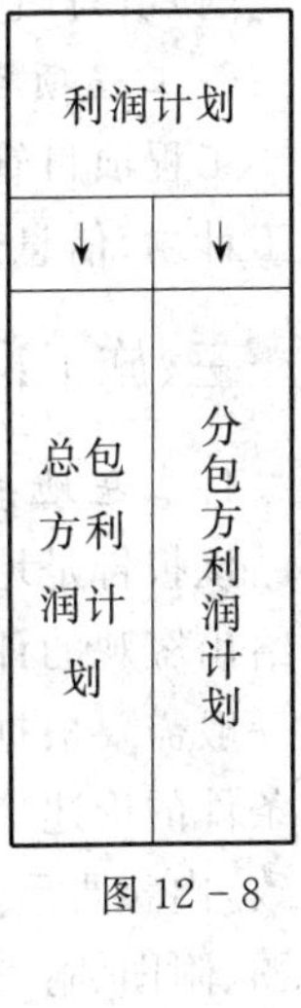

利润计划	
↓	↓
总包方利润计划	分包方利润计划

图12-8

4. 工程项目进度计划

(1)项目施工准备计划——关系到项目施工能否取得理想的经济效果(见表12-4)。

表 12－4

工程概要及联系	环境特征：地理区位、地形地貌、交通状况、水电源流、周边条件、有无制约、工程进展的特殊因素
	建设单位(或发包方)：单位名称、主要负责人、相关人姓名、联系方式
	相关单位：当地住建部门、公安局及派出所、交通队、街道办、城管、绿化、环保等单位的地址、姓名、联系方式
	市政公用部门：供水、供电、燃气、电信、排污等部门的地址、姓名、联系方式

（2）工程施工计划——关系到具体实施项目管理的成果（见表 12－5）。

表 12－5

施工控制安排	工程项目的划类细分：将整个工程项目划分或若干单项工程、单位(子单位)工程、分部(子分部)工程、分项工程及检验批
	控制项目工程的穿插与排序：一般使用网络图、横道图(水平表图或甘特图、棒图)或斜线图(垂直表图)

5.确定质量标准

根据质量、进度、成本三者关系确定适当的质量标准及如何达到质量标准的计划：

（1）确定质量方针，选用适当的质量验收标准和质量运作规范；

（2）确定质量管理机构及该机构的责权利；确定控制方法和检验程序；确定其他保证措施；

（3）编写质量计划实施说明；

（4）填写质量检查报表与执行情况对照。

6.工程项目管理计划

工程项目管理计划包括安全工作计划、消防工作计划、保卫工作计划、环保工作计划、文明施工计划、信息管理计划等。

三、施工准备阶段的其他资料管理

1.工程地质勘察报告

该报告是地质勘察工作的总结，综合反映论证受勘察区位的工程地质条件和存在的问题，并给出客观的评价和建议。它为设计和施工单位实施相关的运作提供重要的资料和依据。报告一般需要根据设计建筑物的结构、规模和特点来预测它与地质环境的和谐状况，包括工程地质条件的论述、工程地质问题的分析评价、结论和建议。报告以说明问题为原则，格式不强求一致，内容要重点突出、观点明确、论据充分、评价客观、措施具体。报告除文字部分外，还包括插图、附图、附表及照片。

该报告一般应在工程项目初步设计和概算作出之前予以提交，非经特别批准，不得延期到开工后提交。

2.初步设计文件和项目概算

初步设计文件是在施工图设计之前就具体工程项目的基本设计思路和相关问题所进行的基本论述和计算，包括总论、环保、劳动安全、工艺、建筑、节能等多个专篇及其设计图。立项批准后，初步设计文件应当立足于可行性研究报告，主要为施工招标和物料设备的采购奠定基础。

在提交该文件的同时,应给出工程项目的概算,即具体工程项目的计划价格。项目概算的内容包括土地成本、项目前期费用(含立项阶段费用)、建筑安装成本和各种税费。

初步设计文件的执行应当经过环保、节能等部门重要的专项批示,因其涉及有关物料设备的采购和利用,初步设计文件和概算只能由设计单位给出。

3.施工图设计和施工图预算

(1)供图协议。设计单位给出初步设计文件后,应当立即着手进行施工图设计。一般情况下,设计单位不可能在短期内完成全部设计任务,他们将同建设单位签订分批供给施工图纸协议书。此项内容可以在双方的建设工程设计合同中专设条款约定,但另行协议约定的居多。有关协议书可作为双方设计合同的从合同。

(2)BQ——工程量清单。该清单指在建设工程招投标工作中,由招标人按国家统一的工程量计算规则提供工程数量,由投标人自主计算和确定投标报价数额的文件。

首先,设计单位在不能保证供给全部施工图纸的前提下,应当首先向建设单位提交工程量清单,以便使建设单位能够开展委托监理单位和选择施工单位的招标工作。其次,设计单位应按供图协议保证及时供给项目先期工程(又称控制性工程)和开工后的约定时间段内的施工图纸。设计单位提交最后一部分施工图时,结清设计费,不留尾数。

(3)施工图预算。该预算指施工图设计阶段对具体工程项目的建设所需资金作出较精确计算的设计文件。其计算方法主要有单位估价法和实物估价法两种。给出施工图预算不属于设计单位的合同义务,建设单位委托设计单位完成该项工作应当另行付费。建设、施工、监理单位及咨询中介机构都可以完成该项工作,但仍以设计单位受托给出施工图预算者居多。

(4)审图交桩纪要。该项会审是指建设、施工、监理和物料设备供应等单位在收到施工图设计文件后,进行了认真的研究讨论,派遣有关人员参加由建设单位(或监理单位)组织和设计单位参加的审图会议。他们对图中明显错误的地方和不合理的设计要求纠正,对存疑的部分要求给予澄清。

确切地说,审图交桩是会审图纸、交付施工基点和部分技术交底、设计交底等工作的并称。

①设计交底。设计单位给出施工图或结构图后,一方面向建设、监理和施工单位介绍对工程项目的设计思路,对关键部位、关键工艺以及施工安全提出具体要求;另一方面,对施工等单位提出的问题进行解答。

②设计交底一般由建设单位组织,有时与会审图纸合并进行。设计交底要形成会议纪要,重点记载与会各方对施工图的意见和建议,并经与会各方签章认可。

第三节　建设工程索赔及相关资料管理

本节在定义建设工程索赔的基础上,讨论了工程索赔的特征和索赔程序,特别强调了索赔签证和索赔技巧,并重点关注了索赔资料的管理。

一、建设工程索赔概述

1.定义

建设工程索赔是指工程项目合同在履行过程中,合同当事人一方因对方不履行或不能正确履行合同,或由于其他非自身因素而遭受经济损失和权利损害,通过一定的形式向对方提出经济与工期补偿要求的行为。

2.工程索赔的意义

(1)工程索赔是工程项目管理的重要环节,有利于提高工程建设各方的管理素质。

(2)工程索赔是工程项目承包方降低工程承包风险、挽回施工或其他建设成本损失的重要手段。

(3)工程索赔可以推动国内工程项目管理水平的提高,与国际工程管理体制接轨。

3.工程索赔的分类

(1)按索赔形成的原因分类。

①违约(不履约、不当履约导致损失)索赔。

②变更(设计变更、纠正误差、发生障碍、环境条件发生变化导致损失)索赔。

③法律因素(法律或当局强制规定禁、限用某种材料、技术、设备导致损失,受委托、雇佣或其他合同事务影响导致损失,非人为客观因素导致且被概括指定责任承担方式的损失)索赔。

④市场因素(物价变化、货币兑换率变化等导致损失)索赔。

⑤不可抗力事件、意外事件因约定处理方式而形成的事务性(保险认证、赔偿责任的承担和减免等)索赔。

(2)按索赔涉及的某种范围分类。

①工期(延误、窝工、停缓建导致损失)索赔或工天索赔。

②费用(环境条件变化致成本增加,甲方或监理原因使发生额外费用等)索赔。

(3)按与本工程项目合同的关系分类。

①合同内(含违约、合同变更、废止或与本合同相关因素所致损失)索赔。

②合同外(第三方侵权或干扰法定或约定客观条件变化所致损失)索赔。

(4)按索赔事务数量分类。

①单项索赔,就某一具体合同或非合同事务导致的单宗损失提起的索赔。

②综合索赔,又称一揽子索赔,即就某一项合同或非合同事务导致的多宗损失提出索赔,或将多个单项索赔合并在一起进行总索赔的活动。

此外,还有道义索赔,指签约时承包方估算错误致其结算时亏损严重,但承包方工作诚信努力与发包方配合默契、合格或优质完工率比较高,承包方索赔虽然没有法定事由,仍然向发包方提出补偿请求(一般是费用索赔)以期减少亏损的活动。

二、建设工程索赔特征

1.结构性特征

建设工程索赔的结构性特征如表12-6所示。

表12-6 索赔的结构性特征

名称	索赔人	受索赔人	索赔额	替代方式	备注
索赔	合同乙方	合同甲方	通常较大	技巧式替代	常发生
反索赔	合同甲方	合同乙方	通常较小	扣交式替代	不常发生

（1）工程施工索赔是建设工程索赔的主要内容之一。甲方指发包方,乙方指某承包方。

（2）索赔额和索赔替代方式只具有相对意义。替代,以不进行诉讼或仲裁为前提。

2.法律性特征

（1）索赔人不主张,受索赔人一般不予赔偿。

（2）索赔人的损失与受索赔人的行为多数存在法律上的因果关系,但也有例外。例如不可抗力事件的影响、第三方行为特别是政府行为的影响、法律规定的无过错赔偿责任承担等。

（3）依照法定程序解决索赔争议,一般先行协商或调解,协商或调解无果时才诉诸仲裁(有书面仲裁协议)或诉讼(无书面仲裁协议)。

三、索赔程序

1.一般程序

由现行《建设工程施工合同(示范文本)》通用合同条件(以下简称示通)第19条给出。

（1）索赔事件发生后的28天内向工程师(监理工程师或甲方代表)发生索赔意向通知。

（2）此后28天内向工程师提交要求延长工期和(或)补偿经济损失的索赔报告及有关资料。

（3）工程师收到后,应于28天内给予答复或要求承包人进一步补充索赔理由和证据。

（4）工程师收到后28天内未予答复或未对承包人作进一步要求的,视为已认可该项索赔。

（5）当有关索赔事件持续进行时,承包人每隔28天应向工程师递交索赔意向书一份。在索赔事件终了的28天内,向工程师递交总索赔菜单和最终索赔报告。其余程序与前面基本相同。

2.索赔意向通知

由承包人向工程师按期发出,内容如下:索赔事件发生时间、地点或工程部位;事件发生时,双方或其他有关人员;索赔事件发生的原因、性质,应特别说明承包人没有责任或责任大小;承包人对索赔事件的态度及为控制事件发展所采取的措施;事件对承包人的不利影响及所引起的承包人的额外支出;承包人提出具体的索赔要求,并注明相关的合同条款和其他依据。

3.索赔报告

索赔报告是承包人向工程师发出索赔意向通知后,郑重重申延长工期或给予一定经济补偿要求的文件。其具体写法是:介绍索赔事件的概况;重申索赔理由和依据;再述索赔的具体要求并给出计算方法;提供证据目录并注明其作用。

四、索赔签证

1.定义

索赔签证是指由工程师对承包人提交的索赔资料作出认可性批注,交承包人作为索赔证据的活动。

2.索赔签证类型

（1）工期延误签证。按示通等规定,这种签证共有七种:未能按专用条款的约定提供图纸和开工条件;不按期支付工程预付款和工程进度款;未提供工程指令或相关批准手续,使施工不能正常工作;设计变更和工程量增加;一周内停水、停电、停气造成停工超过8小时;发生不可抗力事件;工期应顺延的其他情况。遇有以上情况,承包人应于14天内向工程师书面提出。

(2)价格调整签证。按示通有关规定,调价因素有以下四类:法规政策变化;物价部门公布调价;一周内停水、停电、停气致使停工超过 8 小时;双方的其他约定。调价原因应于 14 天内书面通知工程师。

(3)确定变更价款签证。按示通有关规定,有以下三种方法:按合同已有的价格(合同给出了一个参考价格)确定;按合同约定的类似变更价格确定;合同中无适用价格,由承包人另行提出,经工程师确认后执行。以上经工程师确定后,由当事人一方或双方在确定日起 14 天内提出变更价款报告。否则,视为不涉及合同价款变更事宜。

(4)往来信函(含信件、传真),经各方签章的会议纪要及其他须经工程师签证以提高采信率的文件资料。

3. 办理签证

办理签证是一项富有艺术性的工作,要有理、有利、有节,据理力争又不失和气。

①慎提索赔。能用其他方法追回损失的,一般不要轻易启动索赔程序。

②索赔一定要证据确凿充分。

③防止发生发包人对承包人、总包人对分包人提起的反索赔。

4. 签补充协议

可用签订补充协议的方法维护权益。承包人在履约的同时,要抓住时机及时与发包人签订补充协议,修订原合同中的不公平之处或其他苛刻条件。

五、索赔技巧和方法

1. 索赔技巧

索赔技巧是指工程承包方为成功索赔而实施的综合手段。

索赔技巧可概括为:低中标,勤签征,高索赔。即精确计算,降低要价,入围标底,力争中标;严控差异,及时签证,讲究方式,程序完备;精心索赔,留有余地,伸缩有度,确保底线。

(1)低中标,并非盲目追求低价中标,而是合理地降低要价,以求入围中标。

(2)勤签证,并非反复多次提工程师签证,而是按示通第 19 条列示的索赔程序运作,勿失良机。

(3)高索赔,并非漫天要价以抵偿低中标的损失,而是根据索赔规律,适当加大索赔额,待合同对方按某种商定比例赔偿时,不致冲击本方利益底线。

2. 索赔方法

索赔方法是指针对具体索赔事项所进行的操作活动。

(1)预估工程量增减。最高法院法释(2004)14 号司法解释第十六条规定:因设计变更导致工程量或质量标准发生变化,当事人对该部分工程价款不能协商一致的,可以参照签约当地住建部门发布的计价方法或者计价标准结算工程价款。

①预估工程量的必要性。工程设计一步到位,不作任何变化的事很少,一般设计院都会依据各方意见进行设计变更,而变更的设计是一种基本精确到位的设计。施工单位在签订施工合同时,应当对不久的未来工程量的增减有一个基本的预估。

②预估工程量会有较大增加的,则不要约定变更的工程量按原合同的标准计价,而应当取当地行政标准,因为原合同的计价标准一般低于当地的行政规定,原合同计价标准一般是为中标入围而取的底价。

③预估工程量会有较大的减少的,则要坚持约定的变更工程量按原合同标准计价,因为此

时实际工作量取扣减制,按当地行政标准进行计算,必然扣减增加,利益受损。

④设计变更后,应依照示通的有关规定,及时提出变更价款报告,以供签证。

(2)加强结算清欠。

①源头早有精神准备。

A.签订合同时要约定工程进度款的拨付时间和比例。发包人违约时,除承担违约责任外,还要承担承包人行使停工权的后果。

B.承包合同上还应明确约定,发包人收到承包人的结算报告及结算资料后,应予30日内审价完毕,否则视为认可承包人的结算报告。

C.承包合同中应当对风险防范前移的内容进行约定,如:"售房价款优先支付工程款"、"工程尾款以房产作抵押时,抵押前必须付款到某种比例或成本价抵押。"特别要约定,以建设中的房屋作保修金抵押时,应签订对卖房款优先受偿的协仪。

②重视过程结算。项目经理部的预算员应当每月把进度报表当作决算报表一样处理,努力做到结算和进度同步,以便按时收回工程款。

A.示通还明确规定:验收报告经发包人认可28天内递交竣工结算报告及完整的结算资料。

B.审价阶段承包人要及时向发包人递交以送审价为准的函件。

C.送审件要文件、资料齐全,由发包人代表签收,标明送审总造价。

③控制好竣工决算程序的实施。

④清欠讲究策略。若把工程项目进展到某一阶段能够发挥较为关键作用的一方称为上帝,承包合同签订前,发包人是上帝,签约后至交工前,承包人是上帝,交工后发包人又成为上帝。

A.承包人交工前要当好上帝,及时把工程结算款收回来,结算后再去收款就会困难得多。

B.垫资工程项目的承包人是真正的上帝,因为他们在工程项目进展的各个阶段都发挥着关键性的作用。

C.把握好停工权的行使,示通有关条款规定,发包人不能按时支付工程进度款和工程结算款时,或承包人发觉发包人资金出现问题时,承包人应及时行使停工权,以防愈陷愈深。此时,承发包双方也可以签订延期付款协议,但是延期利息可以约定得高一些,用以促使发包人履行协议,这同我国《合同法》规定的不安抗辩精神是一致的。

D.提起诉讼或申请仲裁(双方之间有仲裁协议时)。发包人不按合同约定支付有关工程款项,通过其他方式又不能解决问题,此时承包人应坚决地拿起诉讼或仲裁的武器。承包人最好选择在优先受偿期内起诉或申请仲裁,优先受偿期期间为自竣工日起的6个月。在进行诉讼或仲裁时,要特别注意依法申请对有关证据和财产采取保全措施。

总之,通过各方努力,要用索赔手段挽回经济损失,以实现低成本竞争、高品质管理和利润最大化的目标。

第四节　工程项目支持性资料管理

一、工程承包保函管理

1.定义

工程承包保函,又称工程保证书或银行保函,是银行应承包方的请求,向建设单位出具的含有一定资金额度、保证承包方在一定时期内履行工程承包合同义务的制式担保文书。

2.银行保函分类

(1)投标保函:相关银行应参加竞标的投标方请求,向招标方出具的标有不可撤销文字和一定数额投标保证金的制式文书。

①投标保证金:投标人向招标人提交的用作抵押权标的一定数额的货币。其数额一般是投标人认定标价的 5%。

②投标人在交付投标保函后,相关银行应将投标人账户内等于或大于投标保证金数额的存款即行冻结,直到投标保函有效期届满。在此期间,存款利息照付,有关银行只收取若干手续费,一般为投标保证金的 3%～5%。

③投标保函的有效期:3～6 个月。期满后,若无其他变故,所冻结的款项自动解冻。

④投标保函的后期处理。

对中标人,招标人不必退还投标保函,将投标保证金转成履约保证金的一部分,由相关银行另行办理冻结手续即可。

对于失标者,招标人应当向他们无息退还投标保证金或投标保函。

⑤投标保函制式样本详见表 12-7。

表 12-7

鉴于(投标单位)于　　年　　月　　日参加　　　　(招标单位)工程的投标,本银行在此承担向招标单位支付总金额人民币　　　　　　　元的责任。

本责任的条件是:

一、如果投标单位在招标文件规定的投标有效期内撤回其投标,或(原文空九字)。

二、如果投标单位(人)在投标有效期内收到招标单位的中标通知书后(原文空七字)。

施工和保修有关工程项目,本银行同意为承包单位出具保函承担(原文空 12 字)。

1.不能或拒绝按投标须知的要求签署有关合同书或(原文空 14 字)。

2.不能或拒绝按投标须知的规定提交履约保证金,则本担保有效,否则无效。

只要招标单位指明投标单位出现上述情况,则本银行在接到招标单位通知后即在上述金额内按贵方要求予以支付,并不需要招标单位申述和证实有关情况。

本保函在投标有效期内或招标单位自这段时间延长有效期在 28 天内的保持有效,本银行不要求得到延长有效期的通知,但任何索款要求应在有效期内送到本银行。

银行(公章)

行长(签章)

年　　月　　日

(2)履约保函。

①制式履约保证金保函(详见表 12-8)。

表 12-8

建设单位(名称): 　　鉴于　　　　　　(承包单位)已保证按与　　　　　　(建设单位)　　　　　　工程合同施工、竣工和保修该工程。 　　鉴于你方在上述合同中要求承包单位向你方提供下述金额的银行开具的保函,作为承包单位履行本合同责任的保证金: 　　本银行同意为承包单位出具本保函: 　　本银行在此代表承包单位向你方承担支付人民币　　　　　　元的责任。承包单位在履行合同中,由于资金、技术、质量或非不可抗力等原因造成经济损失时,在你方以书面形式提出要求上述金额内的任何付款时,本银行即予以支付,不挑剔、不争辩、也不要求你方出具证明,或说明背景、理由。 　　本银行放弃你方应先向承包单位要求赔偿上述金额然后再向本银行提出要求的权力。 　　本银行进一步同意你方和承包单位之间的合同条件、合同项下的工程或合同发生变化、补充或修改后,本银行承担保函的责任也不改变,有关上述变化、补充和修改后也无需通知本银行。本保函直至保修责任证书发出后 28 天内一直有效。 　　　　　　　　　　　　　　　　　　　　　　　　　　银行名称(盖章) 　　　　　　　　　　　　　　　　　　　　　　　　　　法定代表人(签章) 　　　　　　　　　　　　　　　　　　　　　　　　　　　年　　月　　日

②履约保函:中标的承包商在签约前向建设单位提交的一种由相关银行开具的标有一定数目的履约保证金的制式文书。

③履约保证金:该项金额一般为投标报价的 5%～10%或约定的数目。

④有效期:交付履约保函日至完工,一般是竣工验收后一周内。如工期拖延,经双方商定可适当延长履约保函有效期。

(3)预付款保函:经承包商请求,由其开户银行开具的保证承包商在取得工程预付款后会依照约定方式履行分期偿付责任的制式文书。

(4)工程保修保函:有关银行应工程承包方的请求,向建设单位出具的保证承包方在工程质量保修期内履行质量保修义务,否则由有关银行对建设单位实施质量维修责任的全部花费(控制在约定的总额之内)实报实销的承诺书。

①建设单位收到有关银行的工程保修保函后,不再从付给承包方的工程结算款中预留质保金,已经预留的,要立即退还。

②如果承包人不能及时向发包人提供工程维修保函,从工程通过竣(交)工验收之日起的一定期限内,发包人有权预先扣留承包人应得工程项目结算款的一部分作为质保金。

③无特别事由,建设单位应在缺陷责任期满后 14 天内将质保金或工程维修保函向承包方一次退还结清。

(5)进口物资免税保函和临时进口设备税保函。国家一般对进口物资从严管理,能够批准免税或临时进口的,往往因为进口的标的对进口国有非同寻常的意义或特定的需求。

凡进口合同中依照某种法律规定或约定由进口方办理免税手续或者某种施工机具临时进口手续者,承包商都要向所在国的海关税收部门提交这类保函。这类保函一般经进口方的申请,进口方所在国有关银行出具相应的制式文书,由进口方向海关出示。其作用在于保证进口物资或设备用于有关的免税工程或其他特定工程。

以上两种保函形式只有在出口方不能有效提供银行信用证、或者经过批准实施以货易货或以其他方式交易时才可以提供。

三、工程保险

建设工程保险是指以承担各类土木工程,特别是房建工程项目施工中的物资损失和列明费用损失的风险赔偿责任为主要内容的保险形式。

1.特征

(1)承保风险的特殊性。各类土木工程及房建工程项目施工处于动态过程,风险因素错综复杂,风险控制的难度很大。

(2)风险保障的综合性。承保方既可承保被保险人的财产损失,又可承保他们的责任风险,还可承保有关工程运输、物料储存等事项在保险期间的各类风险。

(3)被保险人的广泛性。被保险人包括建设单位人员、承包人、监理人员、技术顾问、物料设备生产厂或供应商及其他有关方人员。

(4)承保收费的灵活性。采用工期费率,而不是年度费率。

2.投保方式

(1)全部承保。适用于交钥匙的承包方式,一般以承包人为投保人。

(2)部分承保。适用于发包方承担设计和供应部分物料设备、双方各担部分风险的承包方式。经双方协商,可推举一方投保,并在合同中列明费用承担比例和受益事项分配。

(3)分段承保。适用于承包人相互独立、无契约关系的状况。为避免分别投保造成的时间差和责任差,应由建设单位出面投保。

(4)施工单位只提供施工劳务,应由建设单位投保。

3.附加交叉险

各被保险人之间发生相互责任事故,造成损失,均由保险人赔偿,无须被保险人互相追偿。

4.劳务保险

与国内外劳务组织和人员有关,在国内办理的保险。

(1)国外劳务保险又称外派劳务信用保险。它包括:

①对外劳务合作经营海外风险保险。多为境外不可抗力事项:如海外有关国家法律、法令、法规导致的损害;合同列明款项无法正常支付;战争、动乱、自然灾害;本国政府终止在该国一切劳务;境外雇主丧失履约能力(如破产)、不履约或不当履约;本国劳务公司在国外败诉或赔偿损失等。此类事项应由国内劳务公司为投保人。

②外派劳务人员海外风险保险,范围同上。另有对外赔偿2个月以上的工资等事项。

③外派劳务人员履约保险,由劳务人员投保。其范围是:外派人员脱岗致经营公司被罚;或外方雇主受政府处罚及经营公司另行派员的花费;经营公司处理脱岗事件的花费;仲裁诉讼费用;对外赔偿每份 10000 元以上的费用等。

(2)国内劳务保险。国内企业通过劳务组织使用劳务人员,应当首先检查该组织是否已给有关劳务人员办理了“人身意外保险”、“医疗保险”和“养老保险”。没有办理的,一般不得与该劳务组织签订劳务合同。

四、合同管理附件

1.合同签订与执行统计表（见表12-9）

表 12-9　合同签订与执行统计表

编号	名称	合同主体			合同内容		相关内容		保障因素	
		甲方	乙方	第三方	标的总额		签约时间		担保单位	
					结算方法		签约地点		担保方式	
					履约期限		履行地点		公证机关	
					违约罚率		执行情况			
					其　　他		要否救济			

2.合同管理台账（见表12-10）

表 12-10　合同管理台账表

序号	合同对方名称	合同号	签约日期	标的名称	总额	执行期限	执行现状	备　注

3.授权委托书

授权委托书示例如下。

_____（对方名称）：

　　　根据我公司《合同管理办法》第_____条之规定，就与贵单位签订_____合同协议（选一）事宜，明确以下事项：

(1)受委托人_____（姓名、职务）、_____（姓名、职务）。

(2)委托权限。全权代理_____，一般代理_____。

①参与谈判签约；

②其他事项_____。

(3)委托时限。本委托书在____年____月____日至____年____月____日的期间内有效。

(4)代章事宜。准许_____（单位名称）代章，并注明代字。

特此授权！

　　　　　　　　　　　　　　　　　　　　　　　　董事长

　　　　　　　　　　　　　　　　　　　　年　　月　　日

第五节　工程施工相关资料的管理

本节给出工程检测记录，如标高和轴线测量及检测记录资料；本节还给出地基与基础、主体装饰装修、屋面等工程中的隐蔽部分质量检验记录,进一步给出基础结构查验记录和装饰装修质量检验评定等材料,特别给出事故分析处理资料,包括:事故现场观测记录、设计及施工资料、引发事故的原因分析和论述资料、对事故发生发展进行的综合论述、给出处理建议等。

一、施工测量记录

1. 工程测量记录

(1)定位依据。已有平面控制点和高程控制点的点位略图、点位名称及数据,工程建设总平面布置图,基础平面图和定位通知单。

(2)定位过程方法。要求详细地说明定位施测工程、方法、仪器名称、编号和设置的点位、前后视的点位名称、各段距离数值、点位编号及轴线号等。特别注意根据规划管理部门签发的《建筑用地钉桩通知书》确定红线和引测桩位。

(3)确定有关建(构)筑物的高程和标高。水准点的高程和设计图上的标高必须使用同一高程系统,如黄海高程系统。

2. 标高和轴线测量检测记录

(1)检测项目如表 12-11 所示。

(2)填写要求。

①工程名称、施工图号、基准点名称及编号、检测项目(如基底标高抄测、柱轴线抄测等)、检测评定(指检测出的误差是否在允许范围内)应如实填写。

②示意图是按建筑物轴线绘制的单线条平面图,应注明轴线、抄测点位置及编号。

③编制检测记录表。内容为楼层、基点和轴线编号,允许偏差值。

④所有检测、复测应经施工方技术负责人和监理工程师(或建设方代表)签字。

表 12-11

项 目	标高抄测记录	轴线抄测记录
民用建筑	基坑(槽)底、基础顶面、楼层标高	基础轴线、楼层墙体轴线
工业建筑	基坑、基础杯口和底标高、牛腿标高、吊车梁顶面及其他设备底和顶面标高	基础(含设备基础)和吊车梁中心线

备注:1. 抄测必须有记录;

2. 标高抄测应在同一高程系列下进行。

二、中间和隐蔽验收记录

中间验收又称隐蔽工程验收,是指在项目施工过程中,某道工序实施完毕后,有关工程部位或设施将被下道工序所掩盖,必须适时检查其是否符合法定或约定的质量标准。

依照国家有关的施工规范要求,凡未经中间验收或验收不合格的隐蔽工程,不得进行下道工序的施工。

1. 地基与基础工程质量验收记录

(1)地基验槽。

①地基验槽目的。检查地基土质与勘察报告的土质是否一致,地基标高与设计图纸的要求是否一致,以满足对地基耐力的要求,保证建(构)筑物结构安全。

②地基验槽标准。基槽几何尺寸应符合设计要求,基底应挖至设计要求的土层(即老土)。基底土的颜色应均匀一致,坚硬程度一样,含水量适度均匀,走上去不得有震颤感。

③验槽记录(见表12-12)。

表 12-12 地基验槽表

工程名称				图样编号			
验收项目				验收时间			
说明及附图							
地质报告编号							
检查验收意见							
检查人员签字	监理代表		施工方代表		勘察人代表		设计方代表	

④验槽内容。土质情况、标高、槽高、放坡情况、地基处理情况及洽商说明,必要时可附图。

⑤验槽问题处理。在验槽中发现问题,应按施工规范规定的方法或有关各方协商一致的意见处理。处理后进行复验,复验合格才可以进入下一道工序。

(2)人工地基查验。

①这是常规项目之一。大体分砂和砂石地基、灰土地基、碎砖三合土地基三类。

②查验内容(一般应附图)。

A.铺设材料种类、质量及配合比;

B.基坑槽的查验处理。

C.分层铺设厚度、压实方法及遍数,分层的平面位置及搭接长度;

D.地下水位及水浸情况;

E.灰土的含水量,砂和砂石的掺入比例;

F.堆密度(粉体样本质量值与所占容积的比)试验取样及贯入度(击打贯入体使其在规定时间内进入地基的深度)查验中的平面位置及分层厚度。

(3)砖石及砌体、砌块工程施工查验。

①查验项目。

A.主要内容:施工部位、轴线及隐蔽内容,钢筋类型(拉筋或抗震筋),砖石、砌块及砂浆的质量等级,配筋的数量、规格、类型,每层钢筋间距,设计变更情况,各种预埋件的设置情况;

B.各类施工缝(包括沉降缝、伸缩缝和抗震缝)的隐蔽情况;

C.查验设计的抗震设防烈度(指设计的基准期为50年的工程项目,期内在一般场地条件下,可能遭遇到的最大地震。其超越概率为10%的设防烈度值。或称今后一个时期内,在一般的场地条件下,可能遭遇到的最大地震烈度)和相关的施工情况。

②查验意见。判定该项施工是否符合设计要求和施工规范。

(4)混凝土结构工程的隐蔽状况查验。

①查验内容如表12-13所示(给出简要的附图或附表)。

表 12-13 混凝土工程和钢筋工程查验表

混 凝 土 工 程	钢 筋 工 程
某层、某轴线所涉及的梁、柱、板等各种有关的结构件名称	
结构件断面尺寸、强度等级,混凝土和其他材料的配合比,混凝土外加剂的种类、数量,砂石和水泥的品种、规格,混凝土浇筑方法及施工缝位置,对结构件的蜂窝、孔洞、麻面、露筋等问题的处置	受力钢筋的级别、直径、数量、间距、接头方法、搭接长度,预埋件的型号、数量,焊条的型号,钢筋出厂合格证及复试报告单,焊接接头试验报告单等

②查验意见:判定该项施工是否符合设计要求及施工规范。

其余还有吊装工程的隐蔽状况查验、网架结构工程隐蔽状况查验等项。

2.装饰装修隐蔽工程质量检查记录

(1)检查内容如下(应附简图简表):

①检查装饰装修所用料具的出厂合格证;

②混凝土砂浆配合比;

③回填土状况及密度试验报告;

④复试报告单;

⑤修理派工单和验收记录等。

(2)检查意见:判定该项施工是否符合设计要求及施工规范。

其余还有烟道及垃圾道检查记录、穿通管道及地漏粘贴检查记录等项。

3.屋面隐蔽工程质量检查记录

(1)检查内容:屋面各层设计要求及实际完成时间,变形缝、女儿墙、檐头及泛水处理,原材料出厂合格证及复试化验单。

(2)检查意见:判定该项施工是否符合设计要求及施工规范。

三、分部、分项工程质量检验评定记录

在施工中,分项工程质检评定是在施工班组自检的基础上,由项目经理组织工长、班组长、班组质检员进行评定,再由专职质检员核定后报监理工程师签发认可书;而分部工程质检评定是由施工队一级质量负责人组织评定,经专职质检员核定后,对地基、基础和主体分部工程再由企业技术部门和质量部门派人到项目现场实地考核、评定等级,然后报监理工程师或总监理工程师签发认可书。

1.基础结构查验

(1)查验安排。除由施工队组织验收的结构外,对深基础或需要提前插入装修者,可分次进行验收。结构最后完工时,应进行总的验收签证。有地下室或人防设施的工程,基础和地下部分的验收应报请当地人防或有关部门参加或单独组织验收。

(2)查验内容。

①基础和主体结构的验收。它包括钢筋及混凝土构件安装,预应力混凝土及砌砖、砌石、钢结构制作、焊接、螺栓连接、安装,钢结构油漆等项。

基础结构特项：打(压)桩、灌注桩、沉井和沉箱、地下连续墙及防水混凝土结构。

主体结构特项：钢屋架安装，木屋架制作与安装等。

②水、暖、卫及电气安装等已施工部分的常规检查。

(3)资料核查。原材料试验记录、施工试验记录、中间验收和预检报告、工程洽商记录、工程质检评定记录、水暖卫及电气安装技术资料等项。

(4)对查验不合格的处理。以下情况可予以认可：

①经设计单位重新核算认定满足结构安全和使用功能要求的；

②经加固补强合格的；

③返工重做达到约定标准的。

此外的各种情形应按使用限期继续修理、推倒重来、换单位操作等办法处理。

(5)表式。

焊接分项工程质量检验评定表，见表12－14。

其余表式还有：混凝土分项工程质检评定表，砌砖分项工程质检评定表(适用于普通砖、空心砖、灰砂砖、粉煤灰砖等)，砌石分项工程质检评定表，模板分项工程质检评定表，钢筋绑扎分项工程质检评定表，混凝土设备基础分项工程质检评定表等。

b—焊缝宽度
k—焊角尺寸
δ—母材厚度

表 12－14 焊接分项工程质量检验评定表

	项　　目	质量情况
保证项目	1. 主体结构必须合格的焊接工艺报告	合格
	2. 焊料和保护气体必须符合设计和焊接工艺的专门规定	符合要求
	3. 焊工必须经考试合格，取得焊接件合格证，并经实际考核上岗	有
	4. 焊缝无损伤	合格
	5. 严禁焊缝表面存在裂纹、夹渣、烧穿、弧坑、针状气孔和熔合性飞溅等缺陷	无

	项　目	质量状况										
		1	2	3	4	5	6	7	8	9	10	等级
基本项目	1. 焊缝外观质量	√	√	√	√	√	√	√	√	√	√	良好
	2. 焊接前有合格的工序交接记录(焊缝、坡口、间隙、错边、清洁状况)	√		√		√		√		√		良好
	3. 构造主要焊缝都有焊工标记和焊接记录	√	√	√		√	√	√		√	√	良好

续表 12－14

项目				极限偏差			实测值										
				Ⅰ级	Ⅱ级	Ⅲ级	1	2	3	4	5	6	7	8	9	10	等级
允许偏差项目	1.	对接焊缝	焊缝余高(mm) $b<20$	0.5～2	0.5～2.5	0.5～3.5											
			焊缝余高(mm) $b\leqslant20$	0.3～3	0.5～3.5	0.5～4											
			焊缝错边	$<0.1\delta$													
	2.	贴角焊缝	焊缝余高(mm) $K\leqslant6$	0～0.15													
			焊缝余高(mm) $K>6$	0～3.0													
			焊角宽(mm) $K\leqslant6$	0～1.5													
			焊角宽(mm) $K>6$	0～3.0													
	3.	T 型接头要求焊透的 K 型焊缝(mm) $K=\delta/2$		0～1.5													
检查结果	保证项目																
	基本项目			检查　　项　其中优良　　项　优良率　　%													
				检查　　项　其中合格　　项　合格率　　%													
评定等级	工程负责人						核定等级			质量检查员							
	工长																
	班组长																

年　　月　　日

2.装饰装修工程质检评定表

(1)抹灰、油漆及饰面工程。有关质检评定记录包括：抹灰、勾缝、油漆、玻璃安装、裱糊、饰面砖、罩面板及钢、木骨架安装,细木制品和花饰安装等工程质量评定。它适用一系列制式表格。

(2)地面与楼面工程。适用表式:地面基层分项工程质检评定表(适用于各种地面与楼面面层以及路面下的基层);整体楼、地面分项工程质检评定表(适用于细石混凝土、混凝土、沥青混凝土、沥青砂浆、水磨石、碎拼大理石、菱苦土和钢屑水泥等整体楼、地面工程);板块楼地面分项工程质检评定表(适用于普通黏土砖、陶瓷锦砖、缸砖、水泥花砖、大理石板、混凝土板、水磨石板、塑料板等板块楼地面)。

(3)屋面工程质检评定记录。屋面工程含找平层、保温(隔热)层、卷材屋面、油膏嵌缝涂料屋面、细石混凝土屋面、水落管等项工程。以上工程,各有制式表式用于质检评定。如水落管分项工程质检评定表,适用于对水落斗和水落管的制作、安装与施工检查(按安装数量的10%抽查,但水落管不得少于3根)。

四、质量事故分析处理资料

1.事故现场观测记录

(1)事故现场照片;

(2)对倒塌的建筑物构件残骸进行描述、取样,绘制平面图,对非事故地段的同样设备位置进行对比评判；

(3)对现场地基或岩层进行补充勘察，了解基础持力层、下卧层、地下水情况；

(4)了解基础做法并进行取样分析；

(5)比照施工图，测量原建筑物实际尺寸、位置、构造；

(6)现场结构材料取样(混凝土、钢筋、钢材、焊缝及焊点试件、砌块、砂浆)；

(7)向现场管理、服务、生产人员和参加抢险的人员及幸存者提取访谈笔录；

(8)对物料配件的生产厂或供应商进行调查，并实施取样检测；

(9)相机采取其他搜集证据的措施。

2.收集、查阅与事故有关的全部设计和施工资料

(1)各种报建文件、招投标文件和委托监理文件；

(2)建设方委托设计任务书及变更设计文件；

(3)勘察报告、设计图样和说明书、结构计算书以及作为勘察设计依据的本地区专门规定；

(4)施工记录、质量文件、中间验收资料及设计变更文件；

(5)材料合格证明文件及复试文件，混凝土块及其他物料有关记录及试验报告、试桩或检测报告；

(6)竣工验收报告等文件资料。

3.分析可能引发事故的所有因素

(1)设计方案、结构计算、建造工法等；

(2)材料、设备、成品或半成品构配件的质量；

(3)施工技术方案、施工中各工种施工质量；

(4)环境条件，特别是地质条件和气候条件的作用；

(5)建设方或监理方乃至政府方面对施工活动的不合理干预；

(6)施工环境的其他负向变化。从以上因素中遴选出导致原发破坏的因素，以及引起连锁反应的后发破坏因素；

4.对事故的发生发展进行综合论述，并提出处理意见

通过现场取样和实测，甚至进行模拟性破坏试验，并通过理论分析，做出对事故相关人员及其责任的认定，最后依据有关法律法规提出追究有关责任人经济、行政及法律责任的处理意见。

(1)对事故责任人的处理，应本着"四不放过"原则。即事故原因查不清不放过，事故责任人未受到严肃处理不放过，事故责任人和有关群众未受到教育不放过，未制定相应的严密防范措施不放过。

(2)对事故造成的结构性毁损灭失，原则上采取维修、加固、改扩建三种方式。

①维修：一般指小型修补、恢复和完善毁损构造的功能；

②加固：即对结构或构造的承载力、刚度及与抗震有关的延性、抗裂性、整体稳定性等性能，经过维修保养得以恢复或提升；

③对原有设备构造进行较大规模的结构变更和性能优化，使其整体能力得到提升和巩固。

第六节 工程资料的组卷归档

本节阐明依照法定或章定程式将工程文件和资料组成案卷的过程，它包括对组卷的形式要求和内容要求,介绍了对案卷的文字排列和编目排序的规定,强调了对建设单位和其他参建单位的文档分类。

本节还介绍了档案管理人员对案卷的验收要求,以及对工程资料进行整理归档的细则要求,对物料设备进场检验资料归档的齐全性要求,对事故分析资料的归档要求等。

一、工程资料的组卷

组卷又称立卷,是指各有关主体将所搜集到的工程资料组合成案卷材料的过程。

1. 对组卷的内容要求

(1)立项准备卷可按工程建设的程序、专业和完成建设任务的单位等项组卷。

(2)监理卷可按单位工程、分部工程、专业或施工进展阶段等项组卷。

(3)施工卷组卷时对工程资料的选项方式与监理卷大体相同。

(4)施工图卷可按单位工程、施工专业等项组卷。

(5)竣工验交卷与施工图卷对工程资料选项方式大体相同。

2. 对组卷的形式要求

(1)须保持卷内文件和其他资料的有机联系。

(2)案卷不宜过厚,一般以4厘米为厚度上限。

(3)不同载体的资料一般应分别组卷,同一案卷中不要有重复资料。

2. 建设单位在组卷归档及工程档案验交中的职责

(1)在委托招标或亲自主持的招标活动中,以及在与勘察、设计、施工、监理、物流等单位签约时,应对竣工验交后移送档案的套数、时间、质量状况、费用承担予以明确告诉。

(2)负责收集、整理在立项阶段、施工准备阶段和竣工验交阶段形成的文件和其他资料,一并实施组卷。

(3)组织和监督检查勘察、设计、施工、监理等单位的文件及其他资料的形成、设计和组卷。

(4)收集并妥善保管有关各单位向本方交付的各阶段的资料和档案。

(5)竣工验交前,提请档案部门对有关单位的档案情况实施预验收。未获得预验收合格的单位不得组织有关案卷材料的归档。

(6)须向国家或地方档案馆移送工程档案的,建设单位应在竣工验交后3个月内向有关档案馆缴存。

3. 勘察、设计、施工、监理等单位在组卷归档中的职责

(1)收集整理本单位在项目进展各阶段所能得到的工程资料,确保所收集的过程资料真实、有效、可靠、完整。

(2)对所收集到的工程资料实施正确的组卷和保存。

(3)勘设文件资料。含勘察合同、设计合同、委托监理合同、物料设备买卖合同、工程质量保修书、其他合同及各类合同修订协议、图纸分期供应协议、工程款支付协议、预付款支付及扣还办法、工程结算办法等。

(4)招投标文件资料。含投标须知、招标文件汇编、投标书、开标会议记录、评标报告等文件资料。

(5)合同资料及有关商务文件。

(6)开工文件资料。含开工准备报告、施工场地"三通一平"记录、人员及物料设备进场记

录、场地临建设施及使用状况记录、开工报告、开工典礼纪要。

(7)竣工验交备案文件。含中间验收资料、施工方项目部对项目工程自检和企业复检情况记录、三方(建设方、施工方、监理方)会检记录、正式验收记录、竣工验收报告、建筑标的物交接记录等。

(8)其他有关文件资料。

4. 就工程项目所涉资料对建设单位的文档分类

(1)立项文件资料。含投资意向书(有则收集)、工程项目建议书、选址报告(审批部门索要时才提供)、可行性研究报告、立项批准文件。

(2)施工准备文件资料。含规划用地文件和其他应由建设单位办理和领取的施工证照、设计交底记录、审图交桩纪要等文件资料。

5. 案卷内文字排列

(1)文字材料按事项和专业排列。对同一事项的请示和批复、同一文件的印本和定稿、主件和附件不能分开,并按批复在前请示在后、印本在前定稿在后、主件在前附件在后的顺序排列。

(2)图样按专业排列,同专业的图样按图号顺序排列。

(3)既有文字材料、又有图样的案卷,文字材料排前、图样排后。

6. 案卷的编目排序

工程项目档案组卷后应进行目录编排,使案卷内文件资料的位置、顺序、页码的编排符合下列规定:

(1)保留每份文件资料的原有页码,但组卷后每个案卷应从"1"开始重新统一编号。

(2)页码位置:单面书写的在右下角;双面书写的,正面在右下角,反面在左下角。折叠后的图样一律在右下角。

(3)成套图样或印刷成册的科技文件资料自成一卷的,原目录可用作案卷目录,不必另行编列页码。

(4)案卷封面、卷内目录、卷内备考表不必编页码。

二、工程案卷的归档

1. 对档案管理人员的有关验收要求

(1)工程项目的案卷是否整齐、完整、系统?

(2)案卷中的文件资料是否真实地反映了工程项目建设活动的实际进展状况?

(3)案卷中工程资料的组卷是否符合有关组卷的规定要求?

(4)竣工图续制方法、图示与规格是否符合专业要求?图面是否整齐?是否加盖了竣工图章?

(5)工程资料的形成及来源是否符合实际?有关单位及人员是否签章到位?其他手续是否完备?

(6)工程资料的载体材质、书写及绘图用墨、托裱是否符合要求?

2. 对施工现场有关工程资料进行整理的要求

(1)监理单位中标签约后,应当迅速组成项目监理机构,并由所派遣的总监理工程师主持,以监理大纲为基础,广泛收集有关资料和信息,按工程实际编制监理规划和监理实施细则。这两份文件经监理单位技术负责人批准,用以指导和规范项目监理机构开展具体工作。连同其他现场决断、指令、旁站记录、月报、报表等项资料在竣工后应当及时组卷归档。

(2)施工方在中标签约后应当对投标时编制的施工组织设计进行细化和完善,形成适于操作的施工方案。围绕完善这一中心文档,还应当做好如下几项施工资料整理工作:

①由施工方技术负责人填写《现场质量管理检查记录》,随附有关文件或复印件。

②施工项目部应在总监理工程师检查施工现场后,及时呈请审查施工方案等文件。审查合格的,经总监签批退还,由施工方据以开展开工运作;审查不合格的,由总监指令施工方限期补正,未予补正或补正不合格的不得开工。

③应对进场使用的机具设备出具具有可追溯性的质量证明,并经报关员或现场技术员、材料员背书签字,再交资料员纳入质量管理流程。

④现场的工程资料内容应与具体工程部位一一对应,且这些资料都应当具备可追溯性。

3. 对物料进场检验应当资料齐全的要求

(1)对主材料、半成品及成品构配件、器具、设备等物料进场必须实行进场检验并制作检验记录。必要时可实施见证取样送检或共同取样送检并收存检验报告单。

(2)对甲供或部分重要的非甲供物料设备进场应当组织施工方、供应方、监理人员及建设方代表共同检验有关的品种、规格、数量、外观质量及出厂合格证,填写"进场检验记录"、"设备开箱检验记录"等制式表格。

(3)属施工方自有设备、自制构配件或部分非甲供一般物料设备进场,经施工方自检合格后填写"物资进场报验表"报项目监理机构审批,作为组卷资料。涉及安全性或功能性的物料设备进场,应按有关规范的规定进行复试并制作实验报告,或有见证地取样送检并收存检验报告单。

(4)建筑节能及其他新型物资(包括砌块、板材、胶粉、EPS 颗粒浆料及热铝材料等)进场须有出厂质量证明或按规定进行见证取样送检并收存检验报告单。

4. 对工程资料归档的其他要求

(1)依据规划部门提供的红线或控制点坐标,按总平面图设计要求,设定建筑物或构筑物的位置、主控轴线、建筑物±0.000 高程,建立施工场地控制网。由施工方填制"定位测量记录"和"施工测量放线报验表",经工程师审核签字后,由建设方报规划部门验线。在这一过程中的所有资料均应组卷归档。

(2)建设、施工、监理等单位应将施工现场安全资料的形成和积累纳入建筑管理各个环节,逐级建立健全安全岗位资料收集责任制,对现场安全资料的真实性、完整性和有效性负责。

(3)建设方向施工方提供的各种安全资料可以概括为:三安四口五邻边。其中,"三安"是指有关安全帽、安全网、安全带的资料;"四口"是指有关楼梯口、电梯口、预留洞口和通道口的资料;"五邻边"是指有关沟坑槽和深基础周边、楼层周边、楼梯侧边、平台或阳台边、屋面周边的资料。

(4)对改扩建和维修工程,建设方应组织设计单位和施工单位据实修改、补充和完善原工程档案;该移送的应在有关工程竣工后 3 三个月内移送,不移送的要按档案管理要求妥为保管。

(5)对于事故的调查处理资料,属于重大以上的工程质量事故、安全事故和机械事故,应将所能收集到的资料单独组卷归档;对于其他事故调查处理资料,可以随同发生事故的工程环节一并组卷归档。此外,在有关各类事故的资料中,一定不能缺少落实"四不放过"原则的资料。

综合练习题

1.《开标会议纪要》中关于会议纪律是如何规定的？评标纪律及报价注意的事项有哪些？

2.何谓工程项目报建？何谓工程计划任务书？后者的内容有哪些？

3.请列举并比较项目施工准备计划和施工结果的异同。

4.项目质量计划和管理计划分别有哪些内容？

5.如何提交工程地质勘察报告？初步概预算和施工图预算的联系和区别是什么？

6.为什么建设方要同设计方签订供图协议？怎样使用BQ——工程量清单？设计方给出施工图预算,应当如何计酬？

7.何谓审图交桩？它是如何构成的？

8.何谓建设工程索赔？其结构性特征和法律性特征各是什么？索赔的准法定程序是如何规定的？

9.何谓索赔报告？索赔和索赔签证的类型各有哪些？

10.何谓银行保函？它有什么作用？投标保函的数额是如何计算的？工程承包保函或称履约保函的基本内容是怎样的？

11.何谓工程保险？其特征是什么？如何办理国内外劳务保险？如何就合同事务办理申请委托？

12.工程测量记录的实施步骤有哪些？混凝土工程和钢筋工程的查验内容有哪些？人工地基查验内容有哪些？

13.何谓中间验收？基础结构查验内容是什么？装饰装修工程质量检验评定表的内容有哪些？

14.在质量事故报告中,如何对有关事故的发生发展进行综合论述？

15.何谓组卷？对组卷的形式和内容有何要求？对建设单位的文档如何分类？

16.工程案卷内的文字如何排列？档案管理人员的有关验收要求是什么？对施工现场资料整理的要求是什么？工程资料归档的其他要求还有哪些？

第十三章
工程项目其他管理

教学目标

知识目标

首先,本章介绍了工程风险的产生原因和分类,并给出了预测和防范的对策以及实施有效控制的措施;其次,本章推出了实施职业健康安全管理和环境管理的计划、程序和实施要点;最后,本章就工程项目信息管理论述了相关的分类、计划和实施展望。

能力目标

首先,本章旨在使学生学会进行工程项目风险的分级和预测,增强其有效管控能力;其次,本章要求学生在实施职业健康安全管理和环境管理中防患于未然,改革创新,有所作为;最后,本章希望学生在掌握和应用信息技术方面成为攻坚克难的能手。

案例引入

PD公司承接了春色小区高达18层的8号楼的施工任务。2010年7月29日,电焊工赵某在施工现场的11层的楼梯间进行配电箱避雷跨接作业,他需要把电焊机从13楼搬到11楼去。赵某,年方40,高1.85米,虽瘦骨嶙峋,却是个大力士,平日可以端着100千克左右的电焊机在楼层间往返。但那日赵某图省事,要把电焊机用绳子顺到11楼去。经过商议,赵某的同事吕某在11楼接电焊机。几经蹭蹬,电焊机被从11楼的窗口挪了进去。接着,赵某又喊吕某接焊枪手柄。吕某站在窗台上,一手把窗棂,一手示意赵某往下扔。不料焊枪落下,吕某伸手去接时,失去重心,从11楼跌至一楼地面,坠落高度达30多米,当即死亡。

经查,赵某和吕某均系工作多年的电焊工,平日训练有素,很少出事故。这次出事故,连吕某的命也搭了进去。可见,安全生产的弦必须时时绷紧,一刻也不敢放松。在高楼上施工,本身就有较大的风险,一招不慎,连后悔的机会都没有。

第一节　建设工程风险管理

本节论述工程风险产生的原因、特性、分类和管理内容,进一步给出工程风险的预测原则和方法,其中德尔菲法为常规方法之一,重点讨论了计算确定风险损失量和风险等级的决策树解题步骤和具体的风险管控对策。

一、工程项目风险管理概述

风险就是事物进展过程及其结果的负面不确定性。这种负面不确定性是指某种计划与其实施结果之间会存在较大或巨大的令人不满意的差异的可能性。例如,会发生造成人身伤亡及财产损失的事故就是一种风险。不当生产会造成环境污染或生态平衡被破坏也是一种风险。

工程项目风险是指工程项目进展的各个环节及其结果的负面不确定性。

1. 工程风险产生的原因

(1)对项目定位认识的不准确性,则有花大钱、办小事或办废事的风险;

(2)对基础数据获取的不准确性,则有半途而废、酿成事故的风险;

(3)对工程项目运作、组织的不恰当性,则有推倒重来、造成倾覆等项风险;

(4)存在不可抗力事件或其他突发事件,则有发生不可预料负面后果的风险。

2. 工程风险特性

(1)未来性。工程项目的负面后果会在未来某一时刻条件进一步恶化时才显现出来。

(2)全程性。工程风险存在于工程项目全过程的任何环节。但只有那些足以酿成较严重负面后果的风险才是我们重点防范的区域。

(3)隐含性。工程风险当前尚处于隐蔽状态,不采取措施纠偏整治将来就会有危险发生。

(4)可预测性。部分工程风险只要从有关工程项目的现实出发,沿着它与负面后果的条件联系进行推测,该项风险是可以认识的。

(5)可克服性。除了不可抗力和突发事件外,一般的工程风险都是可以避免的。

3. 工程风险管理基本内容

工程风险管理是近年来才在工程界形成显性内容的事务。近年来,全国各地城乡建设风起云涌,各类事故频频发生,其中不乏血泪惨痛、教训深刻的案例。痛定思痛,人们开始思考"预则立,不预则废"的古训。风险也有一个发生发展的过程,有一个"量变到质变"的积累和爆发的过程。事故和其他恶性事件往往是工程风险最后的表现形式。防患于未然,截断风险发展之路,逐渐成为人们一种显性思考。这样工程风险管理就被提上了议事日程,它包括管理者对工程风险的预测和识别、评价和控制。

(1)对工程风险的预测和识别。由于工程风险的隐含性,人们只能发现工程风险存在的一些征兆,从而揭示它的存在。人们从这些工程风险征兆的表现态势可以推断它的发展趋势。

(2)对工程风险的分析。这种分析是对工程风险征兆的检测、量化和发展程度的判断。风险分析的对象往往是单个风险。

(3)对工程风险的评估。综合考虑各类工程风险的相互作用、相互影响的放大和加速趋势,科学评估有关风险对工程项目的整体影响,一般应当具体到可能延误的工期天数,可能增加的投资额等项内容。

(4)给出工程风险控制对策。在对工程风险预测、分析、评估的基础上,提出处置工程风险的办法,以有效消除或降低工程风险的发展和危害为目的。

(5)实施控制工程风险效果的检查。经过切实采取治理和控制工程风险的措施,必须检查这种措施是否有效,有效的程度如何,需不需要换一种方法继续治理。总之,应当下定决心把工程风险消灭和控制在萌芽状态。

4. 工程风险的分类

(1)按工程风险的后果分类:可分为纯风险和投机风险。纯风险是指只会带来损害后果的风险;而投机风险是指使用不正当的手段,如果钻营成功,除了损失道德尊严之外,可获得某方面的实际利益的风险。

（2）按工程风险产生的原因分类：可分为政治风险、社会风险、经济风险、自然风险、技术风险等。

其中，政治风险是指政府的政策和行为带来的风险；社会风险是指民族、人文、文化积淀和道德传统等因素带来的风险；经济风险是指市场、金融、实业、管理和资源等因素的组合运作带来的风险。这三类风险之间存在一定的联系，有时互相影响，有时表现为因果联系，有时互相包含，难以截然分开。

自然风险主要指水文、地质（包括地形地貌、地质构造等）和气象三大因素带来的风险；技术风险指工艺方法、工具设备、原材料、生产与服务的操作和组织等因素带来的风险。这两类风险是相对独立的风险。

（3）按工程风险在施工阶段的表现分类：可分为组织风险、管理风险、施工条件风险、操作风险等。

其中，组织风险是指人员、机械设备、原材料和燃料、工艺方法的选用或配备，安全、质量等保证机制及措施的适用，具体决策等方面带来的风险；管理风险具体包括资金供给、合同签订与执行、施工现场的合理布局与制约、事故防范、信息与控制等方面带来的风险；施工条件风险主要指外部环境（自然环境和社会环境）和内部条件（人员素质、制度的完善与实施、技术与装备等）带来的风险。

操作是指对操作人员是否持证上岗、经培训上岗，是否按规程操作，操作是否达标，是否经过合乎规程的检验，操作中是否有创新之举等问题的实际解答。其正面的答复就是声誉，反面的答复就是操作风险。

在不同的施工阶段，会有不同的工程风险发生。人们对工程风险的认识也有一个由浅入深、逐步细化的过程。风险分类可提高人们对工程风险由主体到细节、由宏观到微观的理解和认识。

二、工程风险的预测

工程风险的预测是指估计建设项目风险形式，确定有关风险的来源、产生条件和特征，评估它对拟建工程项目影响的活动。

1. **工程风险预测原则**

（1）多种方法综合预测的原则。预测方法不同，预测到的工程风险往往会有较大的不同。因此，仅用一种方法进行预测，其结果将存在很大的片面性，甚至会出现荒唐可笑的结果。

（2）社会化原则。工程风险关系到国家、众多的单位和个体，涉及许多法律关系的确定和调整。因此必须从社会责任的角度做到：预测积极、施措准确、防范及时，尽量消除或减小有关工程风险所能造成的危害。

（3）适应性原则。工程风险的预测是一项比较复杂的工作环节，容不得脱离实际的大轰大嗡和闭门造车，应当以凸显预测的适应性为基本出发点。

2. **工程风险预测方法**

工程风险预测实质上是去寻找和发现计划、技术和操作层面的风险征兆，确定它们存在的状态及对工程项目整体的现实影响程度，并估算它们未来的发展趋势。大体有以下几种方法：

（1）德尔菲法。德尔菲法又称专家调查法，是由调查主持人选定有关领域的一批专家，与之建立书信联系。信中给出某种设定的条件，背靠背征询专家们的估算判断；经整理专家们的初步意见，再发还给专家们继续背靠背地分析判断。如此反复多次后，专家们的意见将会渐趋一致，可以作为最后确定风险存在的依据。

德尔菲法的重要环节就是给出制式调查表，表中设定封闭式问句，由专家们在设定的答案中选择作答。在问卷的后部，往往给出几个开放性的问句，让专家们充分表达个人见解。

这一方法起源于 20 世纪 40 年代，由美国的兰德公司首先使用，后来广泛应用在世界各地的社会、经济、工程技术领域。

（2）情景分析法。情景分析法实际上是一种假设分析方法，根据工程项目发展趋势，预先设计出多种未来的情景，并结合工作假设、经济和社会因素的影响，对工程风险进行预测。这种方法适合于：提醒决策者注意某种政策或措施可能引发的风险后果；建议紧急实施工程风险监控的范围；确定某种风险对未来工程进程的影响；提醒人们注意某种技术的发展会给他们带来的风险。

（3）面谈法。面谈法是指各类项目经理（主要是勘设、施工项目经理）通过和项目相关人员直接交流面谈，收集人们从不同角度对工程风险的认识和建议，它有助于实施主体对常规计划中容易被忽视的风险的认识和掌控。

面谈之前有关人员应当进行一系列的准备工作，如将一些尚需防范的风险提出来供有关人员思考，作为抛砖引玉之资。

（4）统筹分析法。统筹分析法是指具体的分析人将已经发现征兆及可能出现的工程风险首先分成项目内部和项目外部两类；再将项目外部的风险按风险因素归为自然因素和社会因素两类分别列示；最后将涉及工程项目具体业务的各个主体的负面行为表现作为可能导致工程风险的内部因素进行列示。

风险因素的具体分类类别如图 13-1 所示。

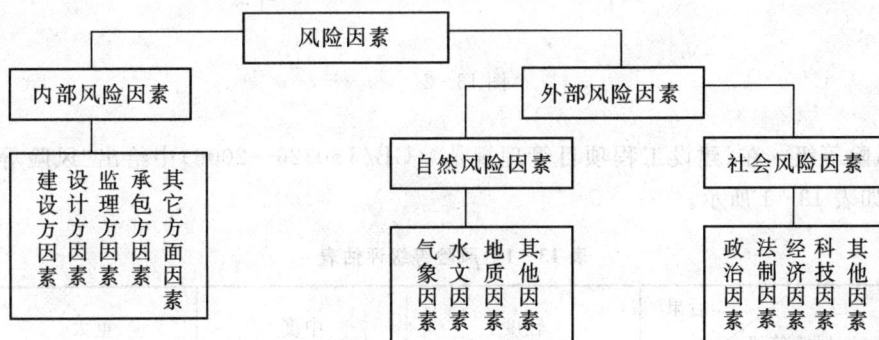

图 13-1

三、工程风险评估

1.评估原则

（1）公正性原则。实施工程风险评估应基于客观、公正的宗旨，严格按照理论方法进行。

（2）一致性原则。风险评估中应用的指标应与国家或行业的标准保持一致。由于工程风险评估取值标准是由国家或行业主管部门在某一时期统一制定的，随着科技的进步，某些标准已不能反映社会和经济发展的现实。如果国家或行业标准已作出调整,我们应及时采用。如果国家或行业标准尚未作出调整,我们可以按直线递进的方法,适当对涉及的标准作出调整。

(3)合理性原则。工程风险评估不可能使有关的方方面面都很满意,应以风险最小而经济收益最大为目标,探求合理的评估方案。

2. 评估基本步骤

(1)利用已有的资料(已收集到的或类似事项有关风险的历史资料)和相关专业方法准备评估特定的工程风险,给出有关工程风险的发生概率。

(2)计算有关风险可能带来的工程业务损失量,包括工期损失、费用损失及其他负面影响的折算量。

(3)根据有关工程风险的发生概率和相应的风险损失量,确定该工程风险的风险等级及相关防范措施。

3. 工程风险评估方法

(1)风险损失量。它是指某个可能事件所带来的不确定性损失程度和损失发生概率,具体如图 13-2 所示。

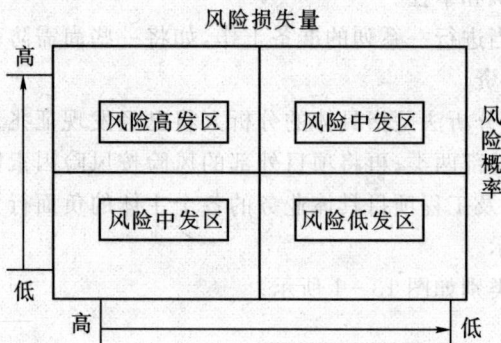

图 13-2

(2)风险等级。在《建设工程项目管理规范》(GB/T50326—2006)中给出"风险等级评估表",具体如表 13-1 所示。

表 13-1 风险等级评估表

风险等级 可能性 ＼ 后果	轻度 损失	中度 损失	重大 损失
很大	3	4	5
中等	2	3	4
很小	1	2	3

2. 决策树分析法

决策树分析法是利用树枝形状的图形进行风险分析,取期望值最大的优质树枝为决策结果的风险分析方法,具体如图 13-3 所示。

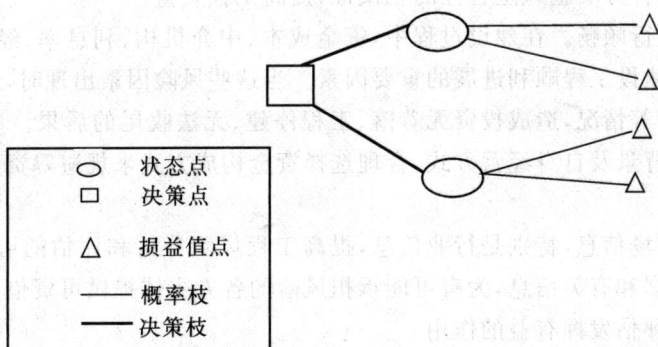

图 13-3

决策树法解题步骤主要有以下方面：

(1)将损益表中各损益值分别标注在相应的损益值点之后，将有关的概率值分别标注在对应的概率枝上；

(2)利用下列公式分别计算有关的期望值，并填写在状态点中；

$$期望值 = \sum (有关的概率值 \times 对应的损益值);$$

(3)比较各状态点的大小，除数值最大的状态点对应的方案枝外，在其余的方案枝上打"×"，表示淘汰；

(4)将选定的方案号填写在决策点中。

四、工程风险管控

工程风险控制是指在建设工程项目的进展全过程中，主动收集相关的工程风险信息，进行估算、评价、检测，并发布预警、开展对应治理的全部活动。

1.工程风险管控原则

(1)主动性原则。对工程风险的发生要有预见性，要想在前做在前，采取主动措施来防范工程风险。

(2)全程性原则。从建设项目的立项到竣工验交的完成，都应当不间断地开展工程风险的研究、预测、过程控制和分析评估。

(3)优选性原则。各类建设主体都应当在工程建设领域进行充满智慧的经营，回避大的工程风险，选择应对相对较小或适当的风险。对于那些明显可能导致亏损的拟建项目，对于那些工程风险超过其承受能力、成功把握不大的拟建项目，应当放弃或回避。

2.常用的工程风险管控对策

(1)加强竞争力态势分析。该项分析是研究在国内外市场竞争中本方的经营实力和获利水平。评估人员应当从战略高度，分析有关建设市场的外部环境，预测本方介入后的生存几率及存在的威胁。要清醒地认识本方的优势和劣势，提高自身竞争力，降低可能遇到的工程风险。

(2)科学筛选关键风险因素。工程风险具有自身存在的范围和规律，这些风险应当在工程项目参与者(如投资方、建设方、承包方、勘察设计方、物料供应商等)之间进行合理的分配、筛选,最大限度地发挥各方实施风险管控的积极性,提高工程效益。

(3)确保资金运行顺畅。在建设过程中,资金成本、中介机构、利息率、经营成果等资金筹措风险因素是影响建设工程顺利进展的重要因素。当这些风险因素出现时,会有资金链断裂、资源浪费、产品滞销等情况,造成投资无着落、工程停建、无法收尾的后果。鉴于此,投资者应充分考虑社会经济背景及自身经营方式,合理选择资金构成方式来规避筹资风险,以确保资金运行顺畅。

(4)密切关注市场信息,特别是行业信息,提高工程风险分析和评估的可靠度。要借鉴不同案例中的基础数据和有关信息,为有可能承担风险的各方主体提供可资借鉴的决策经验,使本方的风险分析和评估发挥有益的作用。

(5)通过比选,采用某种具有一定弹性、抗风险能力较强的技术方案。

(6)组建有职有权的风险管理团队。工程风险具有隐蔽性,往往不被现场管理人员所关注。即使执行一个简单的风险防范方案,也会有一番争论,甚至误事。这就要求风险管理团队必须有职有权,令到必行。还要求风险管理人员强化监控,因势利导。一旦发生问题要及时采取转移或缓解风险的措施;面对风险,要设法趋利避害,把握时机来获得回报。

我们要不断提高自身风险管控的能力,适时采取行之有效的应对策略,用以降低风险程度。

3.具体的工程风险管控措施

(1)确定工程项目存续的各个阶段的风险防范重点。

①立项阶段。必须考虑行业风险、市场风险、政策及法律法规变更风险。应着力做好项目可行性研究和项目的评估工作。

②工程项目的准备阶段。必须考虑设计风险、招投标风险和物料采购风险。在实施报建的前提下,准备参与有关项目的各方必须对可能的风险作出正确的评估,并制定切实可行的风险防范措施。

③施工阶段。必须考虑安全与质量风险、工程成本风险和施工进度风险及相关的合同风险。适时进行评估,一步一个脚印,加强风险管控,特别注意不要疏漏中间和隐蔽验收,力争工程优质、效益可观。

④竣工验交阶段。必须考虑工程标的物交接风险、工程资料汇集风险和结算风险。注意规范工程验收工作流程,确定竣工资料的真实性和准确性,认真核查本方在项目进程中的收支状况,防止发生意外。

⑤工后阶段。必须考虑质量保修的风险。注意掌握回访时节,认真对待各方、特别是使用方的反应,仔细分析质量问题的成因,并做好修复资料的管理与经费的落实工作。

(2)实施风险监控和预警。一般设定蓝色、黄色、橙色和红色四种预警信号。有关人员在工程进展中应当不断地收集和分析有关信息,捕捉风险前奏信号。例如,天气预警、市场预警、政治经济形势预警、企业状况预警等。根据工程风险监控的结果,依照风险的严重性及紧迫性,分别给出蓝、黄、橙、红四个层次的预警。

(3)及时采取措施,控制风险影响。接到预警后,有关组织和人员应当紧急动员,采取各种措施,旨在消除和减少有关风险因素的破坏性作用。

(4)在风险状态,保证工程顺利实施。并非所有风险都是可控的,如火山爆发、地震、洪灾、台风等。风险控制是在特定范围内和特定角度上完成的事项。往往会有避免了某种风险,又会产生另一种风险的事发生。具体的工程风险控制措施有：密切管控工程施工，保证完成预定目标，防止工程中断和预算超支；向建设方、保险公司、风险责任者提出费用索赔和工期索赔，争取获得风险赔偿。

工程风险的控制主要贯穿在工程项目的进度控制、成本控制、安全和质量控制以及合同控制的过程中。

第二节 建设工程职业健康安全与环境管理

本节首先给出工程职业健康安全管理和环境管理的目的和任务，并介绍了工程职业健康安全管理体系的目标及该体系的建立和转移。接着，本节从建立职业健康安全生产责任制入手，进行相关的职业健康安全培训和技术交底，强调施工现场的管理和职业健康安全检查。本节进一步给出企业职工伤亡事故的分类、处理和归档结案，并先后给出了实施环境保护的内容和措施，最后，本节论述了现场文明施工的基本要求和管理要点。

一、工程职业健康安全管理和环境管理

职业健康安全管理是指在施工或其他生产活动中，通过管理者和有关人员对生产因素具体的状态控制，使生产中的不安全行为和状态减少、甚至消除，尤其以不引发安全事故为主要标志的管理活动。

环境管理是指在工程施工活动中，通过管理者和有关人员的管理操作，使工作环境受到相当程度的保护，减少和消除环境污染、使资源得到节约和安全使用的活动。

环境管理包括建立环境保护组织机构，根据有关的法律法规制订环保计划、落实环保责任制、评审环保机制等项工作。

1.职业健康安全和环境管理的目的

环境保护包括建（构）筑物在内的各类产品的生产者和使用者的健康与安全，对不同的施工和生产操作场所的员工、临时工作人员、各方合同事务人员、访问者和其他人员的健康和安全条件予以保障，这是我们开展职业健康安全管理和环境管理的主要目的。

我们应当努力使社会的经济发展与人类的生存环境相协调，要控制施工及作业现场的各种粉尘、废水、废气、固体废弃物连同噪声、振动对环境造成的污染和危害，并致力于节约各类能源、资源和避免浪费的工作。

2.职业健康安全和环境管理的任务

企业为达到保障职业健康安全和环境保护的目的而进行的组织、计划、领导、控制、领导和协调的活动是我们实施职业健康安全管理和环境管理的主要任务。

职业健康安全管理和环境保护管理是密切联系的两个方面，其中环境保护是主要方面。如果环保工作做得好，会对职业健康和其他安全工作有很大的促进作用。反之，则会对有关的职业健康和安全工作产生很大的负面影响。

二、工程职业健康安全管理体系

工程职业健康安全管理体系旨在利用系统论的方法来解决工程活动中的各种事故和劳动疾病的问题，即从组织管理上来解决职业健康和安全的管理问题。组织实施工程职业健康安

全管理体系的基本做法是在辨别组织内部存在的危险源的基础上,控制相关的风险发生与发展,从而避免和减少事故的危害。

1. 职业健康安全管理体系简介

职业健康安全管理体系(OHSMS)20 世纪 80 年代后期在国际上兴起的现代生产管理模式。与之相关的工程职业健康安全标准是为了满足两方面的社会需求。一方面是企业自身发展的需求。随着企业规模的扩大和生产集约化程度的提高,企业对质量管理和经营模式提出了更高的要求,包括安全生产管理在内的所有生产经营活动的科学化、规范化和法制化。另一方面是世界经济全球化和国际贸易发展的实际需要。WTO 最基本的原则是公平竞争,其中包含工程职业健康安全和环境问题。职业健康安全问题对我国的社会和经济发展产生了巨大的影响,我们必须花大力气推广职业健康安全管理体系。

科技的发展既带来了社会的繁荣,也带来了环境破坏问题。1993 年国际标准化组织成立了环境管理技术委员会,制订了环境管理的国际通用标准,即 1996 年公布的 ISO14001《环境管理体系——规范及使用指南》,以后又公布了若干标准。我国从 1996 年开始,以等同方式采纳该标准,作为我国的推荐标准,以便与国际接轨。

职业健康安全管理体系、环境管理体系(ISO14000)与质量管理体系(ISO9000)是目前世界各国广泛推行的现代化的生产管理方法。

2. 职业健康安全管理和环境管理体系的目标

相关的目标是:降低和避免施工现场人员所面临的安全风险,实现对事故造成的伤亡损害和职业病等的控制;改善作业条件,提高劳动者的身心健康和劳动生产率,获得日益增长的经济效益;实现以人为本的安全管理,提高人力资源的质量,促进经济增长。安全管理体系将是保护和发展生产力的有效方法。通过建立环境管理体系规范各类企业的环境表现,改善生态环境的质量,减少人类活动所带来的环境污染,节约能源,促进经济可持续发展。

3. 职业健康安全管理和环境管理体系的建立和运转

目前该体系采用动态循环且螺旋上升的系统化管理模式指导其组织有效地推进职业健康安全管理和环境管理工作。有关模式分为五个过程,如图 13－4 所示。

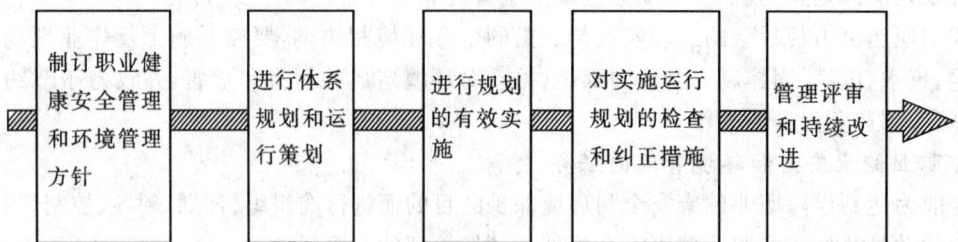

制订职业健康安全管理和环境管理方针 → 进行体系规划和运行策划 → 进行规划的有效实施 → 对实施运行规划的检查和纠正措施 → 管理评审和持续改进

图 13－4

三、施工项目职业健康安全管理措施

施工项目职业健康安全管理,是指施工单位的项目经理或其他施工现场负责人对安全施工进行计划、组织、指挥、协调和监控等一系列活动,以保证施工中的人身、设备、结构、财产安全和适宜的施工环境。有关的安全管理措施应当具有鲜明的行业特点。归纳起来,主要有以下几个方面：

1.建立职业健康安全生产责任制

在有关的施工工作开展之前,应将管理措施和责任分解到岗、落实到人,具体有以下四方面：

(1)必须建立符合项目特点的安全生产制度。该项制度应当与国家和地方、行业和本企业的安全生产法律法规、政策、标准相一致。身处施工现场的所有人员都应当认真贯彻执行。

(2)职业健康安全管理责任制建立后应当不断予以完善。要落实责任到人,从项目经理到具体操作人员,安全管理要做到纵向到底,一人不漏;明确各层次的安全责任,从管理机构到生产班组,横向到边,一环不误。

(3)施工项目部应通过地方或上级安全监察部门的安全资质审查和安全操作认可后再组织施工。旨在加强对安全生产条件的监管,防止和减少安全事故的发生。

(4)各类操作人员都必须持证考核上岗。既要持有生产技能操作证,又要持有安全培训合格证。特殊工种的作业人员,除经过企业的安全审查外,还必须取得地方监察部门核发的安全操作合格证。

2.职业健康安全培训

职业健康安全培训是搞好职业健康安全教育和职业健康安全管理的重要环节。具体内容包括以下四方面：

(1)项目部的安全教育。具体内容为:国家和当地政府的安全生产方针、政策、安全生产法律法规、部门规章、制度和安全事故处理案例等。

(2)作业队职业健康安全培训。主要内容有:本队施工任务特点、施工安全知识、安全生产制度;相关工种的安全技术操作规程;机械设备、电气、高空作业等项安全知识;防火、防毒、防洪、防雷击、防触电、防高空坠落、防坍塌、防机械和车辆伤害等项及紧急安全处理技能;安全防护用品发放标准;防护用品用具使用常识。

(3)班组安全教育培训。主要内容有:本班组作业特点及安全操作规程;班组安全生产制度及纪律;正确使用安全防护用品和设施;本岗位不安全因素及防范对策;本岗位作业环境和使用机具安全要求。

(4)特殊工种安全培训。对从事电工、压力容器操作、爆破作业、金属焊接、井下、机动车船驾驶、井下检测施工、高空作业等项工作的人员必须经地方政府有关部门培训、考核合格并取得上岗证书方可上岗作业。

3.职业健康安全技术交底

该项措施是职业健康安全方案的具体落实。一般由技术管理人员在工程技术交底的同时,进行职业健康安全技术交底。交底文件一般根据现场施工的具体风险因素编写,是写给操作者的指令性文件,因此要求文件具体、明确、针对性强,不得用一般的职业健康安全培训来取代。

(1)交底组织。项目施工中,在建设方主持下,由设计方向施工方和监理方交底,施工方由工队长和技术人员向班组长和操作人员交底。

(2)安全技术交底基本要求。项目部必须实行逐级安全技术交底制度,纵向延伸到全体作业人员,交底的内容应针对具体施工可能带给操作者的危害和存在的问题;应优先采用新的安全技术措施;要将工程概况、施工方法、施工程序及相关安全技术措施等向工班长详细交底;定期向交叉施工的工队工种进行书面交底;有效保存安全技术交底书面签章记录。

(3)项目部安全技术交底重点。

①图纸中各分部分项工程的部位及标高、轴线尺寸、预留洞、预埋件的位置、结构设计意图等有关说明。

②施工操作方法。对不同的工种要分别交底施工顺序和工序间的穿插、衔接要详细说明。

③新结构、新材料、新工艺的操作和使用方法。

④冬雨季施工措施及在特殊施工中的操作方法与注意事项等。

⑤对原材料的规格、型号、标准和质量要求。

⑥各种混合材料的配合比、添加剂要求详细交底,必要时可对第一使用者进行操作示范。

⑦各工种、各工序穿插交接时可能发生的技术问题预测。

4. 施工现场安全管理规定

(1)施工单位应在施工现场入口处、起重机械、临时用电设施、脚手架、出入通道口、楼梯口、电梯井口、孔洞口、基坑边、桥梁口、爆破物及有害危险气液体存放处等危险部位,设置明显的安全警示标志,该标志必须符合国家标准。

(2)施工现场的办公、生活区与作业区应分开设置,并保持安全距离;办公、生活区的选址应当符合安全性要求。员工的膳食、饮水、休息场所等应当符合卫生标准。施工单位不得在尚未竣工的建筑物内设置员工集体宿舍。

(3)施工单位应在施工现场建立消防安全责任制度,消防安全责任人,制订用火、用电、使用易燃易爆材料等各项消防安全管理制度和操作规程,设置消防通道、消防水源,配备消防设施和足够的、有效的灭火器材,指定专门人员定期维护并保持设备良好,并在施工现场入口处设置明显标志,建立消防安全组织,坚持对员工进行防火安全教育。

(4)施工现场安全用电规定。施工单位应在施工现场建立安全用电责任制度,确定安全用电责任人,坚持对员工进行安全用电教育。

(5)施工现场应制订和严格执行安全纪律制度。

(6)现场人员的劳保用品和安全防护用品要严格按照使用规定来配备。

5. 职业健康安全检查

职业健康安全检查可分为日常性检查、专业性检查、节假日前后的检查和不定期检查。

随着职业健康安全管理的科学化、标准化、规范化的发展,目前职业健康安全检查基本上都采用职业健康安全检查表和其他综合检查方法。

(1)职业健康安全检查表是一种初步的定性分析方法,它通过拟定的检查明细表或清单,对职业健康安全生产进行基本的诊断和控制。

(2)职业健康安全检查的一般方法主要是通过看、量、测、现场操作等手段进行检查。看主要是查看管理资料、持证上岗、现场标志、交接验收资料、"安全三宝"(安全帽、安全网、安全带)使用情况、"临边防护情况"、设备防护装置等;量主要是用尺子实测实量;测主要是用仪器、仪表实地测量;现场操作重点是由专业员工对各种限位装置实施操作,检验其可控性和灵敏度。

四、工程职业健康安全事故

工程职业健康安全事故是指在建筑生产过程中基于工作原因和其他相关原因造成的人身伤亡事故。

1.职业健康安全事故分类

职业健康安全事故分为职业伤害事故和职业病两大类。在此只谈有关事故分类,具体如下:

(1)按照事故发生的原因分类。我国《企业职工伤亡事故分类》(GB6441—1986)规定,职业伤害事故分为 20 类,与建筑行业有关的有 13 类:物体打击、车辆伤害、机械伤害、起重伤害、触电、灼烫、火灾、外坠落、坍塌、火药爆炸、中毒、窒息及其他伤害。

(2)按照事故后果严重程度分类。

①轻伤事故。造成员工肢体或某些器官功能性轻度损伤,表现为劳动能力轻度或暂时丧失的伤害,平均休息 1~105 个工作日;

②重伤事故。造成受伤人员肢体残缺或视觉、听觉等器官受到严重损伤,能引起人体长期功能障碍或劳动能力严重损失,平均损失工作日达 105 个以上的伤害;

③死亡事故。一次事故中死亡 1~2 人的事故;

④重大伤亡事故。一次事故中死亡 3 人以上(含 3 人)的事故;

⑤特大伤亡事故。一次事故中死亡 10 人以上(含 10 人)的事故;

⑥特别重大伤亡事故。民航客机发生的机毁人亡(死亡 40 人及以上)事故;专机和外国民航客机在中国境内发生的机毁人亡事故;铁路、水运、矿山、水利、电力事故造成一次死亡 50 人及以上,或者一次造成直接经济损失 1000 万元及以上的事故;公路和其他发生一次死亡 30 人及以上或直接经济损失在 500 万元及以上的事故(航空、航天器科研过程中发生的事故除外);一次造成职工和居民 100 人及以上的急性中毒事故;其他性质特别严重产生重大影响的事故。

2.工程职业健康安全事故的处理

(1)工程职业健康安全事故的处理原则,即安全事故处理的"四不放过"原则——事故原因查不清楚不放过,事故责任者和其他员工没有受到教育不放过,事故责任者没有受到处理不放过,没有制定防范措施不放过。

(2)职业健康安全事故调查处理程序。

①迅速抢救伤病员、排除险情并保护好事故现场;

②施工单位领导应立即赶赴事故现场组织抢救并同有关方面迅速组成调查组;

③调查组应即刻赶赴事故现场,开展勘验活动,作好笔录,拍照绘图;

④调查组应会同有各方面或专家分析事故原因、确定事故性质和事故主要责任者;

⑤调查组应在事故原因基本查清后统一认识,写出事故调查报告,给出处理建议和防范措施。

(3)职业健康安全事故的处理和结案。

①有关事故应经主管机关审批后方可结案。伤亡事故应在 90 日内结案,特殊情况不得超过 180 日;

②事故案件的审批权限同企业的隶属关系及人事管理权限一致;

③对事故责任者的处理应根据其情节轻重和损失大小来认定。主要责任、次要责任、重要责任、一般责任还是领导责任等按规定给予处分;

④应将事故调查处理的文件和资料归档长期保存。该档案中应当保有员工伤亡事故登记记录和相关文件:员工伤亡事故调查报告、事故现场勘验资料、技术鉴定和试验资料、证据调查材料、医疗部门诊断结论或法医鉴定、调查组人员简况和签章、受处理人员检查材料、有关机关

的结案批复等。

五、工程项目环境保护管理

工程项目环境保护是指依照国家环保法律法规和地方环保的规范性文件,采取措施控制施工现场的粉尘、废气、固体废弃物以及噪声、振动等环境的污染和危害,节约资源,保证人们的身体健康,与优美环境和谐共荣。

1. 工程项目环境保护的内容

(1)按照分区划块原则,对工程项目身处的环境进行定期检查,及时解决所发现的问题,保持施工现场良好的作业环境、卫生条件和工作秩序,预防污染。

(2)对环境因素进行控制。应当制订应急策略和相应措施,保证信息畅通,预防出现非预期的环境损害。在出现环境事故时,应着力消除污染,防止二次污染。

(3)应当保存有关环境保护管理的工作记录。

(4)实施施工现场节能管理,有条件时应该规定能源使用指标。

2. 工程项目环境保护措施

(1)实行环保目标责任制。将环保责任目标层层分解到有关的单位和个人,建立环保监控体系。项目经理是工程项目环保第一责任人,要把环保政绩作为一项重要考核内容。

(2)加强日常的检查和监控。主要检查、监测和控制施工现场的粉尘、噪声和废气,应与文明施工和现场管理一起检查、考核、奖罚,及时采取消除污染的措施。

(3)保护和改善施工现场的环境。要控制施工中人为的噪声和粉尘污染,控制生产中的烟尘、污水、噪声和光污染。建设方应加强与当地居委会、村委会、办事处、派出所及环保部门的联系,认真对待来信来访,凡能解决的问题,立即着手解决,一时不能解决的扰民问题,要取得谅解,限期解决。

(4)项目经理部在编制施工组织设计时,应当有环保技术措施。在施工现场平面布置和组织施工中都要执行国家、地区、行业和企业有关防治各种污染的政策。具体包括以下四方面:

①防治大气污染。即防治气体状态、粒子状态(如飘尘)污染物、工业粉尘和尾气。

②防治水污染。即控制工业、农业、生活等水污染源;控制有机、无机、有毒物质对水体的污染。

③防治噪声污染。即从声源、传播途径和接受几个方面降低或消除交通、工业、建筑和社会噪声。

④防治固体废物污染。即做好固体废物的产生控制和处理工作,重点是控制危险固体废物的产生和处理。

六、施工现场文明施工管理

施工现场文明施工是指保持施工现场良好的作业环境、卫生环境和工作秩序。

1. 文明施工的内容

规范施工现场的场容,保持作业环境的整洁卫生;科学组织施工,使生产有序进行;减少施工对周围居民和环境的影响;遵守施工现场文明施工的规定和要求,保证现场人员的安全和身体健康。

2.**施工现场文明施工的基本要求**

(1)施工现场基本形象的标准化。包括:围挡、大门、标牌标准化,堆场、仓库码放条理化,安全、生活设施规范化,员工生活、行为文明化。

(2)营造良好的施工作业环境。施工要做到:工完场清,施工不扰民,现场不扬尘,运输无遗撒,垃圾不乱弃。

(3)保证施工现场安全用电、规范操作。按照施工组织设计的安排架杆拉线,设置生产用电和夜间照明,特别要保证危险场所用电和手持照明的安全电压。

(4)严格按施工平面图布置施工现场的道路和机械运行区位。要杜绝侵占场区道路的现象,进场机械经检查合格方能使用,严禁无证人员操作机械。

(5)保持施工现场信息和各种渠道畅通。保持消防和救援渠道畅通,有关设施处于完好备用状态;保持给排水、垃圾和各种输送渠道畅通。特别要保证信息畅通,指挥便捷灵活。

3.**施工现场文明施工管理要点**

(1)施工现场出入口应标有企业名称或企业标志,主要出入口明显处应设置工程概况牌,大门内应设置现场总平面图和安全生产、消防保卫、环保、文明施工和管理人员名单,及监督电话号码等。

(2)施工现场必须实施封闭管理。施工现场的出入口应设门卫室,场地四周应当采用封闭围挡,围挡要坚固、整洁、美观,并沿场地四周连续设置。一般路段的围挡高度不得低于 1.8 米,市区主要路段的围挡高度不得低于 2.5 米。

第三节　工程项目信息管理

本节首先介绍了工程项目信息管理计划的基本形式和内容,讨论了该计划的具体实施,进一步介绍了工程项目信息的分类和 11 种信息编码,并论述了对相关信息的收集和处理,本节最后介绍了工程项目管理的几类信息资源和国内外先进信息技术,展望了工程项目管理信息化的未来。

一、工程项目信息管理

信息泛指人类社会可供传播的各种消息、信号、数据的内容,其中的数据指数字、文字、图像和声音。

信息管理是指对信息的收集、加工整理、储存、传递和应用等一系列工作的总称。信息管理往往由具体单位建立专门的系统或部门来承担。

1.**工程项目信息管理计划**

工程项目信息管理计划是对有关工程项目所涉信息实施管理所作的整体安排,必要时可用报表、手册、音像等形式予以表达。

(1)制订信息管理计划的必要性。

①据统计,工程项目实施中存在的诸多问题,大约有 2/3 与信息的沟通问题有关;

②据分析,工程项目 10%～30% 的费用增加也与信息的沟通问题有关;

③经了解,特型、大型或超大型工程项目实施中导致工程变更的问题大约有占工程总成本 3%～5% 的部分与信息的沟通问题有关。

以上所称与信息的沟通问题有关是指有关工程项目各方未及时或未按需求将有关信息告知需要的一方,或者告知的信息不正确。如设计变更没有及时通知施工方而导致返工;又如建设方未将施工进度严重滞后的信息告知供货方,供货方仍按原计划将大型设备运至施工现场,以致无法存放等。以上问题都不同程度地影响工程项目目标的实现。

(2)信息管理计划的基本形式。

①工程项目信息管理计划应由工程项目各参与单位自行制订;

②建设方应当利用与工程项目其他参与方密切接触的优势,做好有关各单位信息管理计划的协调工作。特别要利用标前会议、审图交桩会议、其他有可能使各方聚集的场合来做这些工作。

③有关各单位应就信息的沟通与反馈达成一致协议,作为本单位信息管理计划的主要环节。

2. 工程项目信息管理计划的实施

有关计划的实施应由传统的方式向基于互联网的信息处理平台的方向发展。

(1)建立各单位信息管理机构。应明确该机构及其内部成员的职责和分工。有关内部成员应选聘既具有工程建设知识,又具有信息管理技术的复合型人才(可经培训成才)。

(2)构建基于互联网的信息处理平台。该平台由数据处理设备、软件系统、数据通信网络构成。

①数据处理设备包括计算机、打印机、扫描仪、绘图仪以及数码相机、DV 等。

②软件系统包括多种操作系统和服务于信息处理的应用软件等。

③数据通信网络包括形成网络的有关硬件设备和相应的软件,如电子信箱、QQ 等。

数据通信网络主要有如下三种类型:

A. 局域网(LAN):与各网点连接的网线构成网络,各网点对应于装备有实际网络接口的小型用户终端;

B. 城域网(MAN):在大城市范围内两个或多个网络的互联;

C. 广域网(WAN):在数据通信中,用来连接分散在广阔地域内的大量终端和计算机的一种多态网络。

工程项目的建设方和参与方往往分散在不同的地域,因此有关的信息处理应考虑充分利用远程数据通信的方式。如通过电子邮件收集信息和发布信息,通过基于互联网的项目专用网站(PSWS)、公用信息平台实现建设方内部、建设方与各参与方以及参与各方之间的信息沟通、协同工作和文档管理;召开网络会议;基于互联网的远程教育与培训。

二、工程项目管理的信息化

1. 工程项目信息的分类

(1)按照工程项目的目标划分,分为投资、质量、进度三类控制信息和合同管理信息等。

(2)按照工程项目信息的来源划分,分为项目内部和项目外部两类信息。

(3)按照信息的稳定程度划分,分为固定信息和流动信息。

(4)按照信息的层次划分,分为战略性、管理性和业务性三类信息。其中,战略性信息指有关项目建设中实施战略决策所需的信息、投资总额、建设总工期、承包商的选定、合同价的确定等信息。管理性信息指工程项目年进度计划、财务计划等。业务性信息指各业务部门的日常信息,比较具体,精度较高。

(5)按照信息的性质划分,分为组织类、管理类、经济类和技术类四类信息。

2.工程项目信息的编码

编码是指为有关事物设计代码。代码是代表有关事物的名称、属性和状态的符号或数字。编码是信息处理的一项重要的基础工作。编码的具体方法如下:

(1)依据工程项目的结构图,对项目结构的每一个组成部分进行编码;

(2)依据工程项目的组织结构图,对项目组织的每一个部门进行编码;

(3)工程项目的政府主管部门和各参与单位的编码有:政府主管部门、建设方的上级单位或部门、金融机构、工程咨询单位、设计单位、施工单位、物资供应单位、物业管理单位等。

(4)编码应覆盖工程项目实施的全部工作任务:项目实施准备阶段的工作项、设计阶段的工作项、招投标工作项、施工和设备安装工作项、工程项目动用前的工作项等。

(5)工程项目的投资项的编码应综合考虑概预算、标底、合同价和工程款的支付等因素,建立统一编码,以有利于投资目标的动态控制。

(6)工程项目的成本项的编码应综合考虑预算、投标价估算、合同价、施工成本分析和工程款的支付等因素,建立统一编码,以有利于成本目标的动态控制。

(7)工程项目的进度项的编码应综合考虑不同层次和不同用途的进度计划工作项的需要,建立统一编码,以有利于进度目标的动态控制。

(8)形象进度报告和各种报表编码。

(9)合同事务编码应反映合同类型、相应的项目结构和合同签订时间等特征。

(10)工程项目函件编码应反映发函者、收函者、函件内容所涉及的分类和时间等。

(11)工程档案的编码应根据相关规定、项目特点和项目实施单位的需求建立。

3.工程项目进程中相关信息的收集

(1)工程项目立项决策阶段的信息收集。包括项目建议书、投资意向书、可行性研究报告、评估报告、立项批复文件等。

(2)工程项目准备阶段的信息收集。包括报建资料和批复、两阶段或三阶段设计文件和资料、招投标文件和资料、物料采供和进场检验记录、工程监理就位文件、建设方实施"三通一平"等项工作的记录。

(3)工程项目施工阶段信息收集。包括开工准备文件资料、施工方和监理方互动资料、中间或隐蔽验收资料、设计变更或其他变更文件资料、各种事故处理资料、相关财务运作资料等。

(4)工程项目竣工验交阶段信息收集。包括自行验收记录、工程竣工总结、竣工验交备案表、工程交接记录、工程结算记录、索赔依据、索赔处理意见等。

(5)工程项目工后阶段信息收集。包括尾遗工程事项、甩项处理记录、质量回访记录、质量保修事项的发生发展和处理、申请鲁班奖和国家工程质量奖的情况等。

4.工程项目信息处理

工程项目信息处理包括有关信息的加工、整理和存储。

有关信息的加工是指建设方和其他工程项目参与方对所得到的数据和信息进行鉴别、合并、排序、更新、转储等,以提供给不同需求的管理部门和人员使用。

信息的整理主要依据信息系统的业务流程图和数据流程图,从上到下层层细化,汇总后得到信息处理流程图。

信息的存储需要建立统一的数据库,各类数据以文件的形式编列在一起。编列方法由各单位自定,但应尽力使该项工作规范化。以下是一些可供参考的编列方式:

（1）同一工程的信息按照投资、进度、质量、合同的角度进行编列,每一类还可按照具体情况细化。

（2）文件名称要规范化,应以定长的字符串作为文件名。

（3）由工程项目建设方和各参与方协调统一信息存储方式,当国家技术标准有统一的代码时,应尽量采用统一代码。

（4）有条件时,可以通过网络数据库的形式存储数据,达到各方数据共享,减少数据冗余,保证数据的唯一性。

三、工程项目管理的信息化建设

信息化是人类社会发展中的一种特定现象,它表明人类对信息资源的依赖程度越来越高。建设项目管理信息化是指建设项目的实质性管理大都可以通过对工程项目的信息资源和信息技术的开发和利用而得以顺利进行。

1. 工程项目管理的信息资源

（1）组织类信息。如建筑行业的组织信息、项目各参与方的组织信息、相关专家信息等。

（2）管理类信息。如与投资控制、进度控制、质量控制、合同管理、信息管理有关的信息。

（3）经济类信息。如建设物资的市场信息、工程项目的融资信息等。

2. 实施工程项目管理的信息技术

（1）发达国家相关信息技术。如设计事务的管理、施工数据的选择、物流技术的掌控等。

（2）我国在项目管理信息技术方面的起步和突破。如信息存储数字化和信息相对集中等。

3. 工程项目管理信息化的实施

该项实施涉及宏观和微观两个方面。当前,工程项目管理信息化水平不高,与建筑业信息化水平整体不高有关。

要推行该项信息化,从宏观上讲,必须大力提高建筑行业整体的信息化水平。目前我国已制定了建筑业信息化发展战略,同时,各建筑企业也在进行信息化建设,为我国工程项目管理信息化提供了良好的基础和发展机遇。从微观上讲,要解决如何优化具体工程项目信息化实施的组织与管理方案,相关思想意识如何转变、项目管理软件如何选择、信息管理手册如何制订等问题。细节决定成败,微观问题并不是小问题。

总之,建筑行业已在有关的信息化建设道路上迈出了坚实的步伐,也会在运用信息技术等方面全面提升建筑业的管理水平和核心竞争力。

综合练习题

1. 何谓风险和工程风险? 工程风险的特征和产生原因有哪些?

2. 风险管理的基本内容什么? 工程风险的分类是怎样的?

3. 何谓工程风险预测? 风险预测的原因和方法是怎样的? 简述德尔菲法和统筹分析法。

4. 何谓风险评估? 该评估的原则和方法是怎样的? 工程风险的管控原则是什么? 具体的风险管控措施有哪些?

5. 何谓职业健康安全管理和环境管理? 两种管理的目标和措施有哪些?

6. 何谓职业健康安全和环境管理体系？该体系如何运转？

7. 如何建立职业健康安全生产责任制？安全职业健康培训和技术交底包括哪些内容？

8. 施工现场安全管理规定的内容有哪些？如何进行职业健康安全检查？

9. 何谓职业健康安全事故？该事故如何分类？对其调查处理的程序是怎样的？

10. 工程项目环境保护的内容是什么？工程项目环保措施有哪些？

11. 施工现场文明施工的内容有哪些？其管理要点是什么？

12. 何谓信息和信息管理？信息管理计划的基本形式是怎样的？该计划如何实施？

13. 工程项目信息如何分类，如何编码、收集和处理？

14. 工程项目信息管理资源有哪些？项目管理信息化如何实施？

参考文献

[1]李玉芬,冯宁.建筑工程项目管理[M].北京:机械出版社,2011.

[2]魏瞿林,王松成.建筑施工技术[M].北京:清华大学出版社,2009.

[3]高成民.建筑工程合同管理[M].西安:西安交通大学出版社,2013.

[4]危道军.建筑施工组织[M].2版.北京:中国建筑工业出版社,2012.

[5]王立国,等.建筑施工与项目管理[M].北京:机械出版社,2008.

[6]余德池.建筑施工与项目管理[M].西安:陕西科学技术出版社,2002.

[7]陈克森,赵得思.土木工程概论[M].郑州:黄河水利出版社,2012.

[8]蒋红焰.建筑工程概预算[M].2版.北京:化学工业出版社,2013.

[9]张智钧.工程项目管理[M].北京:机械出版社,2007.

[10]张现林.建筑工程项目管理[M].西安:西安交通大学出版社,2013.

高职高专"十二五"建筑及工程管理类专业系列规划教材

> **建筑设计类**
(1)素描
(2)色彩
(3)构成
(4)人体工程学
(5)画法几何与阴影透视
(6)3dsMAX
(7)Photoshop
(8)CorelDraw
(9)Lightscape
(10)VRay
(11)建筑物理
(12)建筑初步
(13)建筑模型制作
(14)建筑设计概论
(15)建筑设计原理
(16)中外建筑史
(17)建筑结构设计
(18)室内设计基础
(19)手绘效果图表现技法
(20)建筑装饰制图
(21)建筑装饰材料
(22)建筑装饰构造
(23)建筑装饰工程项目管理
(24)建筑装饰施工组织与管理
(25)建筑装饰施工技术
(26)建筑装饰工程概预算
(27)居住建筑设计
(28)公共建筑设计
(29)工业建筑设计
(30)商业建筑设计
(31)城市规划原理
(32)建筑装饰综合实训

> **土建施工类**
(1)建筑工程制图与识图
(2)建筑识图与构造
(3)建筑材料
(4)建筑工程测量
(5)建筑力学
(6)建筑 CAD
(7)工程经济
(8)钢筋混凝土
(9)房屋建筑学
(10)土力学与地基基础
(11)建筑结构
(12)建筑施工技术
(13)钢结构
(14)砌体结构
(15)建筑施工组织与管理
(16)高层建筑施工
(17)建筑抗震
(18)工程材料试验
(19)无机胶凝材料项目化教程
(20)文明施工与环境保护

> **建筑设备类**
(1)建筑设备
(2)电工基础
(3)电子技术基础
(4)流体力学
(5)热工学基础
(6)自动控制原理
(7)单片机原理及其应用
(8)PLC 应用技术
(9)建筑弱电技术
(10)建筑电气控制技术
(11)建筑电气施工技术

(12)建筑供电与照明系统

(13)建筑给排水工程

(14)楼宇智能基础

(15)楼宇智能化技术

(16)中央空调设计与施工

> **工程管理类**

(1)建设工程概论

(2)建设工程项目管理

(3)建设法规

(4)建设工程招投标与合同管理

(5)建设工程监理概论

(6)建设工程合同管理

(7)建筑工程经济与管理

(8)建筑企业管理

(9)建筑企业会计

(10)建筑工程资料管理

(11)建筑工程质量与安全管理

(12)工程管理专业英语

> **房地产类**

(1)房地产开发与经营

(2)房地产估价

(3)房地产经济学

(4)房地产市场调查

(5)房地产市场营销策划

(6)房地产经纪

(7)房地产测绘

(8)房地产基本制度与政策

(9)房地产金融

(10)房地产开发企业会计

(11)房地产投资分析

(12)房地产项目管理

(13)房地产项目策划

(14)物业管理

> **工程造价类**

(1)工程造价管理

(2)建筑工程概预算

(3)建筑工程量计量与计价

(4)平法识图与钢筋算量

(5)工程量计量与计价实训

(6)工程造价控制

(7)建筑设备安装计量与计价

(8)建筑装饰计量与计价

(9)建筑水电安装计量与计价

(10)工程造价案例分析与实务

(11)工程造价实用软件

(12)工程造价综合实训

(13)工程造价专业英语

欢迎各位老师联系投稿！

联系人：祝翠华

手机：13572026447　办公电话：029－82665375

电子邮件：zhu_cuihua@163.com　37209887@qq.com

QQ：37209887(加为好友时请注明"教材编写"等字样)

土建类教学出版交流群 QQ：290477505(加入时请注明"学校＋姓名＋方向"等)

图书在版编目(CIP)数据

建设工程项目管理/郑秦云编著.—西安:西安交通大学
出版社,2015.3
高职高专"十二五"建筑及工程管理类专业系列规划教材
ISBN 978-7-5605-7165-2

Ⅰ.①建… Ⅱ.①郑… Ⅲ.①基本建设项目-项目管
理-高等职业教育-教材 Ⅳ.①F284

中国版本图书馆 CIP 数据核字(2015)第 055069 号

书 名	建设工程项目管理	
编 著	郑秦云	
责任编辑	王建洪	
出版发行	西安交通大学出版社	
	(西安市兴庆南路 10 号 邮政编码 710049)	
网 址	http://www.xjtupress.com	
电 话	(029)82668357 82667874(发行中心)	
	(029)82668315 82669096(总编办)	
传 真	(029)82668280	
印 刷	西安明瑞印务有限公司	
开 本	787mm×1092mm 1/16 印张 17.875 字数 431 千字	
版次印次	2015 年 5 月第 1 版 2015 年 5 月第 1 次印刷	
书 号	ISBN 978-7-5605-7165-2/F·512	
定 价	35.80 元	

读者购书、书店添货,如发现印装质量问题,请与本社发行中心联系、调换。
订购热线:(029)82665248 (029)82665249
投稿热线:(029)82668133
读者信箱:xj_rwjg@126.com